무기백과사전 1

ENCYCLOPEDIA OF WEAPONS Vol.1

KODEF
안보총서
99

무기백과사전 1
ENCYCLOPEDIA OF WEAPONS Vol.1

남도현 · 양욱 · 윤상용 · 최현호 공저

플래닛미디어
Planet Media

현대전에서 무기체계는 그 무엇과도 바꿀 수 없는 가치를 갖는다. 무기란 전쟁이나 싸움에 사용되는 기구를 말한다. 근본적으로 적을 제거하거나 막기 위해 존재하는 게 무기다. 무기는 파괴력으로 적을 제압하고 기동성을 갖추는 등 무기 자체로서 전술적 성능도 보여줘야 한다. 무엇보다 운용 국가에서 감당할 수 있는 수준의 기술과 비용이 전제되어야 한다.

무기체계가 전투력을 그대로 보장하는 것은 아니다. 강한 무기를 만들거나 사오는 것도 중요하지만, 어떻게 사용할지를 계획단계부터 철저하게 준비하지 않으면 비싸고 쓸모없는 무기만 늘어나게 된다. 그러나 어떤 무기체계를 갖느냐는 그 나라의 국력, 그러니까 고가의 무기체계를 감당할 수 있는 재정적 능력과 첨단 무기체계를 운용할 수 있는 국방 능력이 있느냐를 가늠하는 기준이 된다. 그래서 평시에 국가에서 어떤 무기체계를 선택하느냐는 중요한 국방전략이 된다.

무기체계는 이지스 구축함이나 스텔스 전투기와 같은 최첨단 무기부터 권총이나 소총과 같은 전통적 무기까지 다양하게 혼재되어 있다. 어떤 공간을 대상으로 무기를 사용하느냐에 따라 항공무기, 지상무기, 해상무기 등으로 나뉘기도 한다. 우리 군은 '국방전력발전업무훈령'에 따라 무기체계를 크게 (1) 지휘통제 · 통신무기체계, (2) 감시 · 정찰무기체계, (3) 기동무기체계, (4) 함정무기체계, (5) 항공무기체계, (6) 화력무기체계, (7) 방호무기체계, (8) 그 밖의 무기체계로 나눈다.

그러나 이 책은 무기체계의 이해를 돕기 위한 입문서로서의 성격이 강하다. 이 책은 원래 국내 최대 포털 사이트인 네이버에 매주 무기백과사전으로 연재된 원고들을 모은 것이다. 필자는 일반독자들의 관심을 반영하여 연재에서는 항공무기, 지상무기, 해군무기로 크게 구분했으며, 독자의 관심과 인기를 끌고 있는 총기를 별도의 분야로 분류하여 4개 영역의 무기체계에 대한 연재를 진행했다. 이 책도 그러한 형식을 따르고 있다. 단, 네이버 무기백과사전에 연재된 총기 원고들은 따로 묶어 별도의 책으로 출간할 예정이다.

이 책에 소개된 내용은 네이버 무기백과사전에 연재된 순서에 따른다. 따라서 목차에 특별한 의미를 두기는 어려울 수 있다. 그러나 전 세계 가장 대표적인 무기체계들의 개발사와 특징, 그리고 운용 현황, 제원 등을 명확히 정리하여 한 시대 무기체계를 개괄하는 참고자료로서 나름의 가치를 지니고 있다. 또한 이 책의 필진은 한국국방안보포럼(KODEF)의 연구위원들과 국방 분야에 대한 전문성을 지닌 필자들로 구성되어 있다. 필자들의 전문성이 무기체계에 대한 이해에 도움이 되었으면 한다.

네이버 무기백과사전 프로젝트가 세상에 나올 수 있도록 산파 역할을 해주신 네이버 이윤현 팀장님과 조선일보 유용원 기자님께 감사의 말씀을 드리며, 편집을 비롯해 필자 관리까지 해주신 도서출판 플래닛미디어의 김세영 대표님과 이보라 편집장님께도 감사의 말씀을 드린다. 무엇보다도 바쁜 일상 속에서도 시간을 쪼개어 전문적인 시각을 나눠준 참여필진에게 다시 한 번 감사의 말씀을 드린다. 부족함은 오로지 총괄 에디터인 본인에게 있음을 말씀드린다. 국방에 대한 관심과 열정으로 응원해주시는 국민과 독자 여러분에게 감사의 말씀을 드리며 들어가는 글을 마친다.

2018년 4월 저자들을 대표하여
양욱

CONTENTS

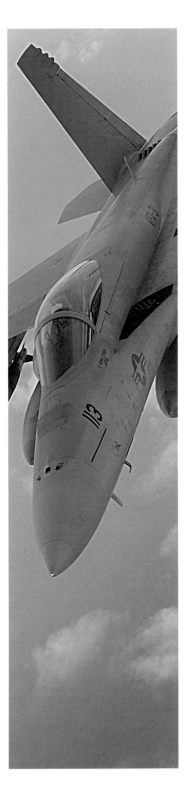

항공무기

F/A-18 E/F 슈퍼 호넷

바다 위 하늘을 지배하는 공포의 말벌

글 | 윤상용

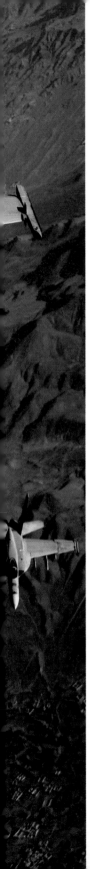

개발 배경

1990년대 초, 냉전이 종식되기 시작하면서 미국을 비롯한 전 세계 각국은 군비 감축 및 군 개편 과정에 들어갔으며, 응당 그 과정에서 필연적으로 여러 사업들이 취소 혹은 축소되었다.

미 해군은 최초 A-6 인트루더(Intruder) 및 A-7 콜세어 II(Corsair II)가 퇴역함에 따라 맥도넬 더글러스(McDonnell Douglas)/제너럴 다이내믹스(GD, General Dynamics)를 우선 협상대상자로 선정하여 전천후 항모 기반 전투기인 A-12 어벤저(Avenger) II를 1983년부터 개발하기 시작했다. 최초 미 해군이 628대, 미 해병대가 238대, 심지어 미 공군까지 400대 도입을 희망했던 이 고등전술항공기(ATA, Advanced Tactical Aircraft) 사업은 A-12의 성능이 요구도대로 나오지 않고, 최초 설계보다 크기가 30% 이상 커졌으며, 개발비가 지속적으로 늘어나 미 해군 항공기 도입 예산의 70%까지 차지할 상황이 되자 1991년부로 전격 취소되었다.

결국 비용 문제로 후속 기체를 신규 개발하기보다는 기존 기체를 업그레이드하는 방향으로 가닥이 잡히면서 맥도넬-더글러스[1997년 보잉(Boeing)에 합병]는 기존 F/A-18 호넷(Hornet)을 기반으로 업그레이드한 '호넷 II'[이후 '슈퍼 호넷(Super Hornet)'으로 변경]를 제안했고, 그러먼[Grumman, 1994년 노스럽(Northrup)에 합병]은 기존 F-14 톰캣(Tomcat)에 기반한 설계를 제안했으나 후자는 베이스가 된 F-14에 비해 기술적 진보가 크게 이루어지지 않았다는 평가를 받으며 탈락했다. 여기에 딕 체니(Dick Cheney) 국방장관이 미 해군의 주력 기체였던 F-14가 1960년대 기술로 만들어졌음을 강조하면서 1989년부터 추가 획득 예산을 삭감해 1991년부로 생산 라인이 중단되었고, 1992년에는 공군의 F-22 랩터(Raptor)를 해군용으로 전환하려던 해군 고등전술전투기(NATF, Navy Advanced Tactical Fighter) 사업이 중단되면서 F/A-18 E/F '슈퍼 호넷(Super Hornet)'이 대체기종으로 선정되었다. 미 해군은 같은 해부터 약 49억 달러로 맥도넬-더글러스 사와 계약을 체결하면서 F/A-18 E(단좌)와 F(복좌)형 시제기를 제작했으며, 2000년부터 F/A-18 E/F는 실전배치에 들어갔다.

미 해군은 2006년을 기준으로 F-14를 전량 퇴역시켰으며, 현재 미 해군에서 운용 중인 전투기 기종은 호넷과 슈퍼 호넷, 파생형인 E/A-18G 그라울러(Growler) 전자전기뿐이다. 미 해군은 F-18 A~D형 '호넷'이 퇴역하게 되면 F-35의 함상용 형상인 F-35C와 2018년 8월부터 교대시키겠다는 방침이지만, 도널드 트럼프(Donald Trump) 대통령이 취임 직후 F-35의 획득 비용 초과와 개발 지연 문제 때문에 차라리 F/A-18E/F나 F/A-18XT(Advanced Hornet)를 도입할 수도 있다고 트위터에 밝혀 논란이 되고 있다.

1 A-12 어벤저 II 스텔스 공격기(사진)의 개발이 취소되자 신속히 투입된 교체 주자가 바로 슈퍼 호넷이다. 〈출처: 미 포트워스 항공박물관〉
2 결국 후속 기체는 F/A-18C/D 호넷(사진)을 업그레이드한 슈퍼 호넷으로 결정되었다. 〈출처: 미 태평양사령부 전투폭격단〉

특징

F/A-18C/D형의 업그레이드형인 F/A-18E/F 슈퍼 호넷의 시간당 비행 비용은 F-14 톰캣(Tomcat)에 비해 40%에 불과하다. 동체 크기는 20%가량 증가했고, 자체 중량(empty weight)은 3,175kg가량 증가했으며, 최대이륙중량은 C/D형에 비해 약 6,804kg가량 증가했다. 동체 길이도 약 34cm가량 길어진 대신 내부 연료탱크도 최대 33%가량 증가했고, 임무 범위도 41% 증가했으며, 내구성도 50%가량 향상되었다. 날개 면적 또한 25%(9.29m^2)가량 넓어졌으나 항공기 구성 파트 수는 기존 '호넷' 형상보다 약 42%가량 적어졌다. 엔진 또한 11,000파운드의 F-404-GE-402 터보팬 엔진에서 13,000파운드의 F-414-GE-400 터보팬 엔진으로 교체되어 비행영역선도(flying envelope) 전체에 걸쳐 추력이 호넷에 비해 약 35%가량 향상되었다.

기본 F/A-18과 외형적으로 달라진 점은 인테이크(intake) 부분이 반원형에서 직사각형으로 바뀌면서 기체 전면부 레이더반사면적(RCS, Radar Cross Section)을 줄였으며, 주익 아래 하드포인트(hard point)도 2개가 늘어나 11개가 되었다. 또한 앞전 스트레이크(LEX, Leading Edge Extension) 부분도 커져 받음각이 큰 기동 시에도 와류 양력 특성이 향상되었다. 또한 호넷에는 없던 공중급유 시스템(ARS, Aerial Refueling System)이 장착되어, 기체 하부에 대형 급유탱크를 설치하고 타 기체에 공중급유를 실시하는 것이 가능하다. 실제로 미 해군의 경우 비행전대의 5분의 1이 급유기 역할을 수행하도록 지정되어 있는데, 이들 기체의 피로도가 타 기체보다 높아 수명 주기가 일반 슈퍼 호넷보다 짧은 편이다. F/A-18 E/F는 스텔스 기체는 아니지만 레이더반사면적을 최대한 줄이도록 설계했기 때문에 전면부 레이더반사면적은 약 0.1m^2 정도다. 슈퍼 호넷 블록 I은 APG-73 레이더를 탑재했고, 블록 II형 이후 모델과 그라울러는 AN/APG-79 능동형 전자주사식 레이더(AESA, Active Electronically Scanned Array)를 탑재한다. 항전장비로는 ASQ-228 ATFLIR, ALQ-214(v) 재머(Jammer), AN/ALE-55 광섬유 견인식 디코이(towed decoy)가 장착되어 있다.

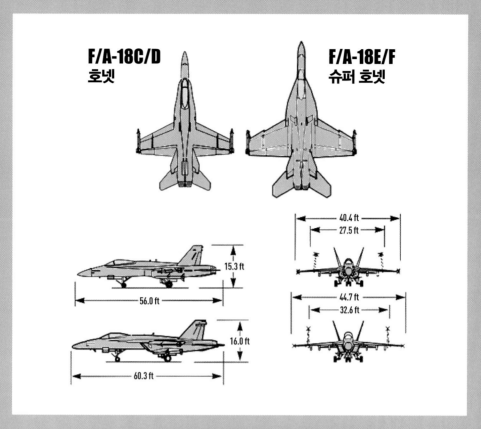

호넷과 슈퍼 호넷의 크기 비교 〈출처: 미 태평양사령부 전투폭격단〉

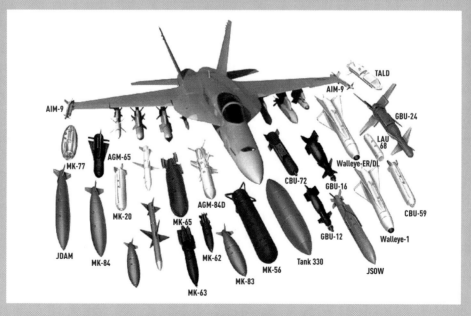

슈퍼 호넷의 무장 능력 〈출처: 미 해군〉

F/A-18E/F는 미 해군 항공의 핵심으로 F-35C의 도입 이후에도 상당 기간 일선을 지킬 것이다. 〈출처: 미 해군〉

운용 현황

F/A-18 E/F형은 2002년 7월 24일 제115전투공격대대(VFA-115)에 최초로 인도되었으며, 같은 해 11월 6일, 이라크에서 서던 워치(Southern Watch) 작전 참가 중 첫 실전 기록을 세웠다. 현재 운용 중인 군은 미 해군과 왕립 오스트레일리아 공군(RAAF, Royal Australian Air Force) 둘뿐이며, 오스트레일리아 공군은 제1전투비행대대에 슈퍼 호넷을 배치하고 있다. 오스트레일리아는 1973년에 도입한 F-111 아드바크(Aardvark)를 2010년까지 전량 퇴역시킨 뒤 후속 기종으로 도입 계약을 한 F-35가 인도될 때까지 "잠정적으로 활용할 목적"으로 약 24대의 F/A-18 E/F 슈퍼 호넷과 12대의 E/A-18G 그라울러를 도입했다. 오스트레일리아는 F-35 국제공동개발 참여 국가로, 추후 F-35 인도가 시작될 시 F/A-18 E/F도 대체시키는 것을 방침으로 삼고 있다.

JSF 국제공동개발국인 캐나다는 F-35 도입을 앞둔 상황에서 자유당이 총선에서 승리하고 저스틴 트뤼도(Justin Trudeau) 총리가 취임했는데, 트뤼도 행정부는 획득 가격의 지나친 상승

등을 이유로 이전 행정부의 F-35 구매 결정을 취소하겠다고 선언했다. 캐나다 국방부는 2016년 11월부로 CF-18의 대체 기종으로 F/A-18 E/F를 도입하겠다고 발표했으며, 아직 후속 절차를 밟고 있는 중이다. 하지만 이 또한 미국과 캐나다 정부 간 민항기 판매와 얽힌 무역 분쟁이 발생하면서 캐나다 국방부가 F/A-18 E/F 도입 역시 취소할 수 있다고 밝힌 상황이라 실제 도입 여부는 아직 미지수다.

사실 슈퍼 호넷의 해외 수출 성적은 별로 좋지 못한 편이다. 슈퍼 호넷은 브라질에서 2008년부터 시작된 차세대 전투기 사업에 참여했으나 미 국가안보국(NSA, National Security Agency)의 브라질 대통령 도청 의혹이 터지면서 미제 기종이 배제되어 JAS-39 그리펜(Gripen)이 선정되었고, 인도 중형 다목적 전투기 사업(MMRCA)에도 인도 공군 요구도를 맞춘 F/A-18IN 형상을 제안했으나 2011년 4월에 슈퍼 호넷이 탈락하면서 프랑스 다소(Dassault)의 라팔(Rafale)이 우선 협상대상자로 선택되었다. 그밖에도 스위스 공군의 F-5E 대체기종 선정 사업에도 참가했으나

유럽제 기체 선정 분위기로 흐르자 보잉 사가 2008년경 입찰에서 자진 철수했고, 영국 왕립 해군(Royal Navy) 또한 퀸 엘리자베스 2세(Queen Elizabeth II)급 항공모함에 탑재할 함재기 도입을 놓고 F-35B 대신 F/A-18E/F의 도입을 고려했었으나 최종적으로는 F-35B의 도입으로 다시 선회했다. 2016년 5월에 우선협상대상자가 선정된 덴마크 공군 F-16AM/BM 대체기종 도입 사업에서는 F/A-18 E/F 38대 대신 F-35A 27대 도입이 결정되면서 입찰에서 최종 탈락했다.

슈퍼 호넷의 정확한 퇴역일자가 결정된 바는 없으나 미 해군은 F/A-18 E/F 및 그라울러를 2030년대까지 운용할 것으로 예상 중이며, 생산 라인 종료까지 최대 563대를 도입할 계획이다.

변형 및 파생 기종

● F/A-18E 슈퍼 호넷(Super Hornet): 슈퍼 호넷의 단좌형

● F/A-18F 슈퍼 호넷: 슈퍼 호넷의 복좌형

● F/A-18 어드밴스드 호넷(Advanced Hornet): 스텔스 기술을 일부 적용한 통칭 '사일런트 호넷(Silent Hornet)' 형상. 노스럽-그러먼과 공동개발했으며, 외부에 컨포멀 연료탱크(CFT, Conformal Fuel Tank)를 장착해 최대 3,500파운드의 연료를 추가로 탑재함으로써 항속거리를 130해리가량 늘렸다. 또한 레이더반사면적을 줄이기 위해 개폐형 무장 포드(EWP, Enclosed Weapons Pod)를 기체 하부에 장착하여 공대공이나 공대지 무장을 주익 아래 파일런(pylon)에 노출시키지 않고 장착시키는 것이 가능하다. 레이더반사면적은 약 $0.05m^2$로, F/A-18E/F에 비해 약 50%가량 줄었다.

● E/A-18G 그라울러(Growler): F/A-18F의 전자전 사양 항공기. EA-6 프라울러(Prowler) 전자전기를 대체하기 위해 설계되었으며, 노스럽-그러먼 사가 체계 통합 및 전자장비 통합을 맡았다. 미 해군과 오스트레일리아 공군이 운용 중이다.

1 F/A-18E 슈퍼 호넷 〈출처: 미 해군〉 | 2 F/A-18F 슈퍼 호넷 〈출처: 미 해군〉 | 3 F/A-18 어드밴스드 호넷 〈출처: 보잉〉
| 4 E/A-18G 그라울러 〈출처: 미 해군〉

제원

제작사	맥도넬-더글러스 / 보잉(1997년~)
초도비행일	1995년 11월 29일
승무원	1명(E형), 2명(F형)
전장	18.31m
전고	4.88m
날개 길이	13.68m
최대이륙중량	29,937kg
최고속도	마하 1.8+(약 1,915km)
실용상승한도	50,000피트(15,240m)
항속거리	2,346km
페리비행범위	3,054km(480갤런 외장연료×3)
전투반경	1,085km(Hi-Hi-Hi)
상승률	228m/s
추력대비중량	0.93
엔진	F414-GE-400 터보팬엔진(22,000파운드, 9,977kg)×2
무장	M61A1/A2 20mm 발칸x1, AIM-9 사이드와인더, AIM-9X, AIM-7 스패로우, AIM-120 AMRAAM, AGM-84 하푼(Harpoon), AGM-88 HARM, SLAM, AGM-84H/K SLAM-ER, AGM-65 매버릭(Maverick), JSAW(Joint Stand-Off Weapon), AGM-158 JASSM(Joint Air-to-Surface Standoff Missile), 합동정밀직격탄(JDAM), 데이터링크 포드, 페이브웨이(Paveway) 레이저 유도식 폭탄 시리즈, CBU-78 게이터(Gator), CBU-87 CEM(Combined Effects Munition), CBU-97 센서신관식 폭탄(Sensor Fuzed Weapon), Mk-20 록아이(Rockeye) II 등
대당 가격	9,830만 달러(2016년)

Su-27 플랭커 전투기

동구권 전투기의 새 시대를 열다

글 | 남도현

Su-27SM3 〈출처: (cc) Vitaly V. Kuzmin at wikimedia.org〉

개발의 역사

소련 시절에 개발된 Su-27은 여러모로 미국의 F-15에 비견되는 4세대 전투기다. 현재 러시아를 비롯한 여러 나라에서 주력 전투기로 사용 중이며 다양한 후속 파생 기종을 이끈 원형기이기도 하다. 특히 현재 최상급의 전투기로서 역할을 수행하고 있는데, 5세대 전투기인 PAK-FA와 그 역할을 교대할 예정이지만, 이후로도 여전히 상당 기간 중요한 역할을 계속 담당할 것으로 예상된다.

전투기 분야에서 소련은 MiG-15처럼 충격을 준 걸작도 만들었지만, 보편적으로 미국이 신예기를 내놓으면 대항마를 선보이는 방식으로 근근이 쫓아가는 추세였다. 개발에 시간이 많이 걸리는 점을 고려한다면 이미 미국이 구상을 하는 단계부터 소련의 대응이 시작되었다고 볼수 있다. 그러던 1960년대 말, 미국이 F-4 팬텀(Phantom) II를 대체할 후속기 도입 사업인 F-X 프로그램을 진행할 것이라는 정보가 전해졌다.

훗날 F-15가 되는 신예기의 예상 능력이 알려지자 소련의 움직임도 바빠졌다. 전자산업의 기술력 격차 등으로 말미암아 개발에 시간이 많이 걸리는 항전장비 같은 부분은 당장 어쩔수 없다 치더라도 일단 기본이 되는 기체의 성능에서도 뒤지면 곤란했다. 사실 그때까지 소련 전투기는 최고속도 정도를 제외하면 항속거리, 무장탑재량 등에서 미국 전투기와 비교하여 열세였다.

Su-27 Flanker

T-10 시험기 〈출처: Public Domain〉

누구보다 이를 잘 알던 군 당국은 TsAGI(중앙유체역학연구소)에 마하 2 이상, 장거리 비행, 단거리 이착륙, 중무장이 가능한 차세대 전투기에 대한 연구를 지시했다. 이렇게 시작된 연구를 바탕으로 수호이(Sukhoi) 사에서 개발한 T-10 시험기가 1977년 초도비행에 성공했다. 이후 시험을 거치며 드러난 여러 문제점을 해결하여 Su-27이라는 이름으로 1982년 양산이 결정되었고, 1985년부터 방공군을 시작으로 실전배치되었다.

특징

형상이란 측면에서 Su-27은 둔탁한 기존 소련 전투기들의 이미지를 일거에 바꿔놓았다. 거대한 영공을 관할하는 군 당국이 요구한 엄청난 항속거리 조건을 충족시키기 위해 공기역학적으로 이점이 많은 블렌디드 윙 바디(BWB, Blended Wing Body) 동체가 채택되었기 때문이다. 하지만 소련은 전자 분야의 기술력이 상대적으로 낙후되어 있어서 크기가 커져버린 각종 장비를 장착하는 데 어려움이 많아 기체 형식을 놓고 고민이 많았던 것으로 알려진다.

그런데 아무리 비행에 뛰어난 형상을 가졌다 하더라도 항속거리를 늘리려면 기본적으로 연료를 많이 탑재해야 한다. 개발자들은 비행 중 발생하는 저항 등을 고려하여 외부 연료탱크를 장착하는 대신에 내부에 연료를 모두 탑재하는 방식을 택했다. 이처럼 유선형의 기체 외형을 유지하되 여러 첨단 장비와 9.4톤의 연료를 내부에 탑재하다 보니 Su-27은 상당히 커다란 전투기가 되었다.

Su-27은 27,550파운드의 강력한 추력을 발휘하는 AL-31F 터보팬 엔진을 2개나 장착하여 중무장 상태에서도 고속, 고기동을 발휘할 수 있다. 사실 4세대 전투기에게 있어서 우선순위는 아니지만 Su-27은 뛰어난 기체 구조, 강력한 엔진, 그리고 플라이-바이-와이어(FBW, Fly-By-Wire) 제어 시스템 덕분에 뛰어난 기동력을 자랑한다. 예를 들어 Su-27은 코브라 기동이 가능한데, 이는 비행 중에 기수를 110도 이상 들어 올려 날개와 동체 전체를 에어브레이크(air

R-27 공대공미사일(나토명 AA-10)을 장착한 Su-27 〈출처: Public Domain〉

brake)처럼 사용하여 기체 속도를 급격히 줄이는 기동을 말한다.

하지만 비행과 관련한 능력과 별개로 실전에서 중요한 레이더와 항전장비의 성능은 그다지 좋지 않았다. 지상관제 위주로 전투기를 운용하는 소련군 전술 교리 때문이기도 했지만, 앞서 언급한 것처럼 전자산업처럼 이와 관련된 기술 수준과 경제적 뒷받침이 뒤졌기 때문이었다. 그래서 러시아 경제가 살아난 2000년 이후부터 대대적인 성능 개량이 진행되고 있는 중이다.

운용 현황

소련은 최첨단 전투기 Su-27의 해외 판매나 공여를 엄격하게 제한했으며, S-27에 관련된 정보나 기술 유출도 최대한 막았다. 그러면서 서방의 에어쇼에 적극 참여하여 뛰어난 비행 성능을 공개적으로 선보임과 동시에 F-15를 앞서는 최강의 전투기라고 선전했다. 구체적인 성능을 알지 못하는 상태에서 단지 Su-27의 충격적인 기동 능력만 볼 수밖에 없던 서방은 소련의 공세에 전전긍긍했다.

하지만 1991년 소련의 해체는 많은 변화를 불러왔다. 국제 공조를 통해 러시아로 몰아준 전략무기와 달리 전술작전기인 Su-27은 보유국이 러시아를 비롯하여 소련 연방에 속했던 우크라이나, 벨라루스, 우즈베키스탄, 카자흐스탄 등으로 늘어났다. 그러나 보다 의미 있는 변화는 러시아가 경제적으로 어려움을 겪게 되면서 적극적으로 대외 판매에 나섰다는 점이었다.

잠재 적국이자 최신예기 도입에 어려움을 겪던 중국은 이런 호기를 노려 Su-27을 직도입 및 면허생산하거나, 불법 복제 행위까지 자행하며 러시아 다음의 보유국이 되었다. 그 외에도 에

Su-27의 급격한 기동으로 와류가 발생하고 있다. 〈출처: (cc) Gumayunov Victor at wikimedia.org〉

티오피아, 에리트레아, 인도네시아, 몽골, 베트남, 앙골라 등에서도 주력기로 사용하고 있다. 오히려 개량형인 Su-30은 러시아가 수출 전략 품목으로 정해서 국내보다 해외에서 더 많이 사용되고 있을 정도로 사정이 바뀌었다.

　Su-27은 총 802대가 생산되었고 여러 나라에 공급되면서 다양한 실전 기록도 세웠다. 압하지아 분쟁, 남오세티아 전쟁, 시리아 내전 등에서 활약했으나, 규모가 작아 그다지 의미 있는 전과를 거두었다고 할 수는 없다. 공대공 전투는 1999년과 2000년에 에티오피아의 Su-27이 에리트레아의 MiG-29를 격추한 사례가 있다고 전해지고 있으나 정확히 확인된 사항은 아니다.

변형 및 파생형

Su-27은 주력 전투기로서 활용도가 높아 파생형이 많기로도 유명하다. 애초에 충실한 기본기를 바탕으로 기체가 설계되었기 때문에 가능한 일이었다. 다양한 Su-27과 그 파생형들을 '플랭커 시리즈'라고 부른다.

● Su-27P[나토(NATO)명 '플랭커 B']: 초도양산형으로 미국의 F-15처럼 대지 공격 능력이 없는 순수한 제공전투기다.

● Su-27PU: 제공기인 Su-27P의 복좌형으로 다목적 임무를 수행할 수 있다. 추후에는 수출 전략형 기체인 Su-30으로 발전했다.

1 Su-27SKM 〈출처: Public Domain〉 | 2 Su-34 풀백 〈출처: (cc) Dmitry Chushkin at Wikimedia.org〉 | 3 Su-35(플랭커 E) 〈출처: Public Domain〉

● Su-27K(플랭커 D): 해군의 항공모함 탑재기로 Su-33으로 재분류되었다.

● Su-34 풀백(Fullback): 커다란 동체를 기반으로 전술폭격 임무에 특화된 기체다. 애초에는 Su-27IB(IB는 '전폭기'라는 뜻)로 개발이 시작되었으며, Su-24를 대체하는 중이다.

● Su-35(플랭커 E): Su-27M으로 개발된 최신형 플랭커로, F-15E처럼 다목적 임무를 수행할 수 있으며, 플랭커 가운데 가장 우수한 성능을 자랑한다.

제원

기종	Su-27SM
형식	쌍발 터보팬 다목적 전투기
전폭	14.70m
전장	21.49m
전고	5.93m
주익면적	62㎡
최대이륙중량	33,000kg
엔진	AL-31F 터보팬(27,550파운드) × 2
최고속도	마하 2.35
실용상승한도	59,055피트
전투행동반경	1,340km
무장	30mm Gsh-30-1 기관포 1문 R-27R/R-27T/R-27ER/R-27ET, R-73, R-60 공대공미사일 범용폭탄, 로켓, 23mm 기관포 포드 등 공대지 무장 하드포인트 12개소에 최대 8,000kg 탑재 가능
항전장비	N001 레이더, OLS-27 IRST, RLPK-27 등
승무원	1명
초도비행	1981년 4월 20일(Su-27S)
대당 가격	미화 약 3,000만 달러
양산 대수	802대

F-15K Slam Eagle

F-15K 슬램 이글

동북아 최강의 전투기이자
우리 공군의 전략무기

글 | 양욱

개발의 역사

F-15K 슬램 이글(Slam Eagle)은 미 공군의 주력 종심타격 전투폭격기인 F-15E형을 한국화한 모델이다. 걸프전 당시 F-15E 스트라이크 이글(Strike Eagle)의 활약을 본 전 세계의 공군은 적 종심을 타격할 수 있는 전술기에 대한 필요성을 절감했다. 특히 대한민국 공군은 1980년대 말부터 노후하는 전투기인 F-4 팬텀(Phantom)을 대체하기 위해 120대가 필요하다고 요청했다. 이에 따라 1994년 JSOP(Joint Strategic Objective Plan: 합동전략목표기획서)에 120대의 소요가 반영되었다.

차기전투기(F-X) 도입사업는 애초에 120대를 모두 도입하면서 60대씩 두 차례로 나누어 구매하는 방안이 거론되었다. 그러나 1997년 IMF 사태로 원화 가치가 하락하는 등 예산조달이 어려워지자, 일단 1차분 40대를 먼저 도입하는 것으로 하고 1999년부터 F-X 1차 사업이 시작되었다. F-X 1차 사업에서는 프랑스 다소(Dassault) 사의 라팔(Rafale), 유럽 4개국 콘소시엄의 유로파이터(Eurofighter), 로스보루제니에(Rosvooruzhenie)의 Su-37, 그리고 미국 보잉(Boeing) 사의 F-15K 등 4개 기종이 경쟁했다.

F-X 1차 사업은 애초에 2001년 10월 선정이 예정되어 있었으나, 후보기종이 모두 작전요구성능(ROC, Required Operational Capability)을 통과하자 세부 협상을 통해 보잉과 다소 두 후보기종만을 남기고 경합을 계속했다. 그리고 2002년 3월 국방부는 두 후보기종을 2단계 평가로 검토한 후, 2002년 4월 F-15K를 선정했다. F-X 1차 사업에는 기체, 엔진, 탄약, 군수지원 및 시설비 등을 포함해 모두 5조 6,623억 원의 사업비가 소요되었다. F-15K 기체와 엔진 가격을 합친 항공기 순수가격만 환산하면 791억 원에 이른다.

F-15K는 미 공군의 F-15E 스트라이크 이글 다목적 전투기(사진)를 바탕으로 개발되었다. 〈출처: 미 공군〉

한편 공군은 F-X 2차 사업을 통해 남은 20대분의 전투기를 추가 도입하고자 했다. 그러나 1대가 운용 중 손실됨에 따라 사업분 20대에 추락한 1대를 보충하여 실제로는 모두 21대를 도입했다. 공군은 2008년 5월 보잉 사와 F-15K 21대를 계약했으며, 총사업비는 2조 8,892억 원이 소요되었다. 항공기 대당 순수가격은 920억 원으로 환산되고 있다.

F-X 1차 사업에서는 프랑스의 라팔(왼쪽 사진)이, 2차 사업에서는 유로파이터 타이푼(오른쪽 사진)이 F-15K의 강력한 경쟁자로 경합을 벌였다. 〈출처: (왼쪽) Dassault Aviation, (오른쪽) Cassidian〉

특징

F-15K는 미 공군의 전천후 전투기인 F-15E 보다도 무장과 센서에서 더 진일보한 기체였다. E형에 비해 엔진 추력이 향상되었을 뿐만 아니라 적외선탐색추적장비(IRST, Infra-Red Search & Track), 3세대 랜턴 등 최신 항전장비를 탑재하여 탐지 및 추적 능력을 높였다. 또한 ADCP(Honeywell Advanced Display Core Processor)를 채용하여 항전컴퓨터의 성능도 구형보다 10배 이상 향상되었으며, 헬멧장착조준장치(JHMCS, Joint Helmet Mounted Cueing System)를 채용하여 AIM-9X 공대공미사일을 헬멧 연동으로 조준이 가능하여 공중전 능력을 비약적으로 향상시켰다. 연동 무장도 SLAM-ER과 타우러스(Taurus) 등 각종 순항미사일까지 운용이 가능하여 능력도 확장되었다. 한마디로 F-15K는 한국군에게 과거에는 없던 종심타격 능력을 가져다주어 실제로는 전략타격기의 역할을 수행하고 있는 셈이다.

JHMCS를 장착한 전방조종사 〈출처: 대한민국 공군〉

F-15K에서 가장 특징적인 장비는 '타이거 아이(Tiger Eye)' 시스템이다. 타이거 아

IRST와 스나이퍼 포드 〈출처: 대한민국 공군〉

이는 '랜턴-2000' 항법용 포드와 조준용 포드에 IRST 포드를 결합한 통합장비다. 랜턴-2000 항법·조준용 포드는 F-16에서 쓰이는 AAQ-13 항법용 포드와 AAQ-14 조준용 포드를 개량한 모델이다. 따라서 기존의 랜턴 포드들과 마찬가지로 전천후 항법 및 지형추적 비행과 함께 정밀타격을 위한 조준을 제공한다. F-14 톰캣(Tomcat)에서 사용되던 AN/AAS-42 IRST의 개량형을 장비까지 통합하여 공대공 적외선 탐지/추적 능력까지 갖추었다. 그러나 1차분에서 채용되었던 랜턴-2000 조준용 포드는 2차분부터는 AN/AAQ-33 '스나이퍼(Sniper)' ATP로 교체되었으며, 기존 1차분도 모두 스나이퍼로 교체된 것으로 알려져 있다.

F-15K는 F-15E형과 동일한 기동성을 자랑하며, 특히 단단한 구조로 인해 9G의 한계까지 기동이 가능하다. 〈출처: 대한민국 공군 공감 http://www.afplay.kr〉

F-15K는 F-15E형과 동일한 기동성을 자랑하며, 특히 단단한 구조로 인해 9G의 한계까지 기동이 가능하다. 특히 기골은 미 공군의 후기형에 해당하는 F-15E-210의 기골강화형을 사용하여 운용주기수명이 무려 16,000시간에 이르는 것으로 평가된다. 엔진은 1차분에서는 GE 사의 F110-GE-129 엔진이 선정되어 삼성테크윈이 생산한 F110-STW-129가 장착되었다. 2차분에서는 PW 사의 F100-PW-229 EEP 엔진이 선정되어 F100-STW-229으로 생산·장착되었다.

항전 시스템은 AN/APG-63(V)1 기계식 합성개구(SAR) 레이더로 10개의 목표물을 동시에 추적할 수 있을 정도로 강력하다. APG-63(V)1은 미 공군 F-15E에 장착된 AN/APG-70의 레이더에 GMTI, 해상색적기능, 고해상도매핑 등을 추가한 기종으로 전반적으로 우수한 성능을 갖추었다. 또한 추후에 전자식 위상배열(AESA) 레이더로 업그레이드할 수 있어 4.5세대 전투기로 진화할 수도 있다.

F-15K에서 자랑하는 것은 특히 11톤에 가까운 폭장 운용 능력이다. 제2차 세계대전 당시 최대 폭격기인 B-29의 폭장 운용 능력이 9톤이란 점을 감안하면 엄청난 능력이다. F-15K의 원형인 F-15E는 1991년 걸프전에서 첫 실전에 투입된 이후, 1999년 코소보 항공전, 2001년 아프가니스탄 전쟁, 2003년 이라크 전쟁에서 위력을 발휘했다. 특히 이라크전 초기에 이라크 방어전력의 중핵인 공화국 수비대의 60%를 파괴하는 전과를 올리기까지 했다. 이러한 막강한 능력에

타우러스 미사일과 스나이퍼 ATP를 장착한 F-15K 〈출처: 대한민국 공군〉

F-15K는 무려 11톤에 가까운 폭탄을 장착할 수 있다. 〈출처: 대한민국 공군 〉

바탕하여 대한민국 공군에서는 GBU-28 벙커 버스터(Bunker Buster), AGM-84H/K SLAM-ER, 타우러스 등 중요한 적 종심타격용 무장을 운용하는 플랫폼이 F-15K다.

운용 현황

대한민국 공군 제11전투비행단에서 운용 중으로 1차분은 2008년까지 모두 40대를 도입했다. 2008년 7월 10일 대구기지에 제122전투비행대대가 창설되면서 본격적으로 전력화되었다. 2006년 6월 7일에는 동해상에서 야간 훈련 중 1대가 추락하여 2명이 순직하기도 했다. 공군은 F-X 2차 사업으로 모두 21대를 2010년 9월부터 2012년 3월까지 추가 도입했다.

F-15K는 압도적인 우수한 성능으로 도입 당시부터 '동북아 최강의 전투기'라는 별명이 붙기도 했다. 대한민국 공군의 종심타격기체로 도입 초기부터 SLAM-ER을 운용해왔다. 그러나 SLAM-ER은 PCS와 IMT2000 주파수 대역과 혼선으로 인해 주파수 개량으로 추가 비용이 소모되었으며, 명중률이 50%에 불과하다는 비난도 있어왔다. 이렇듯 SLAM-ER이 다양한 문제를 드러냄에 따라 500km 이상 타격이 가능한 KEPD-350K 타우러스 순항미사일을 도입했다.

타우러스는 초저고도 침투비행으로 방공망을 회피할 수 있을 뿐만 아니라 6m 강화 콘크리트를 관통하여 내부를 파괴할 수 있어 평양 등 적 지휘부 공격을 위한 최적의 무기로 평가된다. 현재 국방부는 2016년 12월 타우러스 1차 도입분 170발에 이어 90발을 추가로 도입하기로

SLAM-ER을 투하하는 F-15K 〈출처: 대한민국 공군〉

미군 B-52 폭격기와 비행 중인 F-15K 〈출처: 대한민국 공군〉

결정했다.

   F-15K는 도입 직후 높은 유지보수 비용과 낮은 가동률로 우려의 대상이었다. 그러나 성과기
반 군수지원제도(PBL)를 통해 군수지원을 가장 잘할 수 있는 업체를 선정하여 가동률 등에 따
라 성과금을 받거나 벌금을 물게 하는 방식으로 성능을 유지하도록 했다. 이에 따라 방위사업
청은 5년간 수리부속품 보급지연으로 인한 비행 불가능상태(NMCS) 7% 이내를 유지하는 대가
로 보잉과 3,250억 원의 PBL 계약을 체결했으며 2017년 5년 계약을 더 연장했다.

   F-15K는 최초로 해외훈련에 참가하는 전투기의 기록을 세웠다. 2008년 8월 9일부터 23일까
지 공군은 미국에서 곧바로 인수한 F-15K 전투기 6대로 네바다 주 넬리스(Nellis) 공군기지에
서 개최하는 레드 플래그(Red Flag) 훈련에 참가하는 기록을 세웠다. 또한 F-15K의 인수인도
가 거의 끝나는 2012년경에도 미국에서 인수한 기체로 2012년 레드 플래그 훈련에 참가했다.
한편 이듬해부터는 한국에서 직접 미국으로 가는 방식으로 훈련이 바뀌었다. 2013년 8월 2일
F-15K 6대가 미국의 알래스카(Alaska)까지 6시간 논스톱 비행으로 이동하여 레드 플래그-알
래스카 13-3 훈련에 참가했다. F-15K는 2016년 10월에도 레드 플래그-알래스카 17-1 훈련에
참가했다.

레드 플래그-알래스카 훈련에 참가한 F-15K 전투기 편대 〈출처: 대한민국 국방부〉

변형 및 파생형

● F-15SG: F-15K를 바탕으로 한 전천후 타격전투기로서 2005년 싱가포르 공군의 차세대 전투기로 선정되었다. F-15SG는 2008년 11월 3일 초도기가 출시되어 2009년부터 싱가포르 공군에 인도되었으며, 2013년 9월까지 모두 24대가 전력화되었다. 전반적인 성능은 F-15K 2차 도입분과 유사하나, 싱가포르는 AN/APG-63(V)3 AESA 레이더를 채용하여 4.5세대 기체로서 면모를 갖추었다.

● F-15SE: F-15SE 사일런트 이글(Silent Eagle)은 보잉 사가 자체 개발한 최신형 F-15K다. 한국 공군의 F-X 3차 사업의 소요에 맞게 F-15K에 스텔스 기술을 적용해 4.5세대 전투기로 업그레이드했다. 레이더반사면적(RCS)을 줄이기 위해 컨포멀 연료탱크(CFT) 내부에 내부무장실을 설치했고, 수직미익을 15도 외각으로 기울어뜨렸다. 또한 각종 항전장비도 최신형으로 장착했다. 대한민국 공군의 F-X 3차 사업 후보기종 중 하나로 등장했으나 채택되지 못했고, 아직까지 도입국도 없다.

● F-15SA: F-15K 시리즈의 최신형으로 사우디아라비아 공군 모델이다. 2011년 사우디아라비아 공군은 152대의 F-15SA를 도입하는 계약을 보잉과 체결했다. 이에 따라 F-15SA는 새롭게 만든 기체 84대와 기존의 F-15를 업그레이드한 기체 68대를 획득할 예정이다. F-15SA는 SG 모델처럼 APG-63(V)3 AESA 레이더를 장착하고 있으며, 2013년 2월 20일 초도비행에 성공했다. 사우디아라비아 공군은 2016년 12월 13일 재제작기 2대와 신조기 2대를 인수함으로써 F-15SA를 인도받기 시작했으며, 나머지 기체는 2019년까지 모두 도입할 예정이다.

1 F-15SG 〈출처: 미 공군〉 | **2** F-15 사일런트 이글 〈출처: 보잉〉 | **3** F-15SA 〈출처: 보잉〉

제원

기종	F-15K
형식	쌍발 터보팬 다목적 복좌 전투기
전폭	13.05m
전장	19.43m
전고	5.63m
주익면적	56.49㎡
최대이륙중량	36,742kg
엔진	GE/한화테크윈 F110-STW-129 터보팬(29,000파운드) (1차분) 혹은 PW/한화테크윈 F100-STW-229 터보팬(29,000파운드) (2차분) × 2
최고속도	마하 2.3
실용상승한도	63,000피트
전투행동반경	1,000km(공대공 전투), 1,200km(공대지 전투), 1,760km(최대외부연료)
무장	M61A1 발칸 20mm 기관포, AIM-9X 사이드와인더, AIM-120 암람, AGM-84L 하푼 블록2, SLAM-ER, JDAM / 하드포인트 19개소에 10.5톤 탑재 가능
항전장비	APG-63(V)1 합성개구레이더, 랜턴-2000(1차분)/스나이퍼-XR(2차분) 조준 포드, 타이거 아이 랜턴, 타이거 아이 IRST, JHMCS, ALR-56C(V)1 조기경보수신기
승무원	2명
초도비행	2005년 3월 3일
가격	순수 기체가격 (1차분) 791억 원 / (2차분) 920억 원

3

J-11

J-11 전투기

중국군의 현대화를 이끈 짝퉁 전투기

글 | 남도현

개발의 역사

1990년대 이전 중국의 항공 전력은 규모는 컸지만 질적으로 상당히 뒤처진 상태였다. 중국은 오래전부터 다양한 군용기를 생산하고 있었지만, 기술력이 부족하여 작전기의 성능이 시대에 뒤졌다. 서방은 물론이거니와 유일한 기술 제공처였던 소련마저도 1950년대 말 중소분쟁 이후 관계가 단절되면서 최신 기술의 습득이나 신예 전투기의 도입이 불가능에 가까웠다. 이런 상 태에서 4세대 전투기 시대가 본격 도래하자, 중국의 고민은 커져갔다.

1980년대 들어 미국의 레이건 행정부가 소련을 고립시키기 위해 중국과 전략적 관계를 형성 하자 기술 도입 가능성이 엿보였다. 하지만 1989년 천안문 사태로 이런 시도는 전격 취소되었 고, 중국 공군의 현대화는 물 건너간 듯 보였다. 그런데 바로 그때 미국과의 경쟁 등으로 심각 한 경제적 어려움을 겪던 소련이 태도를 바꾸어 중국에 최신예 전투기 공급을 제안했다. 이렇 게 해서 Su-27의 도입이 이루어졌다.

1992년 1차분 26대의 직도입을 시작으로 1995년 2차분 22대가 추가 발주됨과 함께 엔진, 레 이더, 항전장비를 포함한 중요 부품을 러시아에서 구매하는 조건으로 200대의 면허생산 계약 이 이루어졌다. 중국은 직도입한 48대의 Su-27SK와 구분하여 선양비기공사(瀋陽飛機公司)에서 조립하여 1998년부터 일선에 공급한 기종에 J-11A라는 별도의 제식번호를 부여했다.

그런데 중국이 비밀리에 역설계에 나서자 러시아가 부품 공급을 금하면서 J-10은 2006년 104대를 끝으로 조립이 중단되었다. 중국은 J-11A가 직도입한 Su-27SK만큼 성능이 나오지 않 아서 원인 파악을 위해 불가피하게 분해했다고 반박했지만 이는 불법행위를 합리화하기 위한 핑계였다. 처음부터 기술 습득을 염두에 두었던 중국은 모든 것이 탄로 나자 오히려 눈치를 보 지 않고 본격적으로 J-11A의 복제에 착수했다.

그렇게 탄생하여 2007년부터 배치가 시작된 기종이 J-11B다. 중국은 자체 개발한 별개의 엔 진과 부품을 사용했으므로 J-11B가 순수한 국산 전투기라고 주장하나, 중국을 제외한 모든 나 라가 이를 불법 복제품으로 보고 있다. 어쨌든 이렇게 탄생한 J-11B는 직도입하고 정식 면허생 산한 Su-27SK, J-11A와 더불어 현재 중국군의 주력기이자 여러 후속 파생 기종들의 베이스가 되었다.

J-11B 〈출처: Public Domain〉

특징

중국은 J-11B의 주익과 수직미익을 전면 재설계하고 별도의 재질로 제작하여 비행 성능을 대폭 향상했다고 주장한다. 하지만 군에서 J-11B의 인수를 거부한다는 뉴스가 종종 흘러나올 만큼 러시아의 AL-31F 엔진을 복제한 WS-10A 엔진의 성능과 신뢰성에 문제가 많다는 것은 공공연한 비밀이다. 이처럼 가장 중요한 심장의 성능에 문제가 많으니 당연히 성능이 원판에 뒤질 수밖에 없다.

중국 국내에서 개발한 디지털 플라이-바이-와이어(FBW, Fly-By-Wire) 시스템을 채용했고 러시아제 N001V 펄스도플러 레이더와 OLS-27 IRST(적외선탐색추적장비)를 장착했으나 국산 장비로 지속적인 업그레이드를 하고 있는 것으로 알려지고 있다. 하지만 중국제 장비나 관련 소프트웨어에 대한 자세한 성능이 공표된 것이 없으므로 J-11B의 성능이 전작들보다 향상되었다는 중국 측의 주장을 곧이곧대로 믿기는 어렵다.

J-11은 원판인 Su-27과 마찬가지로 제공전투기다. 가시거리 밖의 장거리 교전용 공대공미사일로 중국산 PL-12나 러시아제 R-27을 사용하며 가시거리 내의 단거리 전투용 미사일로 RLPK-27 헬멧조준장치와 연동하는 중국산 PL-8, PL-9 또는 러시아제 R-73을 운용한다. 고정 무장으로는 동구권의 표준이라 할 수 있는 GSh-30-1 30mm 기관포를 장비하고 있다.

무단 복제라는 비난을 받지만 J-11이 중국 공군의 역사를 새롭게 쓴 것은 맞다. 생산 및 복

2007년 J-11의 조종석을 살펴보는 피터 페이스(Peter Pace) 미 합참의장 〈출처: Public Domain〉

제를 통해 얻은 기술로 로우(low)급 신예 전투기인 J-10을 제작할 수 있었고 2012년부터는 전폭기 버전인 J-16을, 2013년에는 Su-33 함재기의 불법 복제판인 J-15의 개발도 이루었기 때문이다. 물론 이들도 J-11B만큼 여러 문제가 있는 것으로 알려지고 있지만, 중국의 항공 전력이 2000년 이후 비약적으로 증가한 것은 주지의 사실이다.

운용 현황

현재 J-11은 전량 중국군에서 운용 중이다. 중국이 J-11을 아무리 국산이라고 우겨도 러시아 때문에 외국에 수출할 수 없다. 사실 그보다 러시아제를 놔두고 굳이 성능에 의구심이 가는 중국산 짝퉁 전투기를 도입할 나라는 없다고 보는 것이 더 맞을 것이다. 게다가 냉전 시기와 달리 전투기를 도입하려는 나라들의 입장에서는 선택의 폭이 많이 넓어진 상황이다. 한마디로 J-11은 팔 수도 없고 사려고 하는 이들도 없다고 보아야 한다.

2014년 현재 공군이 205대 이상을 운용 중이고 해군이 48대를 사용하고 있는 것으로 알려져 있다. 이 중 J-11A가 104대이므로 J-11B는 150여 대 이상을 생산했다고 볼 수 있다. 중국의 군비를 고려하면 충분한 양으로 보기는 어렵지만, 고질적인 WS-10A 엔진의 트러블 때문에 생산량을 무턱대고 늘리기 어려운 것으로 알려져 있다. 이는 비단 J-11뿐만 아니라 Su-30MKK를 복제한 J-16, Su-33을 복제한 J-15도 마찬가지다.

변형 및 파생형

● J-11A: Su-27SK의 중국 내 조립형. 레이더를 N001VE로 교체하고 자국산 헬멧조준장치 및 다기능 디스플레이 장착

● J-11B: 자국산 항전장비와 WS-10A 엔진 장착. 복합소재를 사용하여 기체 무게가 감소했다.

● J-11BS: J-11B의 복좌형

● J-11BH: J-11B의 해군형 모델

● J-11BSH: J-11BH의 복좌형

● J-15: J-11B와 우크라이나에서 확보한 Su-33 시제 원형기인 T-10K-3을 바탕으로 개발된 함재기

● J-16: J-11BS와 직도입된 Su-30MKK를 바탕으로 제작된 정밀타격용 다목적 전투기

● J-11D: J-11B의 업그레이드형. 기체 재질, 항전장비, 센서를 비롯한 다양한 부분이 개량된 것으로 알려져 있다.

중국 해군 소속의 J-11BH 〈출처: Public Domain〉

J-15 〈출처: (cc) Garudtejas7 at wikimedia.org〉

제원

기종	J-11B
형식	쌍발 터보팬 제공전투기
전폭	14.70m
전장	21.94m
전고	5.92m
주익면적	62㎡
최대이륙중량	33,000kg
엔진	WS-10A 터보팬(27,000파운드) × 2
최고속도	마하 2.35(J-11A)
실용상승한도	59,055피트(J-11A)
전투행동반경	1,340km(J-11A)
무장	30mm Gsh-30-1 기관포 1문 PL-12, PL-8, PL-9, R-77, R-27, R-73 공대공미사일 범용폭탄, 로켓, 23mm 기관포 포드 등 공대지 무장 하드포인트 10개소에 최대 8,000kg 탑재 가능
항전장비	N001VE 레이더, OLS-27 IRST, OEPS-27, RLPK-27 등
승무원	1명
초도비행	1998년
대당 가격	미화 약 2,800만 달러
양산 대수	253대(2014년)

EF-2000
유로파이터 타이푼

공동개발로 탄생한 유럽의 차세대 전투기

글 | 윤상용

EF-2000
Eurofighter Typhoon

개발 배경

유럽 각국에서는 1970년대부터 신형 전투기 개발의 필요성이 대두되기 시작했다. 주로 미제 F-4 팬텀(Phantom)이나 F-104 스타파이터(Starfighter)를 쓰던 유럽 국가들은 미국이 F-15와 F-16을, 소련은 MiG-29와 Su-27을 개발하며 앞서가기 시작하자 자체적인 4세대 전투기 개발이 시급하다고 판단하게 되었다. 먼저 영국이 해리어(Harrier) 및 재규어(Jaguar)를 대체할 단거리 이륙/수직착륙(STOVL) 항공기 요구도를 갖춘 AST(Air Staff Target)-396 사업을 발주했다. 하지만 AST-396은 이미 미국의 F/A-18과 사양이 비슷해 호넷(Hornet)을 제치고 수출시장을 장악할 가능성이 낮다는 판단이 서자 STOVL이 빠진 제공권 장악용 전투기 사업으로 요구도가 변경되어 사업명도 AST-403 사업으로 변경되었다. 한편 독일은 기체 전면에 카나드(canard: 귀날개)를 장착한 이형(異形) 삼각익(cranked delta wing)을 채택한 TKF-90 개념을 내놓았다.

하지만 이미 국제공동개발 형태로 적지 종심 타격과 요격 임무를 동시에 수행할 수 있는 파나비아 토네이도(Panavia Tornado) 사업에 성공한 영국과 독일은 제공권 장악 임무

공대지 무장을 장착한 유로파이터 타이푼 〈출처: Eurofighter〉

를 위한 경량형 전투기의 공동개발로 방향을 틀었고, 우선 1979년 영국 브리티쉬 에어로스페이스(British Aerospace, 혹은 BAe, 현재의 BAE Systems) 사와 독일 메서슈미트-뵐코브-블롬(MBB, Messerschmitt-Bölkow-Blohm) 사가 통칭 유럽 협력개발 전투기 사업(ECF, European Collaborative Fighter)에 착수했다. 여기에 1979년 10월부로 프랑스 다소(Dassault)가 참가하면서 사업명이 유럽형 전투기 사업(ECF, European Combat Fighter)으로 변경되었고, 여기에 다시 이탈리아와 1982년 북대서양조약기구(NATO)에 가입한 스페인이 참여했다.

이런 와중에 프랑스가 공동개발사업에서 이탈했다. 유럽 국제공동개발사업이 국내 사업에 방해가 될 것이라고 판단한 데다 함재기형을 반드시 개발해야 해 나머지 참여국과 이해관계가 엇갈렸기 때문에 프랑스는 1985년 사업에서 철수한 후 독자적으로 ACX 사업을 시작했던 것이다. 이에 따라 MBB, 브리티쉬 에어로스페이스와 아에르이탈리아(Aeritalia)가 남았지만, ACA(Agile Combat Aircraft) 사업에서 독일과 이탈리아 정부가 예산 투자를 중단하게 되자 영국 정부가 50%를, 사업 참가 기업이 나머지 50%를 책임지는 형태로 하여 BAe 주도로 시험용 항공기(EAP, Experimental Aircraft Programme) 시제기를 완성했다.

이 직후 유로파이터 전투기 유한회사(Eurofighter Jagdflugzeug GmbH)가 1986년 6월 독일 뮌헨에 설립되었다. EAP는 1986년 8월 6일 초도비행에 성공했으며, 이 기체를 토대로 설계 작업을 진행한 것이 1992년 EF-2000 유로파이터 타이푼(Eurofighter Typhoon)으로 새롭게 명명되었다. 이는 '파나비아 토네이도(Panavia Tornado)'와 동일한 연장선상의 명명 방식을 따른 것이다.

초기 양산 약정 수량은 영국과 독일이 각각 250대, 이탈리아가 165대, 스페인이 100대였고, 생산 또한 DASA[현 에어버스(Airbus) 방산우주부문, 33%], BAe(33%), 아에르이탈리아(21%), CASA(Construcciones Aeronáuticas, 13%)가 주문 약정 수량에 맞춰 양산 비율을 나누었다. 같은 해에는 롤스-로이스(Rolls-Royce), MTU 에어로(Aero), 피아트 아비오(Fiat-Avio), ITP 사가 유로젯(Eurojet GmbH)을 공동 설립하고 유로파이터용 EJ200 엔진 개발에 들어갔다. 또한 1990년에는 유로레이더(EuroRADAR) 사가 설립되어 ECR-90 '캡터(Captor)' 레이더 개발을 시작하게 되었다.

하지만 냉전이 끝나면서 유럽의 분위기가 급변했다. 소련의 붕괴와 함께 바르샤바 조약기구가 해체되자 유럽 각국은 군축에 들어갔다. 서독은 동독을 흡수 통일한 후 재정적 부담을 겪게 되자 한때 사업을 철수하고 경량급 저가 전투기 개발로 선회하는 것을 고민했다. 하지만 처음부터 사업을 다시 시작하는 비용과 부담 등을 고려해 사업에 잔류하게 되었다. 유로파이터 사업은 규모가 축소되기는 했으나 계속 살아남아 1994년 유로파이터 타이푼의 초도비행이 이루어졌고, 1995년에 워크쉐어(workshare: 작업 할당)를 약정 주문 대수에 따라 나누기로 하면서 영국 33, 독일 33, 이탈리아 21, 스페인 13 비율로 분할했다.

유로파이터의 실전배치는 9년 후인 2003년부터 본격적으로 이루어지게 되었으나, 최초 약정했던 각국의 양산 수량도 함께 축소되어 현재로서는 공동개발국들이 최초 약정 수량을 전부 구입할지는 미지수다. 1999년에는 유로파이터 인터내셔널(Eurofighter International) 사가 별도로 설립되어 유로파이터의 수출 및 계약 관리를 실시하게 되었다.

2015년 12월 7일, 랭리(Langley) 기지에서 촬영한 애틀란틱 트라이던트(Atlantic Trident) 연습 장면. 좌로부터 미 공군의
T-38 탤런(Talon), 영국 왕립 공군(RAF)의 유로파이터 타이푼, 프랑스 공군의 라팔(Rafale), 미 공군의 F-22 랩터(Raptor).
〈출처: US Air Force Photo-Senior Airman Kayla Newman〉

특징

타이푼은 기본적으로 4세대 전투기로 분류되나 4세대 이상의 특성도 동시에 보유하고 있다.
특히 초음속 순항(supercruise)이 가능하고, 카나드를 비롯한 비행면의 비행 통제는 4중 디지
털 비행제어 시스템, 통칭 플라이-바이-와이어(FBW, Fly-By-Wire)의 통제를 받아 안정성이
뛰어나고 기체가 기동 영역선도 밖으로 나가는 것을 막는다. 또한 높은 가속 성능을 갖추었을
뿐 아니라 초음속 비행 상태나 저속 비행 상태에서 모두 높은 기동성을 자랑한다.

항공기 동체는 레이더반사면적(RCS, Radar Cross Section)을 줄이기 위해 첨단 복합재료
를 사용하고 항공기 표면의 15% 이하로만 금속 재질을 사용했다. 기체 표면의 나머지 70%는

▲ 유로파이터의 헬멧 고정식 심볼 표식 체계(HMSS)
〈출처: Eurofighter-PLANEFOCUS Ltd.〉
▶ 유로파이터의 조종석 모습 〈출처: Eurofighter〉

탄소섬유복합재, 12%는 유리섬유강화플라스틱(GRP)으로 이루어져 있다. 유로파이터의 레이더반사면적은 처음부터 스텔스 설계가 반영된 F-117, F-22, F-35보다는 못하지만 $0.5m^2$로 4세대 전투기 중에서는 매우 작은 편에 속한다. 또한 유로파이터는 독자적으로 개발한 풀 커버 내(耐)중력복(FCAGT, Full-Cover Anti-G Trousers)을 채택해 조종사의 최대 한계 중력(G)을 늘릴 뿐 아니라 화생방(NBC) 방호도 가능하게 했다. 유로파이터는 조종사가 음성인식을 통해 항전장비, 디스플레이, 통신 시스템 등을 다룰 수 있으며, 헬멧 장착식 디스플레이(HMD, Helmet-Mounted Display)를 채택해 외부에서 수집된 각종 정보가 조종사의 헬멧 바이저(visor)에 시연된다.

유로파이터의 자랑 중 하나는 센서 퓨전(sensor fusion) 기술로, 기체에 장착된 PIRATE 적외선 센서는 은밀한 표적 추적을 실시할 때는 적외선 탐지 추적(IRST) 모드에서 능동형 공대공 표적 탐지 및 추적을 실시하고, 전방 주시 적외선(FLIR) 모드에서는 공대지 임무를 수행한다.

주요 무장으로는 파나비아 토네이도용으로 개발한 분당 1,700발 발사 속도의 마우저(Mauser)

BK-27 27mm 기관총을 내부에 탑재했고, 하드포인트(hard point)는 각 날개에 4개씩 총 8개, 동체에 4개가 설치되어 있다. 레이더는 쿠웨이트 수출 형상부터 AESA 레이더인 캡터(CAPTOR)-E 레이더를 장착할 예정이다.

유로레이더의 캡터-E 레이더 〈출처: Eurofighter-BAE Systems〉

운용 현황

유로파이터는 현재까지 약 450대가 실전배치 중이며, 150대가량의 주문이 수주된 상태다. 현재까지 총 148대의 트렌치(Trenche) 1, 275대의 트렌치 2, 176대의 트렌치 3A형 양산이 약정되어 있으며, 공동개발국인 영국이 160대, 독일이 143대, 이탈리아가 96대, 스페인이 73대 구매를 약정했으나 유럽의 국방예산 감소 추세 때문에 실제 구매 수량은 계속 감소하는 상황이다.

유로파이터는 2013년 4월 P1E 소프트웨어 업그레이드를 통해 1개의 타게팅 포드(targeting pod)로 2개 목표물에 대하여 동시에 GBU-16 유도폭탄을 투하함으로써 본격적인 지상타격 능력을 입증했다. 〈출처: Eurofighter-BAE Systems〉

최초 수출 국가는 오스트리아로, 2003년 총 15대를 주문해 2009년까지 전량을 인도받았다. 2008년 9월에는 사우디아라비아가 총 72대를 주문했는데, 이 중 24대는 영국 왕립 공군의 트렌치 2형에서 파생시킨 형상으로 2012년까지 수령했고, 잔여 48대는 처음에 사우디아라비아에서 현지 생산하기로 했으나 가격협상에서 이견이 발생해 BAE에서 생산하기로 합의했다. 2017년에는 오만이 트렌치 3A형 12대를 계약했고, 2016년 4월에는 쿠웨이트에 28대 수출 계약을 체결했으며, 유로파이터 주식회사는 2017년 4월 11일자로 이탈리아 공군에게 500번째 유로파이터 타이푼을 인도했다. 현재 유로파이터는 핀란드, 인도네시아, 말레이시아, 폴란드 등에도 수출을 타진 중이다.

유로파이터의 첫 실전 투입은 2011년 3월 29일 북대서양조약기구(NATO)의 유니파이드 프로텍터(Unified Protector) 작전 중 이탈리아 공군 소속 유로파이터가 수행한 정찰 임무를 통해 이루어졌으며, 5월 23일에는 이탈리아 남부 조이아 델 콜레(Gioia del Colle) 기지에서 전개한 영국 왕립 공군 소속 유로파이터가 리비아에 대한 방공 및 폭격 임무를 수행하며 첫 전투 임무를 소화했다.

파생형

● EF-2000 유로파이터 타이푼 트렌치 1: '트렌치'는 다수의 공동개발국이 이견이나 이해관계 마찰로 사업이 지연되더라도 개발과 양산 일정에 방해가 되지 않게 할 목적으로 생산량을 분할해놓은 경제적인 개념의 구분이다. 유로파이터 컨소시엄 업체들은 양산 물량을 총 3개의 '트렌치'로 나누었으며, 각 트렌치별로 구매국가들이 구입 계약을 하는 구조다. 각각의 트렌치에는 기체 능력이나 형상이 다른 '블록(Block)' 개념이 존재하며, 설계 변경, 업그레이드, 신형 항전장비 등이 탑재될 시 새로운 '블록' 번호를 부여했다. 트렌치 1에는 블록 1 · 1B · 1C · 2 · 2B · 5 · 5A가 존재한다.

● EF-2000 유로파이터 타이푼 트렌치 2: 블록 8(사우디아라비아 공군용) · 8A · 8B(6대만 사우디아라비아 공군 할당) · 9(10대만 사우디아라비아 공군 할당) · 10 · 10C · 11 · 11C(사우디아라비아 공군용) · 15 · 15C(사우디아라비아 공군용)

● EF-2000 유로파이터 타이푼 트렌치 3: 블록 20 · 25 · 25C(마지막 24대는 사우디아라비아 공군용)

● EF-2000 유로파이터 타이푼 R2: 영국 왕립 공군 보유 블록 1 · 2형을 업그레이드한 기체로, 블록 5형 사양으로 끌어올렸기 때문에 R(Retrofit)2로 명명되었으며 총 43대가 R2 사양으로 업그레이드되었다.

이탈리아 공군에 인도된 유로파이터 500번 생산 기체 〈출처: Eurofighter〉

정면에서 본 스페인 공군 소속 유로파이터 타이푼의 모습. 기체 하부의 독특한 인테이크가 인상적이다.
〈출처: Eurofighter – EADS CASA〉

제원

제조사	유로파이터 전투기 유한회사(Eurofighter Jagdflugzeug GmbH)
초도비행일	1994년 3월 27일 / 2003년 8월 4일 실전배치
승무원	1, 2명
최고속도	마하 2(2,495km/h) / 초음속순항 시 마하 1.5
전장	15.96m
전폭	10.95m
전고	5.28m
날개면적	51.2㎡
공허중량	11,000kg
적재중량	16,000kg
최대이륙중량	23,500kg
엔진	유로젯(Eurojet) EJ200 애프터버너(afterburner) 터보팬 × 2 (각 13,500파운드 출력)
항속거리	2,900km
페리 범위	3,790km
실용상승한도	19,812m(65,000ft)
상승률	318m/s
추력대비중량	1.15(요격기 설정 시)
최대중력제한	+9 / −3 G
무장	• 내장 기관총: 27mm 마우저(Mauser) BK-27 리볼버 기관총 × 1 (150발) • 하드포인트: 총 13개 (주익 아래 8개, 동체 아래 5개) • 트렌치 2-P1E형의 멀티롤(multi-role) 무장: 　AIM-120 AMRAAM × 4 　AIM-132 ASRAAM/IRIS-T × 2 　EGBU-16/페이브웨이(Paveway) IV × 2 • 장착 가능 무장: AIM-12 AMRAAM, AIM-132 ASRAAM, AIM-9 사이드와인더(Sidewinder), IRIS-T, MBDA 미티어(Meteor), AGM-65 매버릭(Maverick), AGM-88 HARM, 타우러스(Taurus) KEPD 350, 브림스톤(Brimstone), 스톰쉐도우(Storm Shadow/Scalp EG), MBNA 마르테(Marte) ER 대함미사일, 페이브웨이(Paveway) II/III 및 레이저유도폭탄, 페이브웨이 IV, SDB(Small Diameter Bomb) • 장착 가능 센서: 다모클레스(Damocles) 타게팅 포드, 라이트닝(LIGHTNING) III 레이저 타게팅 포드, 스나이퍼(Sniper) 타게팅 포드
레이더/항전장비	유로레이더(Euroradar) 캡터 레이더, 패시브(Passive) 적외선 공중 추적장비(PIRATE), 프리토리언(Praetorian) DASS(Defense Aid Sub-System)
대당 가격	약 1억 58만(트렌치 3A형 체계 비용)∼1억 3,600만 달러

AH-64 아파치
공격헬리콥터

지상군을 지키는 하늘의 수호천사

글 | 윤상용

AH-64 Apache

개발의 역사

미 육군은 현대전 경험을 통해 지상군을 공중에서 엄호할 근접항공지원(CAS, Close Air Support) 자산의 도입 필요성을 느끼고 이를 추진하려 했으나 1947년 국가안보법(National Security Act) 통과와 함께 미 공군이 독립하면서 항공 자산의 중첩성이 문제가 되었다. 이에 따라 3군 총장은 1949년 키 웨스트 협약(Key West Agreement)을 체결해 육군은 고정익 항공기를 보유하지 않기로 결정했다. 이로 인해 미 육군은 A-10 선더볼트(Thunderbolt) II나 AV-8 해리어(Harrier) II 같은 본격적인 지상공격기의 보유가 어려워지자, 협정에 의거하여 보유가 가능한 회전익기(헬리콥터)에 무장을 더하는 방향으로 가닥을 잡고 1950년대 말 벨(Bell) 사의 UH-1 이로쿼이(Iroquois)를 무장용으로 개조한 AH-1 코브라(Cobra) 공격헬리콥터를 도입해 베트남에서 활용했다.

하지만 UH-1의 도태 시기가 다가오자 미 육군은 고등항공화력지원체계(AAFSS, Advanced Aerial Fire Support System) 사업을 발주해 대체용 중형 무장 공격헬리콥터를 도입하고자 시도했다. 미 육군은 1966년 록히드(Lockheed) 사의 AH-56 샤이엔(Cheynne) 헬리콥터의 시제기를 AAFSS 사업의 우선협상기종으로 선정했으나, 양산 계약 전에 기체추락사고가 발생해 개발 일정이 밀리자 1969년 5월부로 양산 계약이 파기되었다. 이후 베트남 전쟁마저 종전 분위기로 흘러가기 시작하면서 미 육군은 1972년 AH-56 AAFSS 사업 자체를 취소해버렸다.

대신 미군은 기술적으로 쌍발 엔진 쪽이 훨씬 안정적일 뿐 아니라 기술적으로도 개발이 쉽다고 판단하고 1972년 11월 차기공격헬기(AAH, Advanced Attack Helicopter) 사업을 새롭게 발주해 제안요청서(RFP, Request For Proposal)를 발행했고, 이에 벨, 보잉(Boeing)-버톨/그러먼(Vertol/Grumman) 컨소시엄, 휴즈(Hughes), 록히드, 시콜스키(Sikorsky) 사가 제안서를 제출했다. 1973년 7월 미 국방부는 그중 벨 사의 YAH-63A와 휴즈 사의 YAH-64A 헬기를 최종 후보로 선정했다. 미 육군은 이 두 기종을 토대로 다양한 시험비행과 테스트를 거쳤으며, 로터가 4장인 AH-64 쪽이 만약의 피격 상황에서도 더 안정적으로 비행할 수 있고, YAH-63A의 삼륜식 랜딩기어 배열의 안정성이 떨어진다는 이유로 YAH-64A를 AAH 사업 우선협상대상 기종으로 선정했다.

차기공격헬기로 선정된 AH-64는 미 육군이 헬리콥터에 대해 아메리칸 인

미 육군은 AH-56 샤이엔(사진 1) 개발사업이 좌절되자 차기공격헬기(AAH) 사업을 실시했는데, 벨 사의 YAH-63A(사진 2)
도 그 후보 중 하나였다. 〈사진 1 출처: (cc) William Pretrina at wikimedia.org / 사진 2 출처: Bell Helicopter〉
AAH 사업에서 YAH-64A가 선정됨으로써 AH-64 아파치 공격헬기(사진 3)가 탄생하게 되었다. 〈사진 3 출처: 미 육군〉

디언 원주민 부족 이름을 붙여온 전통에 따라 오늘날 미국 애리조나(Arizona) 주와 뉴멕시코
(New Mexico), 서부 텍사스(Texas), 남부 콜로라도(Colorado), 멕시코 북부에 걸친 '아파체리
아(Apacheria)' 지역에 거주하던 인디언 부족의 이름을 따서 1981년 '아파치(Apache)' 헬리콥
터로 명명했으며, 1982년부터 실용 개발에 들어갔다. 첫 양산 기체는 1983년 휴즈 사의 애리
조나 주 메사(Mesa) 공장에서 출고되었으며, 1986년부터 미 육군에 본격적으로 배치되기 시
작했다.

아파치는 최초 휴즈 헬리콥터에서 생산했으나 회사가 1984년 맥도넬-더글러스(McDonnell
-Douglas)에 4억 7,000만 달러에 매각되면서 생산업체가 변경되었고, 다시 맥도넬-더글러스
가 1997년 8월 보잉에 흡수 합병되면서 현재는 보잉이 생산 중이다.

특징

아파치 헬리콥터는 미 육군 사단 및 군단 공중지원용으로 개발된 중형 공격헬기로, 후방작전,
근접작전, 여건조성작전을 수행할 뿐만 아니라 적 종심 정밀타격 임무도 수행한다. 특히 아파
치의 임무는 주요 이동 표적에 대한 정밀공격부터 전천후 주야간 무장정찰 임무까지 망라한다.

아파치는 탠덤(tandem) 방식의 좌석 배열이 특징으로, 전방석에는 부조종사 겸 사수가
앉고 후방석에는 주조종사가 앉아 헬기를 조종한다. 특히 AH-64E '아파치 가디언(Apache
Guardian)' 형상부터는 전방석의 부조종사가 무인항공기인 그레이 이글(Grey Eagle)을 병행
하여 통제한다. 조종사와 부조종사는 모두 항공기의 조종과 무장 통제가 가능하다. 또한 두 조
종석이 방탄판으로 분리되어 있어 한 조종석이 피격을 당하더라도 최소한 한 명의 조종사는
생존할 수 있도록 설계되었다. 방탄판과 로터 블레이드(rotor blade)는 23mm 탄까지 견딜 수
있다. 아파치의 동체는 1,100kg의 방탄 재질로 되어 있으며, 포탄 피격을 당할 때를 대비하여
자동 급유 밀봉 장치가 설치되어 있다.

아파치 공격헬기의 전방에는 부조종사 겸 사수가 앉는데, 부조종사 겸 사수는 헬멧에 탑재된 디스플레이를 통해 30mm 기관포를 조준하는 IHADSS(통합 헬멧 디스플레이 조준 시스템)를 운용한다. 사진은 제10산악사단 10전투항공여단 소속의 아파치 조종사의 모습이다. 〈출처: Spc. Osama Ayyad / 미 육군〉

아파치의 가장 특징적인 장비는 D형부터 장착된 록히드 마틴/노스럽-그러먼제 AN/APG-78 화력통제 레이더, 일명 '롱보우(Longbow)' 레이더다. 롱보우 레이더는 전천후 및 주야간 자동으로 표적에 대한 수색, 탐지, 추적을 실시하며 이동 및 고정 표적에 대한 우선순위를 설정한다. E형에는 또한 록히드 마틴의 M-TADS/PNVS 고급 전자광학 화력통제 및 센서 시스템이 탑재되어 있어 상황 인지와 표적 획득을 실시할 수 있고, 통합 헬멧 디스플레이 조준 시스템, 통칭 IHADSS(Integrated Helmet and Display Sighting System)이 장착되어 조종사 및 사수가 고개를 돌리는 방향으로 30mm M230 기관총 총구가 따라가도록 동기화시켜 표적 처리를 쉽게 하도록 설계했다.

ATK M230 30mm 단신 기관포는 분당 625발의 속도로 사격할 수 있으며, 총 1,200발의 탄환을 적재할 수 있다. 또한 날개에 4개의 하드포인트(hard point)가 설치되어 파이어-앤-포겟(fire-and-forget) 방식의 AGM-114 헬파이어(Hellfire) 미사일이나 하이드라(Hydra)-70 로켓을 조합하여 장착하는 것이 가능하다. 전차를 상대로 대전차 임무를 수행할 때에는 헬파이어 미사일을 4발들이 레일 런처(rail launcher)에 장착하여 최대 16발을 탑재할 수 있으며, 향후에는 육군과 해군이 공동개발 중인 합동공대지미사일(JAGM, Joint Air-to-Ground Missile)도 장착할 예정이다.

앞서 말한 바와 같이 미 육군은 2014년부터 아파치 가디언을 통해 유인기와 무인기를 결합하는 'MUM-T(Manned/Unmanned Team)' 기술을 도입하면서 미 육군의 사단급 무인기인 MQ-1C 그레이 이글을 함께 운용하고 있다. 아파치 가디언은 그레이 이글이 수집한 정보를 동시에 공유할 수 있고, 그레이 이글에 탑재된 추가 무장을 운용함으로써 공격 능력을 확장

아파치와 같은 첨단 공격헬기에서도 하이드라-70 로켓은 여전히 중요한 공격 수단이다. 〈출처: 미 육군〉

할 수 있다. 특히 그레이 이글의 센서가 수집하는 영상을 아파치 가디언 조종사가 동시에 시각적으로 공유할 수 있다는 점이 MUM-T 기술의 가장 핵심으로 꼽힌다.

미 육군은 OH-58D 카이오와 워리어(Kiowa Warrior) 전력을 퇴역시키는 대신, 아파치 가디언으로 무인기인 MQ-1C 그레이 이글을 운용할 수 있도록 했다. 〈출처: General Atomics〉

운용 현황

아파치는 1984년 1월부터 미 육군 제17기갑수색여단 7대대에 실전배치되었으며, 첫 전과는 1989년 파나마의 독재자 마누엘 노리에가(Manuel Noriega, 1934~2017)를 체포하기 위해 실시한 저스트 코우즈 작전(Operation Just Cause) 때 기록했다. 아파치는 A-10이나 해리어 II와 함께 근접항공지원(CAS) 임무를 수행했으며, 파나마 침공 시에는 주로 야간 작전에 투입되어 약 240시간 이상 다양한 표적을 제거했다. 아파치가 본격적인 활약을 한 것은 1991년 1월에 시작된 '사막의 폭풍 작전(Operation Desert Storm)' 때로, 다국적군의 제1파에 포함되어 항공 전력이 이라크에 진입 시 위협이 되는 이라크군의 방공 레이더를 사전에 제거하는 역할을 맡았다. 또한 아파치는 유고슬라비아 내전과 코소보 내전에도 투입되었다. 코소보 내전 당시에는 알바니아군의 지상 기지를 격파하는 임무를 수행했는데, 조종사의 숙련도 문제로 훈련 중 한 대가 추락하자 미군은 2000년 말부터 발칸 반도 내에서 아파치의 운용을 중단했다.

아파치는 걸프전에서 스텔스기보다도 앞서 적 레이더기지를 파괴하면서 전쟁을 시작했다. 〈출처: 미 육군〉

아파치는 2001년 아프가니스탄 전쟁 당시 항구적 자유 작전(Operation Enduring Freedom)에 투입되어 지상군에 대한 근접항공지원 임무를 수행했고, 2003년부터는 이라크에도 투입되어 이라크 자유 작전(Operation Iraqi Freedom)에서도 활약했다. 그러던 중 2003년 카발라(Kabala) 전투에서 아파치 한 대가 이라크군에게 격추당하는 사건이 벌어졌는데, 당시 이라크군은 한 시골 농부가 구식 라이플로 아파치를 잡았다고 대대적으로 홍보했다. 하지만 아파치를 격추한 것으로 알려진 알리 아비드 민카쉬(Ali Abid Minqash)는 훗날 추락한 기체를 발견만 했을 뿐, 본인이 '격추'하지는 않았다고 증언했다. 사건의 진상은 파악하기 어려우나 이라크 정부군 측의 흑색선전이었을 것으로 추측된다.

아파치는 이스라엘 공군(IAF)도 '사라프(Saraph)'라는 이름으로 도입하여 1990년부터 실전배치되었으며, 헤즈볼라(Hezbollah) 대응 작전이나 1차 인티파다(Intifada), 2차 레바논 전쟁

미군은 아프가니스탄과 이라크에서 개전 초에 부족한 포병 지원을 공격헬기로 보충하려고 했고, 그 결과 많은 헬기들이 피해를 입었다. 〈출처: 미 육군〉

(2006), 가자 겨울전쟁[캐스트 리드 작전(Operation Cast Lead), 2008] 등에서 활약했다. 이스라엘 공군은 A형과 D형[아파치 롱보우(Apache Longbow)]을 혼용하고 있었으나 2013년경 A형의 항전과 전자전 시스템을 업그레이드하여 AH-64Ai 형상으로 개량했다.

최초의 '아파치 롱보우'는 1997년 미 육군에 인도되었으며 이듬해부터 네덜란드를 필두로 해외수출이 시작되어 이집트, 그리스, 이스라엘, 인도(2015년 계약, 인도 예정), 일본, 쿠웨이트, 네덜란드, 사우디아라비아, 싱가포르, 아랍에미리트(UAE), 영국, 중화민국(타이완) 등에 판매되었다. 특히 일본과 영국은 면허생산 형태로 도입한 것이 특징인데, 영국의 경우는 오거스타 웨스트랜드(Augusta Westland) 사가 보잉으로부터 키트(kit)로 구입해 조립하는 형태로 도입해 WAH-64라는 제식번호를 붙였다. 일본은 AH-1S의 후속 기종 도입을 위해 후지중공업(富士重工業)이 면허생산으로 AH-64DJP를 총 60대 제작하기로 했으나, 미 육군이 AH-64D 블록 III형을 도입하기 시작하면서 구형 블록 II형의 부품 가격이 상승하자 일본 방위청(현재의 방위성)에서 도입 가격 문제로 2006년부터 총 13대만 생산하고 사업을 종료시켜버리는 비운을 겪었다. 그 외에도 인도네시아, 이라크, 카타르 등도 아파치 도입에 관심을 나타낸 바가 있거나 지속적으로 관심을 보이는 중이다.

대한민국 육군은 1990년에 처음 소요 제기를 했으나, 아파치의 기체 가격 상승으로 사업 순위가 밀리다가 1997년 말 동아시아 금융위기, 통칭 'IMF' 사태가 터지면서 도입 사업을 전면 중단했다. 육군은 이후에도 도입 사업을 시도했으나 이번에는 한국형 헬리콥터 사업(KMH)에 예산 배정이 밀려 진행이 지지부진하다가 2008년에 수리온 헬기가 완성되면서 KMH 사업이 완료되어 비로소 관심을 다시 갖게 되었다. 이때 미 육군이 AH-64 블록 III(AH-64E 아파치 가디언)를 도입하면서 수명 주기가 넉넉하게 남은 기보유 AH-64D형을 블록 III형으로 업그레이드하여 판매하겠다고 제안하자 중고 기체 도입 쪽으로 방향이 잡혔으나, 공격헬기 사업이 1만 파운드급 경공격헬기(LHX) 사업과 2만 파운드급 공격헬기(AH-X) 사업으로 분리가 되자 2012년 초 신규 기체 도입으로 방향이 잡혀 공개 입찰로 전환되었다. 이에 아파치 외에 벨 사의 AH-1Z 바이퍼(Viper), 터키의 T-129 망구스타(Mangusta)가 입찰에 참여했다. 국방부는 2013년 4월 최종적으로 AH-64E 아파치 가디언을 제안한 보잉을 우선협상대상자로 선정했다. 아파치 선정의 가장 걸림돌은 가격 문제였으나, 미 육군이 비슷한 시기에 600대가량 대량으로 도입하면서 양산 가격이 하락해 경쟁 기종을 제치고 선정될 수 있었다. 대한민국 육군은 2017년 1월부로 AH-64E 36대 인수를 마쳤다.

파생형

● AH-64A 아파치: 아파치 공격헬기의 최초 형상. GE 사의 T700 엔진이 장착되었으며, 미 육군은 2012년 7월부로 A형을 전량 퇴역시킨 대신 AH-64A 아파치 16대를 AH-64D 블록 II형 사양으로 업그레이드했다.

AH-64A 아파치 〈출처: 미 육군〉

● AH-64B 아파치: '사막의 폭풍' 작전 종료 후(1991년) 총 254대의 AH-64A를 업그레이드하기 위한 형상안. 로터 블레이드를 교체하고 GPS를 비롯한 항법장비와 통신장비를 업그레이드할 예정이었으나 1992년 사업이 취소되었다. 하지만 앞에 언급된 업그레이드는 향후 상위 형상이 개발되거나 업그레이드가 실시될 때 모두 반영되었다.

● AH-64C 아파치: 1991년 말, 업그레이드 사업 예산이 추가로 배정되자 B형보다 더 광범위한 업그레이드 실시 계획이 반영된 형상. 1993년경 'C형'이라는 명칭은 폐기되었으나 결과적으로는 롱보우 레이더와 700C형 엔진만 제외하고는 AH-64D와 동일한 성능으로 업그레이드되었기 때문에 롱보우 레이더가 없는 형상과 롱보우 레이더가 장착된 형상 모두 'AH-64D'로 명명되었다.

● AH-64D 아파치 롱보우(Apache Longbow): 기존 아파치 형상에 밀리미터파(Milimeter-wave) 화력통제 레이더인 APG-78 '롱보우(Longbow)' 레이더를 장착한 형상. 조종석도 대대적인 업그레이드가 이루어져 전면 디지털화되었으며, 레이더 주파수 간섭계(RFI, Radar Frequency Interferometer)가 메인 로터 위에 돔 형태로 높게 설치되어 아파치가 은폐물 뒤에 숨어 적을 탐지하는 것이 가능해졌다. 롱보우 레이더는 총 128개의 목표를 동시 탐지/추적이 가능하며, 16개 표적과 동시 교전이 가능하다. 엔진 역시 T700-GE-701C형으로 업그레이드되었으며, 동체 앞면도 넓어져 전술 인터넷이나 항법장치가 대폭 추가되었다. 일본 육상자위대가 면허생산한 AH-64DJP도 D형에 기반하고 있다. 주요 무장으로 AIM-92 스팅어(Stinger) 미사일을 장착할 수 있게 되었다.

제1항공기병여단 222항공연대 소속의 AH-64D가 이라크 바그다드 상공을 비행 중이다. D형도 롱보우 레이더를 장착하지 않는 모델들이 있다. 〈출처: 미 육군〉

AH-64E 아파치 가디언 공격헬리콥터 〈출처: 미 육군〉

● AH-64E 아파치 가디언(Apache Guardian): 처음에는 AH-64D 블록 III(Block III)로 명명되었었으나 이후 AH-64E '아파치 가디언'으로 개명되었다. 비행 속도와 체공 시간이 향상되고, 무인기(MQ-1C 그레이 이글)와 무인-유인기 팀(MUM-T, Manned/Unmanned Team) 형태로 무인항공기의 병행 운용이 가능하며, 해상 표적도 제거가 가능하도록 업그레이드된 형상. 엔진도 T700-GE-701D 터보샤프트 엔진으로 교체했고, 최신 페이스 기어(Face gear) 트랜스미션(transmission)이 장착되었으며, 신형 고강도 복합소재로 제작한 로터 블레이드를 달아 내구성이 향상되어 최고속도가 시속 140~180마일로 빨라졌다. 국내 도입분 AH-64E는 미 육군과 사양이 달라 유/무인팀 개념을 위한 무인기 통제 능력(MUM-T)과 위성통신장비를 제외시킨 사양이다.

● AH-64F 아파치 차기 형상: 보잉 사가 차기 수직이륙 항공기 사업을 염두에 두고 2014년부터 개념 연구에 들어갔던 형상. 2040년경 납품을 염두에 두고 개념을 잡았으며, 3,000마력급 터보샤프트 엔진 2기, 접이식 랜딩기어를 채택하고 90도로 꺾이는 미익(尾翼) 로터를 채택해 추진력을 더할 수 있도록 설계했다. 하지만 2016년 10월 미 육군이 차기 수직이륙 항공기 사업에 예산을 배정할 생각이 없으며 2020년까지 기존 아파치 형상을 계속 구입할 예정이라고 밝히면서 사업 추진 동력이 사라졌다.

● 시 아파치(Sea Apache)/그레이 선더(Gray Thunder): 미 해병대와 해군을 위해 맥도넬-더글러스 사가 1984년경 연구했던 형상. AH-1 시 코브라(Sea Cobra) 도태에 따라 후속작으로 제안하기 위해 연구되었으며, 강습상륙함이나 호위함, 혹은 순양함에 탑재하여 제한적인 함대 방공 임무와 소형 수상함 공격 임무를 수행할 목적으로 설계되었다. A형과 동일하게 T700-GE-401 엔진이 탑재되었고, 방염(防鹽) 처리가 되었으며, 도플러(Doppler) 항법장비를 갖추고 함정 수납을 위해 주익 로터 블레이드가 접히도록 고안했다. 총 세 가지 설계 도안이 나왔으며, APG-65 해상용 레이더를 장착하는 안까지 나왔지만 최종적으로 개발 예산이 배정되지 않았다.

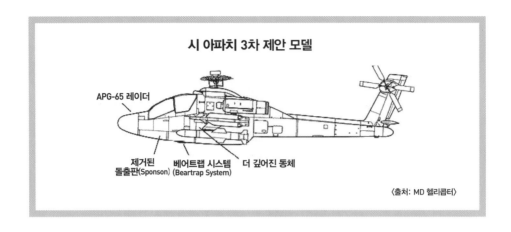

시 아파치 3차 제안 모델

APG-65 레이더

제거된
돌출판(Sponson)

베어트랩 시스템
(Beartrap System)

더 깊어진 동체

〈출처: MD 헬리콥터〉

● WAH-64 아파치 AH-1: 오거스타 웨스트랜드(Augusta Westland)에서 면허생산 형태로 제
작한 아파치 형상. 영국 육군항공대가 운용 중이며, 세계 최초로 강습상륙함에서 이착함 테스
트를 거친 후 해상에서 운용한다. 최초 주문 8대는 보잉이 제작했고, 59대는 웨스트랜드 헬리
콥터(현재의 레오나르도) 사가 보잉으로부터 키트를 받아 조립하는 형태로 면허생산했다. 엔진
을 영국산 롤스-로이스(Rolls-Royce)제 터보메카(Turbomeca) 엔진으로 교체했고, 전자전 방
어 체계와 접이식 로터 블레이드를 채택했다. 2004년부터 실전배치되었으며, 2005년부터 해상

AH-64D 롱보우의 영국 면허생산 모델인 WAH-64가 오션 함에서 이함 중이다. 〈출처: Bernie Henesy / UK MoD〉

운용 인증을 획득해 왕립 해군 강습상륙함 오션 함(HMS Ocean)에서 운용 중이고, 오션 함이 정비에 들어가 임무 교대를 하자 아크 로열 항공모함(HMS Ark Royal)에서도 운용했었다.

제원

제조사	휴즈 헬리콥터(1983~1984)/ 맥도넬-더글러스(1985~1996) / 보잉(1997~)
승무원	2명(조종사/부조종사 겸 사수)
전장	17.73m
전고	3.87m
공허중량	5,165kg
적재중량	8,000kg
최대이륙중량	10,433kg
동체 길이	15.06m
로터 지름	14.63m
회전 면적	168.11m²
로터 시스템	메인 로터 날개 × 4, 비직교(非直交) 배열 후미 로터 날개 × 4
출력	1,260kW(1,690마력)급 제너럴 일렉트릭(GE) T700-GE-701 터보샤프트 × 2 1990년부터 A/D형에 대해 1,409kW(1,890마력)급 제너럴 일렉트릭 T700-GE-701C 터보샤프트로 업그레이드
제한속도	365km/h
최고속도	293km/h
순항속도	265km/h
비행 범위	476km(257해리, 롱보우 레이더 장착 상태)
전투 범위	480km
페리 범위	1,900km
실용상승한도	6,400m
상승률	12.7m/s
원판면하중	47.9kg/m²
중량대비출력	0.31kW/kg
무장	30mm M230 기관포 × 1 (총 1,200발 적재) 하드포인트 총 4개, 윙팁(Wingtip) 거치대 × 2 (AIM-92 스팅어 미사일 장착 가능) 하이드라(Hydra) 70 70mm 로켓, CRV 70mm 로켓, APKWS 70mm 공대지 로켓 장착 가능 AGM-114 헬파이어(Hellfire) 미사일 및 파생형, AIM-92 스팅어 미사일, AGM-65 매버릭(Maverick), AIM-9 사이드와인더(Sidewinder) 공대공미사일 장착 가능
항전	록히드 마틴/노스럽-그러먼 AN/APG-78 롱보우(Longbow) 화력통제 레이더(D/E형)
대당 가격	3,550만 달러(2014년 기준)

E-2 호크아이
공중조기경보기

공중조기경보기의 위력을 입증하다

글 | 남도현

E-2 Hawkeye

개발의 역사

가미카제(神風)에 시달린 미 해군은 내습하는 적기를 보다 효과적으로 요격하는 방법에 대한 연구를 MIT에 의뢰했다. 이에 아군기가 항상 영공에 대기하는 것이 불가능하니 충분히 시간 여유를 두고 대응할 수 있도록 원거리에서부터 적기의 내습을 포착하는 것이 필요하다는 결론이 나왔다. 그렇게 해서 높은 곳에서 먼 거리를 감시할 수 있는 AEW(Airborne Early Warning: 공중조기경보)기의 필요성이 대두되었고 TBM-3W 실험기가 탄생했다.

전후 미군은 이런 연구와 실전 결과를 바탕으로 보다 성능이 강화된 AEW기의 개발과 도입에 나섰다. 미 해군은 항공모함에서 운용할 수 있는 최초의 AEW기로 그러먼(Grumman)이 개발한 E-1 트레이서(Tracer)를 1958년부터 실전배치했다. 그러나 거대한 플랫폼을 기반으로 한 공군의 AEW&C(공중조기경보통제)기와 비교하여 성능 차이도 컸지만 C-1 수송기를 개조한 구조이다 보니 어쩔 수 없이 이런저런 제약이 많았다.

이에 미 해군이 E-1의 배치가 이루어지기도 전인 1956년에 후속기 개발 사업을 곧바로 실시했고 이렇게 해서 탄생한 AEW기가 E-2다. 다른 기체를 기반으로 한 여타 기종들과 달리 E-2는 현재까지도 유일하게 설계 단계부터 기체가 AEW 전용기로 개발이 이루어졌다. 오히려 이후에 E-2를 개조하여 차세대 항공모함용 수송기인 C-2가 제작되었을 정도였다.

최초의 AEW 함재기 E-1 트레이서 〈출처: 미 해군〉

이렇게 된 가장 큰 이유는 함재기의 한계를 극복하기 위해서였다. 기존 함재기에 거대한 레이더를 장착하면 기체의 성능도 제대로 발휘하지 못하고 레이더도 변형이 이루어져 그만큼 작전 효율이 떨어질 수밖에 없다. 이처럼 AEW기에 최적화된 형태로 기체가 설계·개발되다 보니 이후 50년이 넘은 현재까지도 커다란 변화 없이 계속 제작해 사용 중이다. 기체만 놓고 본다면 가히 최장수 항공기 중 하나라 할 수 있다.

특징

E-2는 고정식 레이더를 장착한 E-1과 달리 10초에 한 번 회전하는 직경 7.32m의 레이돔(radome)을 기체 상부에 장착했다. 공간을 마련하기 위해 기체 설계 시 수직미익을 4장으로 작게 나누어 수평미익 위에 분산 설치했다. E-2의 상징인 이 레이돔은 멀티패스(multipath)를 이용하여 목표의 고도를 측정할 수 있는데 기체에 고정되어 있지 않아 작동 시에는 수평 선회비행을 해야 한다.

안테나는 해면 불요반사파(sea clutter)를 제거하기 쉬운 UHF 주파수 대역을 사용하여 크기를 최대한 줄여 레이돔 가운데 장착했다. 덕분에 E-2는 보다 원거리에서부터 목표물을 추적·감시할 수 있고 향상된 이동표적지시기(MTI)를 탑재하여 수면에 근접하여 저공비행하는 적기

관제실 모습 〈출처: Public Domain〉

의 탐색에 더욱 효과적으로 대처할 수 있게 되었다. 이후 이동 목표물의 탐지 및 추적이 자동으로 이루어지도록 개량되었다.

항공모함에서 운용하는 함재기이다 보니 기체의 크기가 어쩔 수 없이 제한되고 이로 인해 육상 기지를 기반으로 작전을 펼치는 공군의 AEW&C에 비해 성능에서 차이가 있다. 그러나 기술의 발전에 힘입어 최신형은 조기경보 기능 및 통제 능력까지 보유하고 있고 대양에서 미 해군과 조우할 수 있는 가상 세력의 수준을 고려한다면 충분히 뛰어난 성능을 보유하고 있다고 평가된다.

운용 현황

시제기인 W2F-1의 첫 비행은 1960년 10월 21일에 이루어졌으나 레이더를 탑재하지 않은 순수 기체였고, 양산형의 초도비행은 이듬해 4월 19일에 성공했다. 1962년 W2F-1의 제식명칭이 E-2A로 변경되어 1964년 1월부터 배치가 시작되었고, 1965년 베트남 전쟁을 통해 실전에 데뷔했다. 1967년부터 리튼 L-304 디지털 컴퓨터를 장착하여 성능을 향상한 E-2B가 등장했으나 이들 초기형 모델은 현재 전량 도태되었다.

1971년부터 엔진을 강화하고 APS-120을 탑재하여 육상 저공 목표물 수색 능력이 향상된

미 해군의 E-2C 착륙 장면 〈출처: Public Domain〉

E-2C가 생산되었다. C형은 레이더와 전자장비가 순차적으로 개선되어 세부적으로 그룹 0, 1, 2로 분류되고 있다. 특히 그룹 2의 최종형인 E-2C 호크아이(Hawkeye) 2000은 최신 컴퓨터와 AN/USG-3를 장착하여 협동교전 능력을 갖추었다. 미 해군은 2007년까지 총 176대를 도입했고, 현재는 성능이 보다 강화된 E-2D가 도입되고 있는 중이다.

E-2는 미 해군 외에도 이집트, 프랑스, 일본, 멕시코, 대만에서 사용 중이고 이스라엘, 싱가포르에서 사용했다. 특히 프랑스는 미국 외에 유일하게 함재기로 사용하고 있는 나라다. 자체 개발하기에 비용이 많이 들고 수량이 적어 미국에서 도입했지만 그만큼 E-2가 뛰어나다는 의미다. 실제로 미국 항공모함 전력의 강점은 전투용 작전기 외에도 AEW 같은 지원 전력이 충실하다는 점이다.

실전에서 많은 활약을 펼쳤는데, 그중 가장 대표적 사례가 1982년 6월 8일부터 3일간 벌어진 베카 계곡(Beqaa Valley) 공중전이었다. 이스라엘과 시리아가 각각 100여 대의 전투기를 교대 출격시켜 벌인 이 전투는 제2차 세계대전 이후 최대 규모의 공중전으로 평가되고 있다. 당시 이스라엘은 E-2C가 피아를 정확히 판단하여 통제한 대로 전투를 벌여 시리아기 85대를 격추시키면서 손실은 불과 2대에 그치는 대승을 거두었다.

변형 및 파생형

- E-2A: APS-96 레이더를 장착한 초도 생산형
- E-2B: A형의 아날로그 컴퓨터를 리튼 L-304 범용 디지털 컴퓨터로 교체한 개수형
- E-2C 그룹 0: APS-120 레이더를 탑재했으나 이후 APS-125, APS-138 레이더로 교체
- E-2C 그룹 1: APS-139 레이더, T56-A-427 엔진을 장착
- E-2C 그룹 2: APS-145 레이더를 장착
- E-2C 그룹 2+: 에이비오닉스(avionics)
- E-2C 호크아이 2000: 협동교전능력(CEC, Cooperative Engagement Capability)체계 장착
- E-2D: APY-9 AESA 레이더 장착
- E-2K: E-2B의 대만 공급 모델인 E-2T를 E-2C 호크아이 2000 수준으로 개량한 모델

E-2A 〈출처: Public Domain〉

프랑스 해군 소속 E-2C 〈출처: (cc) Pascal Subtil at wikimedia.org〉

대만 공군의 E-2K 〈출처: (cc) 玄史生 at wikimedia.org〉

제원

기종	E-2C
형식	쌍발 터보프롭 공중조기경보기
전폭	24.56m
전장	17.54m
전고	5.58m
주익면적	65.03㎡
최대이륙중량	26,083kg
엔진	롤스로이스 T56-A-427 터보프롭(5,100shp) × 2
최고속도	648km/h
실용상승한도	10,576m
항속거리	2,708km
항전장비	APS-145, OL-483/AP, APX-100, OL-698/ASQ, ALQ-217, JTIDS, AN/ARC-182, AN/ARC-158, AN/ARQ-34, AN/USC-42
승무원	조종사 2명 + 관제사 3명
초도비행	1960년 10월 21일

미 해군 제123조기경보비행대 소속의 E-2C 〈출처: Public Domain〉

M-346 마스터
고등훈련기

동·서방 기술이 모두 녹아 들어간
범유럽형 훈련기

글 | 윤상용

개발의 역사

최초부터 고등훈련기 겸 전술훈련 입문기 목적으로 제작된 M-346 '마스터(Master)'는 이탈리아·러시아 합작사업의 결과물이다. 이탈리아 최대의 방산그룹인 핀메카니카[Finmeccanica: 2016년 사명을 '레오나르도(Leonardo)'로 변경] 그룹 산하 훈련기 전문 자회사이던 아에로노티카 마키(Aeronautica Macchi)는 러시아 야콜레프(Yakolev) 설계국 및 소콜(Sokol) 생산국이 러시아 공군 고등훈련기 납품을 목표로 개발해온 훈련기를 토대로 공동개발하여 M-346을 탄생시켰다.

야콜레프는 1992년 핀메카니카가 1년 전부터 미코얀(Mikoyan)의 MiG-AT를 상대로 개발해오던 훈련기에 대해 기술 및 투자 지원을 실시하는 내용의 협력약정서를 체결한 뒤 합작회사(JV)를 설립했다. 이렇게 탄생한 기체는 YAK/AEM-130으로 명명되었으며, 1996년 2월에는 순조롭게 러시아가 YAK/AEM-130 최초 개발비를 투자하고 러시아 공군이 200대가량 도입하는 것으로 약정했다.

하지만 러시아가 최초 합의한 투자비를 마련하지 못하자 합작회사의 경영이 사실상 이탈리아 측에 끌려 다니게 되었고, 2000년 중반에는 러시아 측의 투자 약속이 이행되지 못한 것이 문제가 되어 결국 합작회사는 해산하고 공동개발도 중단되었다. 결국 양사가 YAK/AEM-130을 각각 별도로 개발하기로 결정하면서 러시아 측 기체는 YAK-130이, 이탈리아 측 기체는 M-346

사진 속 기체는 1999년 슬로바키아 국제에어쇼에 YAK/AEM-130 기체로 참가했으나, 실제로 이것은 YAK/AEM-130 기체가 아니라 Yak-130D 모델이다. 〈출처: (cc) Kral Michal at wikimedia.org〉

시제 2호기의 비행 장면 〈출처: Leonardo Aircraft〉

'마스터'가 되었다. 아에로노티카 마키는 2003년 핀메카니카 그룹에 흡수되면서 알레니아 아에
르마키(Alenia Aermacchi)로 개명했다. 양사는 향후 각각 개발한 기체가 국제 시장에서 충돌
하는 경우를 막기 위해 마케팅 지역을 구분해 야콜레프는 구 러시아 연방권(CIS), 인도, 슬로바
키아, 알제리를, 알레니아 아에르마키는 주로 북대서양조약기구(NATO, North Atlantic Treaty
Organization, 이하 나토) 국가와 친서방국가를 대상으로 판매 지역을 분할하기로 결정했다.

　M-346은 이탈리아 공군이 최초로 구입하여 T-346A라는 제식번호로 도입했으며, 5년 유지
관리 및 후속군수지원(ILS) 계약을 체결하면서 2011년 11월에 첫 기체가 인도되었다.

　현재까지 M-346은 2건의 추락 이력이 발생한 상태다. 2011년 11월 18일에는 두바이 에어쇼
에 전시 용도로 참가했던 시제기 1대가 귀환 중 걸프 만에 추락한 이력이 있으며, 2012년 2월
16일에는 시험비행을 실시 중이던 기체 1대가 이탈리아 쿠네오(Cúneo)와 사보나(Savona) 주
중간에서 추락해 조종사가 사출했으나 낙하산이 엉키는 바람에 큰 부상을 입은 사례가 있었다.

　핀메카니카 그룹은 2013년부터 사업상의 우여곡절이 많았는데, 2013년에는 인도 정부에 자
회사인 아구스타 웨스트랜드(Augusta Westland)의 헬기 12대를 입찰하는 과정에서 뇌물을 공
여했다는 의혹을 받으며 주세페 오르시(Giuseppe Orsi) 최고경영자(CEO)가 기소되는 사건

이 있었고, 2010년경에는 파나마에 헬기, 레이더, 디지털 매핑 장비를 팔면서 뇌물을 공여한 혐의로 조사받았다. 특히 주세페 오르시는 2심에서 유죄가 확정되면서 4년형을 받고 구속되었다. 핀메카니카 그룹은 결국 2016년 3월 마우로 모레티(Mauro Moretti) 신임 CEO의 지휘로 이미지 쇄신을 위한 사명 변경에 나서 2017년 1월부터 이탈리아 항공 분야의 선구자이기도 했던 레오나르도 다빈치에서 영감을 받아 사명을 '레오나르도(Leonardo)'로 변경했다. 이 과정에서 알레니아 아에르마키 또한 그룹 구조조정 과정에서 '레오나르도' 그룹에 흡수되었기 때문에 M-346은 레오나르도 그룹에서 생산하고 있다.

특징

4~5세대 전투기 훈련을 위한 고등훈련기 겸 경공격기를 표방하는 M-346은 천음속 항공기(transonic aircraft)이며, 애프터버너(afterburner)는 없다. 각 조종석에는 올 컬러 LCD 디스플레이 3개가 붙어 있고, 헬멧에는 이스라엘의 엘빗 시스템즈(Elbit Systems)가 제작한 타르고(Targo) 헬멧 탑재형 디스플레이(HMD, Helmet-Mounted Display)가 채택되었다. 사출좌석으로는 영국 마틴 베이커(Martin Baker) 사의 MK16 사출좌석이 설치되어 있으며, 항전 체계는 모듈식 구성으로 설계되어 있어 필요 시 새 장비를 도입해 교체가 가능하다.

M-346의 글래스 콕핏 〈출처: Leonardo Aircraft〉

경공격기형인 M-346FT는 9개의 하드포인트에 무장을 장착할 수 있다. 〈출처: Leonardo Aircraft〉

M-346의 가장 큰 장점은 받음각(AoA)이 35도에 달할 뿐 아니라 훈련생의 안전을 위한 비행회복 시스템이 장착되어 조작 시 안정적인 비행경로로 항공기를 회복시킬 수 있다는 점이다. 또한 CAE 사에서 제작한 내장식 전술훈련 시스템(ETTS, Embedded Tactical Training System)을 통해 레이더, 타게팅 포드, 무장, 전자전 체계 운용을 가상으로 시뮬레이션할 수 있으며, 지상에 별도 설치하는 훈련 시뮬레이터와 기체 데이터를 통합하는 통합훈련 시스템(ITS, Integrated Training System)도 제공된다.

경공격기로 운용할 경우 9개의 하드포인트(hard point)를 사용하여 무장을 장착할 수 있으며, 그중 6개의 파일런(pylon)이 날개 아래에 달려 있고 날개 끝(윙팁)에는 좌우 각각 1발씩의 공대공미사일을 장착할 수 있다. 하지만 기총이 내장되어 있지 않아 통상적으로 1개의 하드포

인트에는 기총 포드(pod)를 장착하며, 동체 하부 하드포인트 두 곳에는 각각 외장연료탱크나 항전용 포드를 설치할 수 있다. 무장으로는 500파운드 Mk. 82나 1,000파운드 Mk. 83 재래식 폭탄, 로켓 런처(rocket launcher), AIM-9 사이드와인더(Sidewinder) 공대공미사일, AGM-65 매버릭(Maverick) 공대지미사일, MBDA 마르테(Marte) Mk-2A 대함미사일이 장착 가능하다. 포드로는 빈텐(Vinten) VICON-601 정찰 포드, 레이저 표적지시용 포드, 레이더, 레이더경보수신기(RWR) 포드, ELT-55 전자대응(electronic countermeasure) 포드 등을 설치할 수 있다. 또한 공중급유용 파이프가 설치되어 비행 간 공중급유를 실시하거나 공중급유훈련을 실시할 수 있다.

이스라엘 공군의 M-346 '라비(Lavi)' 〈출처: Leonardo Aircraft〉

운용 현황

잘 알려졌다시피 M-346은 국제 시장에서 여러 차례 한국항공우주산업(KAI)의 T-50 '골든 이글(Golden Eagle)'과 격돌한 이력이 있는 기체다. M-346은 훗날 좌초된 사업이지만 아랍에미리트(UAE)에서 처음으로 T-50과 격돌했다. M-346과 T-50은 그 이후에도 이스라엘, 폴란드, 인도네시아, 태국, 싱가포르, 이라크 등지에서 또다시 붙어 현재 3 대 3의 상대 전적을 기록 중이다. 최근에는 훈련기 350대분의 교체 물량이 걸려 있어 당분간 가장 큰 대규모 훈련기 사업으로 기록될 미 공군 차세대 훈련기 사업(T-X, 혹은 Advanced Pilot Training, APT)에서 경합 중인데, 이는 두 항공기가 최근 국제 시장에 등장한 최신예 훈련기이기 때문에 피할 수 없는 숙명으로 보인다.

M-346은 자국인 이탈리아 공군이 18대를 도입한 후 이스라엘, 폴란드, 싱가포르와 수출 계

약을 체결했으며, 2009년 2월에는 아랍에미리트가 48대를 전술훈련 입문기 용도로 구입한다고 선언했으나 실제 계약이 체결되지 않은 채 2011년부로 협상이 결렬된 상태다. 2011년 6월에는 싱가포르 공군 훈련기 사업 선정 업체인 ST 에어로스페이스(Aerospace) 사가 1억 7,000만 유로로 M-346 도입 계약을 맺고 2012년 8월부터 2014년 3월까지 전 기체 납품을 마쳤다.

M-346은 또한 이스라엘 공군(IAF)의 A-4 스카이호크(Skyhawk) 고등훈련기 대체 사업을 놓고 T-50과 치열한 경합을 벌였다. 이탈리아가 교환거래로 M-346을 이스라엘에 판매하는 대신 이스라엘로부터 정찰위성과 공중조기경보통제기(AWACS)의 구입을 제안하여 2012년 2월 알레니아 아에르마키가 우선협상대상자가 되었고, 2012년 7월 이스라엘 공군이 M-346 30대를 주문하여 2016년 7월까지 납품을 끝마쳤다. 2014년 2월에는 같은 EU 회원국인 폴란드에서 실시한 경공격기 도입사업에서 우선협상대상자로 선정되어 M-346 8대를 납품했다.

M-346은 미 공군의 T-38 탤런(Talon)을 대체하기 위한 T-X 사업에서는 유리한 입장이 못 되는 편이다. T-100(M-346의 미국 수출용 형상)으로 입찰한 레오나르도는 처음에 제너럴 다이내믹스(GD, General Dynamics) 사와 컨소시엄을 구성했으나 GD 사가 사업상의 이견으로 파트너십을 깨자 다시 레이시온(Raytheon) 사를 파트너로 선정했다. 그러나 레이시온 사와도 기체 입찰 가격 문제 등을 놓고 이견을 보이다가 다시 한 번 파트너십이 깨졌다.

레오나르도는 사업 특성상 미국 업체가 주 계약자가 되어야 하는 입찰 구조 때문에 미국 내 자회사인 DRS를 주 계약업체로 내세워 사업에 참가할 예정이다. 레오나르도는 사업 수주에 성공할 경우 당초 미시시피 주 메리디언(Meridian)에 생산시설을 설치하겠다고 했으나 DRS로 사업 파트너를 선택하면서 일부 생산시설을 앨라배마 주 터스키기(Tuskegee)로 분산시키겠다고 선언했다. 이는 미국 내 일자리를 약 750개가량 늘릴 수 있기 때문에 입찰 시 유리한 입장에 서기 위한 포석인데, 상대적으로 높은 가격에 미국 국내 생산 비율에서 불리한 T-100의 문제를 상쇄하려는 전략으로 보인다.

이와 별도로 아르헨티나 공군도 미라주 3(Mirage III) 및 미라주 5(Mirage 5), A-4R 스카이호크 퇴역에 따른 대체기종을 놓고 M-346을 평가 중인 것으로 알려졌으며, 아르헨티나는 M-346을 경공격기 사양으로 살펴보고 있는 것으로 알려졌다. 아르헨티나 공군은 만약 M-346 구매 계약을 체결할 시 약 10~12대가량 도입을 희망하고 있다. 이외에도 M-346은 차세대 유럽 제트기 조종사 훈련 시스템(AEJPT, Advanced European Jet Pilot Training System) 사업 참가 여부를 타진 중인 상태이며, 가상 적기(M-346 Red) 사양으로도 판매를 시도 중이다.

1　YAK-130 〈출처: A. S. Yakovlev design bureau〉　|　2　M-346FT 〈출처: (cc) MilborneOne at Wikimedia.org〉　|
3　T-100 〈출처: Raytheon Company〉

파생형

● YAK-130: 러시아 야코플레프(Yakovlev) 사가 체코제 아에로(Aero) L-29 및 L-39를 대체하기 위해 개발을 시작한 고등훈련기. 1991년에 개발이 시작되었으나 이탈리아와 합작하면서 YAK/AEM-130이 되었고, 다시 사업이 깨지면서 M-346과 별도로 갈라져 러시아가 독자적으로 완성했다. 플랫폼을 제외한 항전, 무장 등 성능상의 차이가 있으며, 엔진도 허니웰(Honeywell) 사의 엔진 대신 2기의 DV-25 트윈샤프트 터보팬 엔진이 장착되었다.

● M-346 마스터(Master): M-346의 시제기. 고등훈련기 과정(AJT) 및 전술훈련 입문 과정을 위해 설계되었다.

● M-346LCA(Light Combat Aircraft): 폴란드 공군이 Su-22 퇴역에 따라 도입한 M-346의 경공격기 사양

● M-346HET(High Efficiency Trainer): 이탈리아 공군 곡예비행단인 프레체 트리콜로리(Frecce Tricolori)가 MB-339A와 교체할 예정인 형상. 최초 M-346에 비해 항전장비를 최신화했으며, 실시간 데이터링크와 훈련 시뮬레이션 시스템을 기본으로 장착했다.

● M-346FT(Fighter-Trainer): 훈련기와 경공격기 겸용으로 제작된 사양으로, 동체는 기존과 동일하나 신형 전술 데이터링크 시스템과 무장이 일부 변경되었다.

● T-100: 미 공군 차세대 고등훈련기 사업(T-X) 입찰 사양

3

제원

제작사	알레니아 아에르마키 / 레오나르도(2017년~)
초도비행일	2004년 7월 15일
승무원	2인승(훈련생/교관)
전장	11.49m
전고	4.76m
날개 길이	9.72m
최대중력한계	−3/+8G
자체 무게	5,200kg(연료만 최대로 실을 경우 7,500kg)
최대이륙중량	9,600kg
무장한계	3,000kg
추력대비중량	0.79
엔진	허니웰(Honeywell) F124−GA−200 (2,850 kg) × 2
최고한계속도	1,092km/h(마하 0.89)
실속 속도	176km/h
항속거리	1,981km
순항비행거리	2,722km(외장연료탱크 × 3 장착 시)
실용상승한도	13,716m
상승률	6,705m/min
레이더반사면적	1.50m^2
하드포인트	9개
대당 가격	미화 약 3,500만 달러(2017년, 폴란드 수출가격 기준)

T-50 골든 이글

고등훈련기부터 경공격기까지 아우르는
대한민국 최초의 국산 제트기

글 | 윤상용

T-50 Golden Eagle

개발의 역사

미국의 군수 원조 장비에 크게 의존하던 대한민국 국군은 눈부신 산업·경제 발전 시기를 거치며 1960년대부터 주요 장비의 국산화를 달성하기 위한 노력을 기울이기 시작했다. 이는 북한과의 첨예한 대립 상황이 계속되는 가운데 안정적인 군수 지원 방안을 마련하고 핵심 국방 기술을 축적하기 위한 목적이었다. 이에 따라 장갑차 국산화 사업을 시작으로 한국형 전차 사업(KX), 한국형 구축함 사업(KDX), 한국형 잠수함 사업(KSX) 등이 순차적으로 추진되었다. 이 중 가장 야심 차게 실시된 계획은 한국 지형에 맞는 한국형 훈련기를 개발할 목적으로 1990년대에 추진된 한국형 훈련기 사업(KTX, Korea Trainer Experimental)이다.

이미 KTX-1 사업으로 KT-1 '웅비'를 개발하면서 훈련기 국산화에 자신감을 얻은 한국은 1992년 KTX-2 사업을 통해 기존에 사용 중이던 T-38 탤런(Talon) 대체용 고등훈련기 개발을 계획하게 되었으나, 1995년 피스 브리지(Peace Bridge) 사업이 병행 중이던 상황이었기 때문에 예산 문제를 들어 재정경제부에서 사업을 일시 중단시켰다. 하지만 사업을 맡은 삼성항공은 1997년 7월부터 계속 체계 개발을 진행하다가 1999년 삼성항공, 대우중공업 항공부문, 현대우주항공 3사 통합으로 출범한 한국항공우주산업(KAI, Korea Aerospace Industries)에 사업을 승계했다.

KT-1 '웅비' 〈출처: 한국항공우주산업(KAI)〉

　앞서 한국형 전투기 사업인 KFP(Korea Fighter Program)에 우선협상대상자로 선정되어 F-16을 납품 중이던 록히드 마틴(Lockheed Martin) 사가 절충교역(offset) 형태로 삼성항공 및 대한민국 공군 인원들에게 기술 교육을 실시해 초음속 항공기 설계 기술을 이전했다. 미 공군이 T-38C 노후화에 따른 대체 훈련기 선정사업(TX)을 고려하기 시작하자 KAI는 록히드 마틴과 국제공동개발 형태로 TX 사업에 대비하기 위한 초음속 훈련기 개발로 방향을 잡았다. 특히 당시 시장 기준으로는 다수 국가의 공군이 운용 중인 고등훈련기의 노후화가 예상됨에 따라 전 세계적으로 훈련기 대체 소요가 크게 발생할 것으로 예측되었으며, 대한민국 공군 물량을 제외하고 미 공군 물량만 보더라도 350대 이상 소요가 있었기 때문에 경제성이 충분할 것으로 예측했다. 기체의 개발비는 한국 정부가 70%, KAI가 17%, 미국의 록히드 마틴 사가 13%로 부담하기로 하면서 본격적인 사업이 추진되었다.

　2001년 10월에 완성된 KTX-2 시제기는 창군 50주년(1999년)을 기념하여 T-50으로 명명되었고, 검독수리에서 이름을 따와 '골든 이글(Golden Eagle)'이라는 별칭이 부여되었다. T-50은 F-16에서 70%가량 축소된 설계를 베이스로 삼았으며, 록히드 마틴의 기술이 상당 부분 녹

완성된 시제기의 모습 〈출처: 한국항공우주산업(KAI)〉

아들기는 했으나 한국 기술진의 주도로 완성되었다. 전 세계적인 마케팅 또한 두 회사가 공동으로 진행하기로 합의하면서 미제 생산 비율을 중시하는 시장 특성을 고려해 미국에 대한 마케팅은 록히드 마틴이 주도하고, 전 세계 나머지 지역에 대한 마케팅은 KAI가 주도하는 형태로 결정되었다.

T-50은 2002년 한일 월드컵 경기가 끝난 직후인 2002년 8월에 초도비행에 성공했으며, 2003년 3월에는 초음속 돌파에 성공해 '초음속 고등훈련기'의 타이틀을 얻었다. 이듬해에는 TA-50이 초도비행을 실시했고, 곧이어 4대의 T-50 시제기가 총 1,411 소티(sortie)를 무사히 소화하자 대한민국 공군은 초도 물량으로 T-50 50대와 TA-50 22대를 주문했다.

T-50을 개발하면서 대한민국은 열두 번째로 초음속 항공기를 제작한 국가가 되었으며, T-50의 개발 경험은 현재 진행 중인 한국형 차세대 전투기 사업, 통칭 KFX(Korea Fighter-Experimental) 사업의 토대가 되었다. 특히 T/A-50과 F/A-50은 노후화가 심한 대한민국 공군의 F-4 팬텀(Phantom)과 F-5를 대체함으로써 군 현대화에 크게 기여하고 있다.

2002년 8월 19일 초도비행 준비 중인 T-50 〈출처: 한국항공우주산업(KAI)〉

특징

T-50, TA-50, FA-50은 기본적으로 동일한 플랫폼을 사용한 기체로, 간단한 기계식 레이더(AN/APG-67)와 무장이 장착된 전술훈련 입문기인 TA-50에서 항전장비류와 무장을 제거하고 훈련용 가상 레이더를 탑재한 것을 T-50으로, TA-50에서 고급 멀티 모드 레이더(EL/M-2032)와 항전장비 및 무장을 탑재한 것을 F/A-50으로 보면 이해가 쉽다.

T-50은 앞서 말했듯이 F-16을 베이스로 삼아 설계한 항공기로, 탑재 시스템과 항전장비, 무장에 따라 동일 플랫폼으로 훈련기부터 경공격기 용도까지 모두 커버가 가능한 것이 최대 장점이다. 조종간으로 사이드 스틱(side stick)이 채택되어 조종석 중앙 공간이 넓고, HOTAS(Hands-on Throttle-and-Stick)의 15개 스위치와 버튼으로 기체 컨트롤 외에 레이더나 무장 조작이 가능하도록 설계되어 있다. T-50은 디지털 비행제어 시스템(DFCS, Digital Flight Control System), 통칭 '플라이-바이-와이어(FBW, Fly-By-Wire)'가 설치되어 기체의 이착륙이나 비행 제어 등의 미묘한 통제를 도와주며, 기체가 실속(失速)하는 경우 등을 자동제어로 막기 때문에 조종 시의 위험을 크게 덜어준다.

T-50 시리즈에는 두 채널의 FADEC(Full-Authority Engine Control)이 장착된 GE 사의 F-404-102 터보팬(Turbo Fan) 엔진이 채택되어 있고, 사출좌석으로는 영국 마틴 베이커(Martin Baker) 사의 Mk. 16 제로-제로(Zero-zero) 좌석이 설치되어 고도 0, 속도 0의 상태에서도 사출이 가능해 비상시 조종사의 안전을 최대한 확보했다.

T-50 시리즈의 조종석은 3장의 풀 컬러 다목적 디스플레이(MFD, Multi-Function Display)를 비롯, 기계식 계기가 하나도 없이 전면 디지털화되어 있으며, 내장식 훈련 시스템(EETS, Enhanced Embedded Training System)이 설치되어 데이터 링크를 통해 동일 시스템이 설치된 T-50끼리 레이더를 묘사해 모의 공중전을 치를 수도 있다. 또

T-50의 콕핏 모습 〈출처: Public Domain〉

한 EETS로 가상의 공중 표적 및 지상 표적을 묘사해 공대공 및 공대지 훈련도 가능하다. T-50은 동급 기종에서 자타가 공인하는 최고 성능의 기체이며, 비행 안정성과 효율 면에서도 뛰어난 성능을 자랑한다.

기골의 강성과 구조를 테스트 중인 T-50 시제기 〈출처: 한국항공우주산업(KAI)〉

아랍에미리트(UAE) 상공을 비행 중인 T-50. 안타깝게도 2009년 첫 해외수출에 실패한 바 있다. 〈출처: 한국항공우주산업 (KAI)〉

　　단점으로는 '훈련기'라는 용도에 비해 지나친 스펙과 성능, 비싼 가격이 꼽히며, 초음속 기체로 설계했기 때문에 연료소모량이 커 시간당 비행 비용 및 장기간 유지 비용도 높은 편이다. T-50이 이스라엘 공군(IAF) 훈련기 사업에서 고배를 마신 이유 중 하나도 유럽 경제 위기에 따라 국방비를 감축하게 된 이스라엘 국방부 입장에서 20년간 운용 비용이 부담스러운 T-50을 선택하기 어려웠던 점도 중요하게 작용했다. 또한 단종되거나 거의 단종 상태인 구성품이 많다는 점도 생산단가를 높이는 부분인데, 이런 부분은 지속적으로 대체품을 찾으며 경쟁력 재고를 시도하는 중이다.

운용 현황

대한민국 공군은 훈련 파이프라인을 KT-100 스크리너(Screener), KT-1 기본훈련기, T-50 고등훈련기, TA-50 전술입문기, FA-50으로 이어지게 설계하면서 전 훈련 기종의 국산화를 달성

인도네시아 공군(TNI AU) 공중곡예팀 및 공군용 도장 〈출처: 한국항공우주산업(KAI)〉

했다. 공군사관학교 생도들은 '스크리너' 과정으로 KT-100 비행을 소화한 뒤 KT-1 '웅비'로 기본 훈련 과정을 거치고, 다시 T-50으로 고등 훈련 과정을 이수한 뒤 TA-50으로 전술 입문 훈련 과정을 거친다. 그 후 4~5세대 전투기 적응 과정인 OCU(Operational Conversion Unit) 과정을 FA-50으로 이수하면서 훈련 과정을 마무리한다. 이와 별도로 대한민국 공군 곡예비행단 '블랙 이글스(Black Eagles)'가 곡예비행용 형상인 T-50B를 운용한다.

T-50은 2009년 아랍에미리트(UAE), 2010년 싱가포르, 2012년 이스라엘에서 수주에 실패했으나 2010년 8월 인도네시아에서 첫 수출이 터진 후 이라크, 필리핀, 태국 등지에서 수출이 성사되었다. 특히 인도네시아의 경우 일명 '인도네시아 특사단 사건'이 터지면서 위기를 맞기도 했으나, 최종 후보로 함께 올라간 러시아의 YAK-130(M-346의 러시아 기체 형상)이 선정을 불과 몇 개월 앞두고 이륙 중 사고를 일으키면서 당시까지 4만 시간 이상 무사고 이력을 기록 중이던 T-50에게 결정적으로 패배했다. 인도네시아 정부는 2011년 5월 총 16대의 T-50i(인도네시아 공군 형상)를 4억 달러에 계약했다. T-50i는 경공격기 전환이 가능한 사양으로 수출되어 영국제 호크(Hawk) Mk. 53과 교체했다. 이미 2009년경부터 T-50에 관심을 갖던 신생 이라크 공군은 2010년 4월 입찰을 개시해 2013년 12월부로 TA-50 24대 계약을 체결하고 제식번호를 T-50IQ로 부여했다. T-50IQ는 2016년 4월부터 인도되기 시작하여 2017년 4월에 납품이 완료되었다.

현재 T-50은 미 공군 차세대 고등훈련기 교체 사업, 통칭 T-X 사업에 참여 중이며, 미국

업체의 참여와 미국 내 생산비율을 중시하는 해당 사업의 성격 등으로 록히드 마틴이 주 계약자(prime contractor), KAI가 협력업체 형태로 컨소시엄을 짜 T-50A로 제식번호를 부여했다. 해당 사업은 T-50 외에도 보잉(Boeing)-사브(Saab) 컨소시엄의 TX 훈련기, DRS-레오나르도(Leonardo)의 T-100(M-346의 미국 입찰 형상), 스타바티(Stavatti) 항공의 스타바티 재블린(Stavatti Javelin), 미국 시에라 네바다(Sierra-Nevada)-터키 TAI 컨소시엄의 프리덤(Freedom), 그리고 텍스트론 에어랜드(Textron Airland) 사의 신형 기체가 참여 중이다. 이 중 사실상 치열한 경쟁을 벌일 최종 후보로 T-50과 보잉의 TX 훈련기가 꼽힌다. T-50은 '동급 최강'의 성능 외에 10년여에 걸쳐 다양한 국가에서 쌓인 기체 검증성과 안정성을, TX 훈련기는 첨단 소재와 3D 프린팅을 대량 사용하여 생산 단가를 낮춘 가격 경쟁력을 무기로 들고 있다. 미 공군의 차세대 훈련기 선정 사업은 2018년 연내에 우선협상대상자를 발표할 것으로 예상되고 있다.

필리핀 정부는 2010년경부터 T-50에 관심을 보이다가 2012년 8월 FA-50 12대 계약을 체결했으며, 2014년 3월 4억 2,112만 달러로 최종 서명하고 2015년 11월부터 기체를 인도받았다. 한때 신임 두테르테(Rodrigo Duterte) 대통령이 FA-50PH의 용도가 "의전용"이라는 혹평까지 했으나, 정작 2017년 1월 민다나오 내전에서는 FA-50PH로 야간폭격을 실시했고, 2017년 6월 이

미국 T-X 사업을 위해 개발된 T-50A의 초도비행 장면 〈출처: 한국항공우주산업(KAI)〉

슬람계 반군인 마우테(Maute)가 마라위(Marawi)를 점거하자 FA-50PH가 실전에 투입되어 폭격 임무를 수행했다. 필리핀 공군은 FA-50PH 도입 이전까지 베트남 전쟁 시절의 유물인 OV-10 브롱코(Bronco) 정도를 주력 항공기로 보유하고 있었을 뿐 실질적인 전투기를 보유하지 못하고 있었는데, FA-50의 도입을 통해 단번에 제트 전투기를 보유한 공군으로 탈바꿈했다.

향후 T-50 시리즈는 훈련기보다는 경공격기 성능에 집중할 예정이며, 공대지 및 공대공 능력을 단계적으로 향상시켜나갈 예정이기 때문에 필리핀에서 올린 실전 경험은 경공격기로서 F/A-50에게 귀중한 경험으로 축적될 것이다. 현재 필리핀은 T-50PH의 추가 구매를 고려 중이며, 총 4대의 T-50TH를 구입한 태국 또한 추가 구매 계약이 진행 중이다.

크로아티아 공화국도 고등훈련기 교체 사업을 실시하면서 MiG-21BIS와 교체할 약 18대 규모의 전투기 구매를 추진하고 있다. 크로아티아 국방부는 2017년 7월 15일자로 입찰제안서를 한국, 미국, 이스라엘, 그리스, 스웨덴에게 발행한 상태지만 이 중 미국, 이스라엘, 그리스에게는 중고 F-16 구매를 타진했고 한국과 스웨덴에게만 FA-50 및 JAS-39 그리펜(Gripen) 구매를 타진한 상태다. 이 사업은 10월부로 제안서를 마감한 후 2019년까지 우선협상대상자를 선정하고, 2020년부터 선정 기체의 실전배치를 목표로 하고 있다.

2015년 11월 필리핀 공군으로 인도하기 위해 사천을 이륙하는 FA-50PH 편대 〈출처: 한국항공우주산업(KAI)〉

파생형

● T-50 '골든 이글(Golden Eagle)' 고등훈련기(AJT, Advanced Jet Trainer): 4~5세대 전투기 조종사를 교육시키기 위한 고등훈련기 형상. 레이더와 무장은 없으나 내장식 훈련 시뮬레이션 시스템(EETS)이 탑재되어 있고 모의 레이더가 들어가 훈련 기체 간 레이더를 묘사할 수 있다.

T-50 〈출처: 한국항공우주산업(KAI)〉

● TA-50 전술입문훈련기(LIFT, Lead-In Fighter Trainer): 4~5세대 전투기 전술 입문 교육을 위한 형상이며, 경공격기 임무를 병행할 수 있다. 레이더는 엘타 시스템즈(Elta Systems)의 EL/M-2032 멀티모드 레이더가 장착되어 있고, 제너럴 다이내믹스 사의 A-50 3연장 기관총이 내부에 설치되어 있으며 간단한 공대공 및 공대지 무장을 설치할 수 있다.

TA-50 〈출처: 대한민국 공군〉

● FA-50 '파이팅 이글(Fighting Eagle)' 경공격기(LCA, Light Combat Aircraft): T-50 시리즈의 본격적인 경공격기 사양으로 전투 임무뿐 아니라 4~5세대 전투기를 위한 전술훈련을 실시할

수 있다. TA-50의 기본 사양 위에 레이더경고수신기(RWR, Radar Warning Receiver), 채프/플레어 발사기(CMDS, Countermeasure Dispenser System), 전술 데이터링크, 야간투시영상장치(NVIS, Night Vision Imaging System)이 설치되어 있다. 무장으로는 JDAM이나 풍향보정확산탄(WCMD), AGM-65 매버릭(Maverick), CBU-97 지능형 확산탄 등을 장착할 수 있다. 대한민국 공군과 필리핀 공군이 운용 중이다.

FA-50 〈출처: 대한민국 공군〉

● T-50B 블랙이글스(Black Eagles): '블랙 이글스'가 사용 중인 곡예비행용 형상으로, 컬러 스모크 분사기가 설치되었고 기체 상부는 검정색과 백색, 하부는 검정색과 금색으로 도장되었다. 해당 도장은 2009년 공모를 통해 모집하여 일반 투표를 통해 선정했다.

T-50B 〈출처: 대한민국 공군〉

T-50B 블랙 이글 〈출처: 대한민국 공군〉

T-50A 〈출처: 한국항공우주산업(KAI)〉

● T-50A: 미국의 T-X(차기 훈련기) 사업을 위해 개발된 기종이다. AESA 레이더를 장착하고 항전장비 및 훈련 소프트웨어를 개량하여 F-22, F-35 등과 같은 4~5세대 전투기의 훈련기 요구 성능을 갖췄다. 또한 미 공군용으로 붐 방식의 공중급유구를 설치했다.

제원

제조사	한국항공우주산업(KAI) / 록히드 마틴
승무원	2명
전장	13.14m
전고	4.94m
전폭	9.45m
날개 면적	23.69㎡
최대이륙중량	12,300kg
자체 중량	6,470kg
내장 연료	4,830파운드
엔진 출력	GE F404 (한화 테크윈 면허생산) 11,925파운드 애프터버너 터보팬 엔진 × 1
최고속도	마하 1.5
실용상승한도	14,630m
상승률	198m/s
추력대비중량	0.96
중력 한계	+8 / -3G
무장	제너럴 다이내믹스(GD) 내장형 A-50 3연장 20mm 기관총 × 1
하드포인트	7개 (주익 아래 총 4개, 윙팁 2개, 동체 배면 1개)
레이더	AN/APG-67 기계식 레이더(T-50), EL/M-2032 멀티모드 레이더(TA-50, FA-50)
장착 가능 무장	AIM-9 사이드와인더(Sidewinder), AIM-120 AMRAAM (FA-50), AGM-65 매버릭(Maverick), KEPD-350K-2 (FA-50), Mk-82/ Mk-83 폭탄, CBU-97/105 센서 신관식 폭탄, 스파이스(SPICE) 폭탄, 합동정밀직격탄(JDAM), 풍향보정확산탄(WCMD, Wind-Corrected Munition Dispenser)
대당 가격	미화 약 3,100만~3,500만 달러(2017년)

B-1B 랜서
폭격기

죽음의 백조로 불리는 미국의 전략폭격기

글 | 남도현

개발의 역사

B-1B 랜서(Lancer)는 미국의 전략폭격기다. 공교롭게도 현재 함께 활약 중인 B-52 폭격기를 대체하기 위한 목적으로 개발이 시작되었다. 원래 B-52의 후속기로 예정되었던 대상은 고고도를 최대 마하 3의 고속으로 순항할 수 있는 XB-70이었다. 하지만 U-2기 격추 사건에서 보듯이 고고도 침투에 대한 의문이 들기 시작했고, 결국 1972년에 프로젝트가 공식 취소되었다.

대신 적의 방공망을 피해 초저공으로 침투하는 방식이 대안으로 떠올랐다. 이미 XB-70과 별개로 1969년에 개발을 승인받았을 정도로 개념 연구가 일찍부터 진행되고 있던 중이었다. 1970년 6월 SAC(Strategic Air Command: 전략공군사령부)가 록웰[Rockwell: 현 보잉(Boeing)]을 사업자로 선정하면서 프로젝트가 본격 시작되었다. 승무원 탈출 시스템을 포함한 여러 부분에서 발생한 문제들 때문에 개발에 애를 먹었으나 1974년 4대의 시제기가 완성되었다.

이들 시제기가 B-1A로 1974년 12월 23일 초도비행에 성공했고, SAC는 1979년 일선 배치를 목표로 총 240대를 획득할 예정이었다. 하지만 룩다운 슛다운(look-down shoot-down)이 가능한 MiG-25의 등장으로 저공비행도 안전한 침투 수단이 아니라는 회의가 들었다. 결론적으로 고고도나 저고도 비행 모두 소련의 경보망을 뚫기 어렵고 고속 비행도 소련 요격기가 대응할 수 있어 안전하지 않다는 판단이었다.

결국 카터(Jimmy Carter) 행정부는 비밀리에 스텔스 폭격기 개발 계획인 ATB(이후 B-2가 되었다)를 시작하면서 1977년 B-1A 양산을 취소했다. 대신 ALCM을 운용할 수 있도록 B-52를 개량하여 사용하기로 했다. 하지만 1981년 정권을 잡은 레이건 행정부는 B-52의 노후화가 심각하여 ATB 완료 전까지 전력 공백이 크다고 보아 ATB의 진행과 별개로 즉시 양산이 가능한 B-1 프로젝트를 부활했다.

그렇게 극적으로 개발이 재재되어 1984년 초도비행에 성공한 개량 모델이 B-1B다. 전작과 비교하여 기골이 대폭 보강되었고 연료탑재량이 20% 정도 증가되어 그만큼 항속거리가 늘어났다. B-1B는 최초 240기 생산을 고려했으나 1985년 소련 고르바초프(Mikhail Gorbachev) 정권의 등장으로 냉전 대결 구도가 급격히 바뀌면서 1988년 100기를 마지막으로 생산이 종료되었다.

냉전이 종식되면서 소련과의 충돌 위험이 대폭 감소하자, 수적으로 B-1B를 미 전략 공군의 주력으로 삼으려던 계획은 차질이 생겼다. 결국 B-52의 퇴역이 보류되고 수명 연장 사업이 다시 실시되었다. 그 결과 오늘날 미국은 B-52, B-1, B-2를 함께 보유하여 운용하는 어정쩡한 모습이 되었고, 2020년대까지 이런 기조를 계속 유지할 것으로 보인다.

프로토타입인 B-1A 〈출처: 미 공군〉

특징

B-1B는 주익의 앞전 후퇴각이 컴퓨터에 의해 15도에서 67.5도까지 변하는 가변익을 채택했다. 덕분에 고도와 상관없이 최적의 비행 상태를 유지할 수 있고 이착륙 성능도 개선되었다. 공기 흡입구가 가변형에서 고정형으로 변경되면서 최고속도가 마하 2에서 마하 1.25로 감소했지만, 대신 제작 비용이 절감되었고 레이더반사면적(RCS, Radar Cross Section)이 B-52의 20% 수준으로 대폭 줄어들었다.

플라이-바이-와이어(fly-by-wire) 방식을 채택하고 전방감시 레이더와 연동된 자동조종장치를 이용한 지형추적방식 덕분에 고도 60m의 저공침투비행이 가능하다. 하지만 속도를 포기한 대신 레이더반사율을 낮추고 저공비행으로 생존성을 높인 이런 방식은 일종의 고육지책이었다. 애초부터 이미 개발된 기체를 이용하여 ATB 배치 전까지만 노후된 B-52를 대체하는 것이 목표다 보니 획기적인 성능 향상에는 한계가 있을 수밖에 없었다.

기수에 AN/APQ-164 멀티 모드 수동 위상 배열 레이더가 장착되어 있다. 전자전 장비의 핵심은 DAS로 레이더 수신 및 대(對)레이더 방해를 통합하여 관리하고 있다. 이를 구성하는 AN/ALQ-161A는 무선 주파수 감시(RFS)와 전자전(ECM)을, AN/ASQ-184는 공격 임무를, AN/

고속 비행을 위해 주익을 뒤로 젖힌 B-1B. 특유의 모습 때문에 죽음의 백조로 불린다. 〈출처: 미 공군〉

ALQ-161은 후방 경계 임무를 담당한다. 이들 시스템은 처음 채택 당시에는 신뢰성에 문제가 많았던 것으로 알려졌지만 1999년 성능 향상 작업이 마무리되었다.

공격력은 B-1B의 상징으로 폭장 능력이 B-52의 2배 가까이 된다. 회전식 발사대가 장착된 3개의 내부 창에 34,000kg 폭장이 가능하고 외부에 추가로 23,000kg의 각종 무장을 장착할 수 있다. 이는 현재까지 미군이 운용한 모든 작전기 중 최고다. 핵전쟁을 목표로 한 전략폭격기답게 B28, B61, B83 같은 다양한 핵폭탄을 탑재할 수 있다.

AN/APQ-164 PESA 레이더 〈출처: (cc) Daderot at wikimedia.org〉

또한 핵탄두 장착이 가능한 AGM-69A SRAM, AGM-86A ALCM 같은 장거리 정밀공격용 스탠드 오프 플랫폼을 운용할 수 있다. 때문에 적진까지 침투하지 않고도 원거리에서 핵 공격이 가능하다. 하지만 냉전이 종식된 후 재래식 폭격에 대한 역할이 더욱 커지면서 재래식 임무 향상 계획(CMUP, Conventional Mission Upgrade Program)이 실시되어 클러스터 폭탄(CBU), JDAM 같은 정밀유도무기의 사용도 가능하다. B-1은 START II 협정에 따라 현재 재래식 폭격기로서만 사용되고 있으며, 추후에 B-52가 퇴역하면 핵폭격기로 개조할 수 있도록 협정은 규정하고 있다.

또한 2005년에 네트워크전을 치를 수 있도록 링크 16이 탑재되었고 2007년에는 스나이퍼 XR 타게팅 포드(sniper XR targeting pod)가 전방 폭탄창 외부 하드포인트(hard point)에 장착되었다. 그리고 앞으로도 계속 주력기로 사용하기 위해 꾸준히 업그레이드가 진행 중이다. B-1B가 전작과 크게 차이 나는 부분 중 하나가 유사시 승무원 탈출 시스템인데, 캡슐식이던 B-1A와 달리 개별 사출좌석을 이용한다.

회전식 내부 폭탄창 〈출처: (cc) Cap'n Refsmmat at wikimedia.org〉

GBU-31 JDAM GPS 유도폭탄 장착 준비 모습 〈출처: 미 공군〉

운용 현황

B-1B는 전략무기인 만큼 타국에 판매하지 않고 미국만 보유하고 있다. 한때는 조지아 주방위 공군과 캔자스 주방위 공군에서도 운용하기도 했으나, 현재는 SAC의 후신인 AFGSC(Air Force Global Strike Command: 공군 전역타격사령부)에서 전량 운용 중이다. 2017년 4월 기준 B-1B를 운용 중인 부대는 다음과 같다.

- 텍사스 주 다이스(Dyess) 기지에 위치한 제7폭격비행단 예하 제8폭격비행대, 제28폭격비행대
- 사우스다코타 주 엘스워스(Ellsworth) 기지에 위치한 제28폭격비행단 예하 제34폭격비행대, 제378폭격비행대
- 캘리포니아 주 에드워드(Edward) 기지에 위치한 제412시험비행단 예하 제419시험비행대

전략 자산이어서 일부 기체는 괌 같은 본토 이외 기지에 순환 배치되기도 한다. 최초의 실전 투입은 1998년 사막의 여우 작전(Operation Desert Fox)으로 일반적인 무유도 폭탄을 투하했다. 이후 코소보 항공전, 아프간 대테러 전쟁, 2차 걸프전에서는 정밀유도폭탄을 사용했다.

변형 및 파생형

● B-1A: 프로토타입. 가변형 엔진 흡기구를 갖추고 최대 마하 2.2로 비행이 가능하다. 4대만 생산되었고 양산에는 이르지 못했다.

B-1A 〈출처: 미 공군〉

● B-1B: 양산형. 레이더반사면적(RCS)을 줄였지만 최고속도가 1.25로 감소되었다. 총 100대가 생산되었다.

● B-1R: 성능 향상을 위해 프랫 앤 휘트니(Pratt & Whitney) F119 엔진과 AESA 레이더 장착을 제안한 모델

B-1B 〈출처: 미 공군〉

B-1R 〈출처: Defence Blog〉

태평양 상공을 비행하고 있는 B-1B 〈출처: 미 공군〉

제원

기종	B-1B
형식	사발 터보팬 전략폭격기
전폭	42m / 24m(가변날개 후퇴 시)
전장	44.5m
전고	10.4m
주익면적	181.2㎡
최대이륙중량	216,400kg
엔진	제너럴 일렉트릭(General Electric) F101-GE-102 터보팬(17,390파운드) × 4
최고속도	마하 1.25
실용상승한도	18,000m(60,000피트)
전투행동반경	5,543km
무장	내부 폭탄창 3개소 34,000kg 탑재 외부 하드포인트 6개소 23,000kg 탑재 Mk-82 무유도폭탄 × 84 Mk-82 LDGP 무유도폭탄 × 81 Mk-62 기뢰 × 84 Mk-84 무유도폭탄 × 81 Mk-65 기뢰 × 24 CBU-87/ 89/ 97 클러스터 폭탄 × 30 CBU-103/ 104/ 105 풍력 안정 클러스터 폭탄 × 30 GBU-31 JDAM GPS 유도폭탄 × 24 GBU-38 JDAM × 48 GBU-38 JDAM GPS 유도폭탄 × 15 GBU-39 GPS 유도폭탄 × 96 또는 144 GBU-54 레이저 JDAM × 48 AGM-154 JSOW × 24 AGM-158 JASSM × 24 B61 / B83 핵폭탄 × 24
항전장비	AN/APQ-164 PESA 레이더 AN/ALQ-161 RWR AN/ASQ-184 방어관리 시스템 스나이퍼 XR 타게팅 포드
승무원	4명
초도비행	1974년 12월 23일(B-1A)
가격	순수 기체 가격 2억 8,300만 달러(1998년 기준)

B-2A Spirit Stealth Bomber

B-2A 스피릿
스텔스 폭격기

미국 폭격기 전력의 정점에 선
최강의 스텔스 폭격기

글 | 양욱

개발의 역사

레이더 대 스텔스

드넓은 창공에서 항공기를 탐지하는 데 사용하는 것이 레이더다. 특히 제2차 세계대전 당시부터 레이더 기술이 급격히 발달하면서 레이더에 대한 의존도 역시 급격히 증가했다. 심지어 제2차 세계대전 중 영국은 비커스(Vickers) 웰링턴(Wellington) 폭격기에 레이더를 장착하고 적 폭격기편대나 V-1 미사일을 탐지하면서 세계 최초의 공중조기경보기를 운용하기도 했다. 또한 냉전 직후 등장한 2세대 전투기부터는 6·25 전쟁의 경험과 진보한 항전 기술을 바탕으로 전투기마다 레이더를 장착하기 시작했다. 레이더 만능 시대가 열린 것이다.

항공기 탐지에서 레이더가 중요해지자, 사람들은 반대로 레이더가 탐지하지 못하게 항공기를 설계할 수 있지 않을까 하는 생각을 하게 되었다. 특히 1950년대 후반에 미 CIA(Central Intelligence Agency: 중앙정보국)는 노후한 U-2 정찰기를 교체하기 위해 신형 기체 개발에 나섰다. 정찰 관련 예산은 미군 내에서도 한계가 있다 보니 CIA가 자금을 지원하며 개발을 주도했다. CIA는 고고도 정찰기이면서 레이더 탐지를 피할 수 있는 능력을 요구했다.

이에 따라 당시 록히드(Lockheed) 사의 켈리 존슨(Clearance "Kelly" Johnson)이 이끌던 '스컹크 웍스(Skunk Works)' 설계팀은 레이더가 탐지할 수 없는 고도로 날자는 발상 하에 7만

제2차 세계대전 시 웰링턴 폭격기는 공중관제 레이더를 장착하고 폭격기편대 탐지 임무를 맡기도 했다. 〈출처: Public Domain〉

~8만 피트 상공을 마하 3.2 정도의 속도로 비행할 수 있는 A-12 '옥스카트(OXCART)'를 개발했다. 그리고 이 A-12 옥스카트 정찰기를 기반으로 하여 레이더반사면적(RCS, Radar Cross Section)을 줄이기 위해 수직미익에 경사각을 주고 특정 부분에 합성소재를 사용하고 표면에 레이더파를 흡수하는 도료를 칠해 1세대의 초보적 스텔스(stealth) 항공기인 SR-71 블랙 버드(Black Bird)를 탄생시켰다.

A-12 옥스카트 정찰기 〈출처: CIA〉

2세대 스텔스로의 진화

한편 적 레이더망을 돌파하는 기술을 확보하기 위한 노력이 꾸준히 이루어졌다. 특히 1970년대에 미국은 유럽에서 바르샤바 조약기구와 북대서양조약기구(NATO, North Atlantic Treaty Organization, 이하 나토) 사이에 대규모 전쟁 가능성이 더욱 높아졌다고 판단했다. 전쟁이 발발할 경우 나토의 전술기들이 엄청난 피해를 입을 것이 분명했다. 이에 따라 촘촘한 소련의 방공망을 뚫고 들어가 적 항공기들이 이륙하기도 전에 파괴할 수 있는 능력이 필요하게 되었다. 이런 필요성을 충족시킬 만큼 기술이 성숙했다고 판단한 미 국방부의 국방과학위원회(Defense Scientific Board)는 1974년 적에게 보이지 않는 '스텔스 공격기'를 개발하도록 권유했다.

이에 따라 1975년 DARPA(Defense Advanced Research Projects Agency: 국방고등연구기획국)는 록히드, 노스럽(Northrop), 맥도넬 더글러스(McDonnell Douglas) 3개사를 비밀리에 불러 XST(Experimental Survivable Testbed: 실험용 생존성 테스트베드) 사업에 제안을 하도록 했

다. 그리고 1976년 3월 제1차 사업에서 록히드가 선정되어 '해브 블루(Have Blue)' 비행실증기가 만들어졌다. 해브 블루는 추후에 F-117로 제작되어 양산되었다. 그러나 DARPA는 노스럽의 기술도 높이 평가하여 제2차 사업은 노스럽에 맡겼다.

록히드 '해브 블루' 기술실증기 〈출처: DARPA〉

DARPA가 계획하고 있던 핵심 사업들 가운데 '어설트 브레이커(Assault Breaker)'가 있었다. 이 사업의 목표는 중부 유럽에서 소련의 전차부대가 밀려올 경우 제2파에 대하여 정밀유도무기를 집중적으로 투하하면서 진격을 막는 것이었다. DARPA는 이를 위해 공중에서 레이더로 전차와 미사일 등을 추적하면서도 적의 가시선 공격에서 살아남을 수 있는 항공기를 개발하기로 하고, 이를 BSAX(Battlefield Surveillance Aircraft-Experimental)라고 불렀다. 바로 이 BSAX의 개발이 1976년 12월 노스럽에 할당된 것이다. 이에 따라 노스럽은 '태싯 블루(Tacit Blue)' 비행실증기를 개발했다.

태싯 블루에서 전략폭격기로
태싯 블루는 해브 블루보다 개발이 훨씬 더 어려웠다. 우선 지상감시를 위해 사용하는 측면감시 LPI(Low Probability of Intercept: 저피탐) 레이더를 개발하여 장착해야만 했고, 전장을 감시하는 기체의 임무 성격도 어려움을 가중시켰다. 해브 블루는 공격용 기체로 목표물로 정면

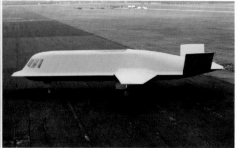

노스럽 '태싯 블루' 기술실증기 〈출처: 미 공군〉

으로 침투하여 짧은 시간 내에 타격을 하면 그만이었지만, 태싯 블루는 상공에 오랜 기간 체공하면서 다양한 종류의 레이더로부터 감시당해야만 했기 때문이다. 그래서 해브 블루는 정면의 스텔스 성능만 충분하면 되었지만, 태싯 블루는 모든 각도에서 스텔스 성능이 보장되어야만 했다.

개발은 쉽지 않았지만, 노스럽은 둥근 동체와 평면의 하부에 경사진 수직미익을 더한 형상을 만듦으로써 레이더반사면적(RCS)을 줄이는 데 성공했다. 독특한 형상이 된 태싯 블루는 노스럽 안에서는 '고래(whale)'라는 별명으로 불렸다. '고래'는 1982년 초도비행을 실시했고, 시험비행은 성공리에 끝났다. LPI 레이더의 개발과 통합도 성공적이었고, 설계는 양산이 가능한 정도까지 성숙해갔다. 그러나 레이더유도방식의 미사일을 유도하는 데는 실패했다. 이에 따라 펜타곤은 종말유도에서는 다른 무기를 사용하기로 했다. 즉, 대형 레이더를 보잉 707 항공기에 실어 원거리에서 표적의 위치 확인만을 하는 것으로 결정했고, 이에 따라 E-8 조인트 스타스(Joint STARS)가 만들어졌다. 결국 태싯 블루는 1985년에 사업이 취소되었고, 프로토타입 기체는 그룸 레이크(Groom Lake)에 보관되었다가 1996년 비밀이 해제되면서 라이트-패터슨(Wright-Patterson) 공군기지의 박물관에 전시되었다.

태싯 블루의 시험비행 장면 〈출처: 미 공군〉

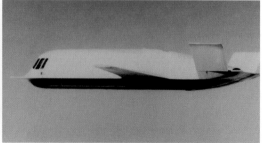

그러나 태싯 블루라는 기체를 만들어냄으로써 노스럽은 공군의 차기 스텔스 전략폭격기를 개발할 수 있는 회사로 인정받았다. 미 공군은 1970년대 중반 B-1의 양산이 취소되자 새로운 폭격기를 개발하기로 했는데, 새 폭격기에는 스텔스 기술을 적극 채용하기로 했다. 카터(Jimmy Carter) 행정부에서 선진기술폭격기(ATB, Advanced Technology Bomber) 개발사업이 승인되어 1979년부터 시작되었다. 애초에는 록히드의 설계안이 유일한 대안이었지만, 록히드의 독점을 우려한 미 공군은 노스럽을 사업에 끌어들였다.

노스럽의 독특한 설계안

당시 유일하게 스텔스 기술을 보유한 록히드와 노스럽은 또다시 ATB 사업에서 치열하게 경쟁했다. 양사의 접근 방식은 확연히 달랐다. 록히드의 설계안은 지금까지 상세하게 공개되지는 않았지만, 해브 블루의 성과를 바탕으로 한 것으로 알려져 있다. '희망 없는 다이아몬드(Hopeless Diamond)'라는 별명이 붙을 정도로 공기역학적으로 한계가 많은 기체였다. 그러나 록히드는 이미 F-117을 개발하여 완전히 새로운 설계를 내놓을 필요가 없었고, 무엇보다도 이미 성숙한 기술을 바탕으로 저렴하게 양산이 가능했다.

하지만 노스럽은 달랐다. 태싯 블루의 성과를 제쳐놓고 완전히 밑바닥부터 다시 설계했다. 바로 여기서 등장한 것이 전익기(flying wing) 설계였다. 사실 노스럽은 이미 제2차 세계대전이

노스럽은 이미 1940년에 1인승 전익기 N-1M의 시험비행에 성공했다. 〈출처: Public Domain〉

발발하기도 전부터 전익기를 만들기 시작하여 실험기체인 N-1M을 1940년에, N9M은 1943년에 선보였다. 실험기의 성과에 만족한 노스럽은 육군항공대의 B-29 폭격기를 대체할 차기 폭격기로 시제전익기를 대형화시킨 XB-35 폭격기의 개발에 나섰다. XB-35는 폭 52m의 거대한 기체로 무려 33톤의 폭탄을 실을 수 있었다. 물론 전익기 개발은 노스럽만 한 것이 아니어서, 독일도 제트 추진 전익기 시제 모델인 Ho 229를 만들어냈지만 양산에 이르지 못했다. XB-35의 개발도 마찬가지로 우선순위가 뒤로 밀리면서 제2차 세계대전 종전 후에야 개발이 완료되었다.

XB-35 폭격기 〈출처: 미 공군〉

XB-35는 1946년이 6월 25일 성공리에 초도비행을 마쳤다. 초도기는 이중 반전 프로펠러(contra-rotating propeller)로 추진했지만, 시제 2호기는 단일 프로펠러 추진 방식을 사용했다. 미 육군은 사업을 더욱 키워 시제기 13대를 추가로 주문했고, 시험이 성공하면서 B-35를 최대 200대 생산할 계획까지 세워놓았다. 그러나 제트폭격기의 시대가 열리면서 사업은 갑자기 취소되었다. 대신 XB-35에 제트 엔진 8기를 장착한 YB-49 개발사업이 새롭게 시작되었다. 그러나 제트엔진으로 교체하면서 장거리 폭격기로서의 이점이 사라졌고, 1948년에는 시험기체가 실속으로 추락하면서 승무원 전원이 사망하는 사고까지 발생했다. 결국 기술이 아직 성숙하지 못했다고 판단한 미 공군은 사업을 취소시켜버렸다.

YB-49 폭격기 〈출처: 미 공군〉

이러한 역사를 가진 전익기 설계를 노스럽은 40년 만에 다시 부활시켰다. 그리고 이번에는 노스럽의 전익기 설계가 록히드의 설계보다 훨씬 뛰어난 것으로 인정받아, 노스럽이 ATB 사업자로 선정되었다. 새로운 폭격기는 B-1A의 후속 기종이기에 제식분류명은 B-2로, 이름은 '스피릿(spirit)'으로 정해졌다.

B-2의 화려한 등장과 좌절

B-2의 양산은 1982년부터 시작되었다. B-2 사업은 F-117과는 달리 존재 자체에 대해서는 알려졌음에도 매우 높은 보안 속에서 진행되었다. 그럼에도 노스럽 직원이 B-2의 기술을 소련에 팔려는 시도를 하다가 FBI의 수사로 무산되기도 했다. 우여곡절 끝에 B-2는 1988년 11월 22일 캘리포니아 주 팜데일(Palmdale)의 제42공군생산기지에서 처음으로 일반에 공개되었다. 최초의 공개 시험비행은 1989년 7월 17일에 실시되었다.

미 공군은 애초에 B-2A 132대를 생산하고자 했다. 그러나 아무리 냉전이라도 예산상의 제약으로 그 수는 75대로 축소되었다. 그런데 고르바초프(Mikhail Gorbachev)의 등장으로 냉전 구도가 무너지면서 1991년 결국 소련까지 몰락하자, B-2의 역할에 대한 의문이 제기되었다. 핵전쟁의 위험이 사라졌는데 과연 선제타격에나 쓰일 B-2 스텔스 폭격기를 그렇게 많이 만들 필요

초도비행 중인 B-2 폭격기 〈출처: 미 공군〉

가 있느냐는 지적이 뒤따랐다. 의회의 집요한 국방예산 삭감요구에 따라, 결국 조지 H. W. 부시(George H. W. Bush) 미국 대통령은 1992년 연두교서에서 B-2의 생산대수를 20대로 대폭 삭감하겠다는 계획을 발표하게 되었다.

이에 따라 B-2의 생산량은 대폭 감축되었다. 1996년 클린턴(Bill Clinton) 행정부가 20대의 생산을 완료하고 성능이 개량된 B-2A 블록 30을 1대만 더 추가로 생산함으로써 B-2A는 21대로 생산이 종료되었다. B-2A에 대한 의회의 분노는 하늘을 찔렀는데, 미 하원의원인 로드 블라고예비치(Rod Blagojevich)는 다음과 같이 일갈했다.

"B-2 스텔스 폭격기는 모든 부품을 금으로 만들었을 때의 가격보다 3배나 비싸다. 가격이 무려 23억 달러나 한다."

21대가 생산된 B-2A 스텔스기 중에 1982년에 발주된 6대는 이른바 초도양산형으로, 에드워즈(Edwards) 공군기지의 제412시험비행단에서 1990년대 후반까지 비행시험을 실시했다. 그동안 6대는 양산 사양으로 차례차례 변경되었고, 이것들을 포함해서 1990년까지 생산된 16대를 블록 10으로 구분한다. 그리고 1992년에 생산한 1대와 1993년에 생산한 것 중 최초 2대가 재래

B-2는 단 21대만이 만들어져 가장 비싼 폭격기가 되었다. 〈출처: 미 공군〉

식 무기 운용 능력을 강화한 블록 20이며, 마지막 2대는 LO(저관측, 즉 스텔스) 성능향상형 블록 30이다. 현재는 블록 10/20의 B-2A가 모두 블록 30 사양으로 업그레이드되어 있다.

미군 폭격 전력의 정점

이처럼 B-2A는 겨우 21대이지만 부대와 기지의 기능이 강화되면서 미 공군의 핵심 전력으로 떠올랐다. 또한 블록 10에서 블록 20을 거쳐 블록 30까지 업그레이드되는 동안, B-2A는 핵폭탄이나 AGM-129 ACM(신형 순항미사일)을 운용하는 핵폭격기에서 JDAM(Joint Direct Attack Munition: 통합직격탄)과 JSOW(Joint Stand-Off Weapon: 통합장거리무기), JASSM(Joint Air-to-Surface Stand-off Missile: 통합공대지장거리무기)을 운용할 수 있는 다기능 중(重)폭격기로 진화했다.

우선 B-2A는 1999년 코소보 항공전에서 최초로 여러 개의 표적에 대한 공격임무를 수행하면서 가능성을 보여주었다. 9·11 테러 이후에는 대테러 전쟁의 일선에 투입되어 지구를 반 바퀴 이상씩 돌면서 범지구적 타격 능력(global strike)을 과시했다. 특히 2003년 이라크 침공에서는 개전 초기에 집중적으로 투입되어 핵심 표적을 무력화시키면서 스텔스 전략폭격기의 위력을 한껏 과시했다. B-2A는 이후 B61-11 핵 벙커버스터탄이나 GBU-57 슈퍼벙커버스터탄 등을 운용하는 유일한 기체로서, 특히 핵위협을 고조시키는 북한 정권이 가장 두려워하는 기

B-2는 막강한 폭장 능력과 스텔스 능력이 더해져 현재 미 공군에서 가장 강력한 폭격기다. 〈출처: 미 공군〉

체로 자리 잡았다.

현재 B-2A는 2008년 사고로 1대가 추락하여 모두 20대가 운용 중이다. 노스럽 그러먼(Northrop Grumman)은 여러 차례 B-2의 추가 생산을 공군에 제안했지만, 워낙 비싼 가격으로 늘 논의 단계에서 끝났다. 그러는 와중에 B-2의 중요성은 더욱 높아져 업그레이드가 꾸준히 실시되고 있다. 2008년 레이더 개수 사업 이후에 2014년부터는 운용주기를 10년 연장하는

F-117과 달리 B-2는 완전한 스텔스 성능으로 여전히 현역을 지키고 있다. 〈출처: 미 공군〉

현대화 사업이 실시되어 2050년대까지 사용할 계획이다.

물론 B-2를 대체할 차기 폭격기 LRS-B(Long Range Strike Bomber)로 B-21 레이더(Raider)가 2025년부터 일선에 등장할 예정이다. 노스럽이 생산을 담당할 예정인 B-21은 B-2의 특징을 거의 모두 담고 있다. B-21 전력은 우선 낡은 B-52부터 시작하여 B-1과 B-2의 순으로 교체해 나갈 예정이다. 따라서 B-2가 활약할 날은 아직까지 많이 남아 있다.

기존의 폭격기 삼총사를 대체할 B-21 폭격기의 예상도 〈출처: 미 공군〉

특징

B-2는 전익기(flying wing)다. 기체 전체가 날개이며, 날개의 뒷전이 W자형으로 다듬어져 있다. 이러한 설계적 특성은 레이더반사면적(RCS, Radar Cross Section)을 극소화하는 데 크게 기여했다. 또한 엔진에서 나오는 적외선 방출을 억제하는 스텔스성의 원칙에 충실하면서 아울러 항공역학 성능을 높인 결과 B-1을 능가하는 항속 성능까지 갖추게 되었다.

B-2는 독특한 기체 형태로 레이더반사면적을 최대한 줄이는 데 성공했다. 〈출처: 미 공군〉

무엇보다도 전익기 형태를 선택하면 미익과 동체 엔진 나셀(nacelle)과 같은 레이더반사면적(RCS) 증가 요소를 배제할 수 있으면서도, 날개의 중간 부분에 조종석과 폭탄창, 각종 장비를 충분히 수용할 수 있는 장점이 있다. 한마디로 폭격기로서 최적의 설계라는 말이다. 같은 스텔스 성능을 추구하면서도 F-117A가 다면체로 이루어진 것과 달리, B-2의 경우 매끄러운 곡선으로 이루어진 것은 컴퓨터를 이용한 CAD/CAM 기술의 발전에 힘입은 바 크다.

B-2의 엔진은 F110를 업그레이드한 F118 터보팬 엔진으로, 스텔스 기체로서 적외선 방출을 줄여야 하므로 애프터버너(afterburner)가 생략되어 있다. 엔진의 배기가스가 차가운 바깥공기와 섞여 온도를 낮춘 후 날개 위쪽에 설치된 배기구를 통해 배출되므로 적외선 탐지를 피할수 있다. 애초에 엔진 자체가 동체 깊숙이 숨겨져 있어 적외선 시그너처(signature: 물체의 한 특성 혹은 일련의 특성. 이것에 의해 그 물체가 인식된다)가 잘 탐지되지 않는다는 장점도 있다. 기체구조에 적극적으로 복합재료를 사용했고, 외판 자체에는 레이더 흡수 재료를 사용했다.

B-2는 당초 고고도 침투용으로 개발되었으나, 1983년경 미 공군은 저공침투 능력을 추가했

B-2는 GE 사의 F118 엔진 4기를 장착하고 있다. 〈출처: GE 에비에이션〉

으며 저공비행의 하중 증가에 대처하고자 구조를 근본적으로 변경했다. 따라서 최초에는 W자형이던 날개의 뒷전 모양이 이중 W자형으로 변경되었다. 특이한 주익평면형은 전파를 강하게 반사하는 모서리에 특히 신경을 써서 폭탄창의 문을 포함한 개폐부, 공기흡입구, 노즐 등을 모두 주익의 앞전 후퇴각도인 33도와 일치되도록 설계했으며, 평면상의 전파 반사는 주익의 앞전 후퇴각에 대응되는 네 군데의 로브로 한정된다. 이에 따라 B-2의 레이더반사면적은 $0.1m^2$ 정도로 평가된다.

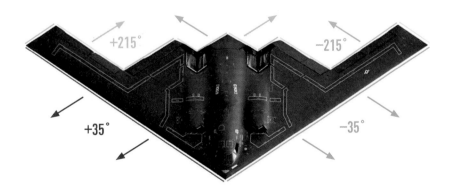

B-2의 독특한 이중 W자형 날개 구조 〈출처: (cc) Nova13 at wikimedia.org〉

B-2는 독특한 형태의 공기흡입구로 공기를 최대한 냉각한 채로 흡입할 수 있도록 설계되었다. 〈출처: 미 공군〉

B-2의 비행제어 시스템 역시 종전의 방법과는 완전히 다르게 외익부 뒷전에 있는 4개의 조종 익면에 마련되어 있는데, 안쪽의 3개 익면은 엘리본(elevon)으로서 롤(roll)과 피치(pitch) 제어를 담당하고, 가장 바깥쪽 익면은 드래그 러더(drag rudder)라고 불리며 어느 한쪽을 상하로 열어 저항을 증가시켜 기수의 방향을 바꾸는 요(yaw) 제어를 담당한다. 또한 양쪽의 드래그 러더를 동시에 열면 스피드 브레이크(speed brake)의 역할을 하며, 엘리본은 플랩(flap)의 역할도 겸하고 있다. 중앙날개의 뒷전에 있는 삼각형 익면은 종방향 트림과 돌풍하중(gust load) 경감을 분담한다. 이러한 복잡한 조종 익면을 제어하기 위해 4중 디지털 플라이-바이-와이어 (FBW, Fly-By-Wire)를 이륙, 착륙, 전투 등 세 가지 모드로 사용한다.

B-2는 최고속도가 마하 0.8 정도(아음속)로 비교적 저속으로 순항한다. 항속거리는 무장 16,919kg 탑재 시 hi-hi-hi의 경우 11,680km, hi-lo-hi의 경우 8,340km이고, 무장 10,886kg 탑재 시 hi-hi-hi의 경우 12,230km에 이른다.

기체의 중앙부에는 좌우 2개의 폭탄창이 있으며, 회전식 발사대가 각각 1기씩 설치되어 있다. 주무장으로는 SRAM(단거리 공격미사일), AGM-129 ACM 등을 모두 16발까지 탑재할 수 있으며, 그 밖에 B61·B83 핵폭탄, 범용폭탄, 유도폭탄 등을 최대 18,144kg까지 탑재할 수 있다. 특히 2004년 업그레이드를 통해 B-2는 500파운드짜리 GBU-38 JDAM을 80발이나 장착할 수 있도록 개조되었다. 2011년부터는 최신형 순항미사일인 AGM-158 JASSM(Joint Air-to-Surface Standoff Missile)을 통합하여 16발을 운용하고 있다. 또한 2011년부터는 14톤짜리 슈퍼벙커버스터인 GBU-57 MOP(Massive Ordnance Penetrator)를 운용하고 있다.

B-2의 본래 임무는 소련의 이동식 전략미사일을 격파하는 것으로, 이를 위해 B-2의 노즈 랜딩 기어(nose landing gear)실 좌우에 목표물 수색용 APQ-181 위상배열 레이더가 장착되어 있다. APQ-181 레이더는 레이더 현대화 사업(Radar Modernization Program)에 따라 현재

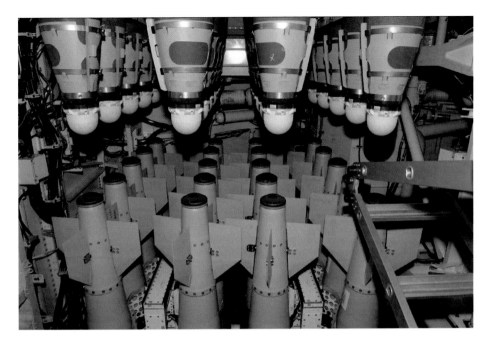

B-2에는 GBU-38 JDAM을 80발이나 장착할 수 있다. 〈출처: 미 공군〉

JASSM 순항미사일을 발사 중인 B-2 폭격기 〈출처: 미 공군〉

AESA 레이더로 업그레이드된 것으로 알려져 있다.

또한 B-2는 적진에 침투하는 폭격기로서 ESM(Electronic Support Measure: 전자전지원장비) 등 스스로를 보호할 수 있는 장비가 장착되어 있는데, 이를 DMS(Defensive Management System: 방어관리 시스템)로 부른다. 최근 러시아제 S400이나 S500 등 최신예 대공미사일이 등장함에 따라 미 공군은 B-2의 DMS를 현대화하는 사업을 실시하여 현재 DMS-M 사양으로 업그레이드하고 있다.

운용 현황과 실전 기록

B-2A는 1999년 3월 24일 나토군의 유고슬라비아 공습작전인 '얼라이드 포스(Allied Force)' 작전으로 데뷔했다. 1991년의 제1차 걸프전 당시에는 미군의 유일한 스텔스기였던 F-117A가 공격 첫날부터 바그다드(Baghdad) 중심부의 지휘·통신 중추에 폭격을 가했지만, 얼라이드 포스 작전에서는 B-2A가 작전의 선봉에 섰다. 우수한 스텔스 성능을 갖춘 B-2A는 이라크군보다 훨씬 선진화된 유고슬라비아군의 방공망을 돌파할 수 있었다.

얼라이드 포스 작전은 B-2A뿐만 아니라 JDAM의 데뷔 무대이기도 했다. 1999년 3월 24일에서 6월 19일까지 79일간, B-2A 6대가 투입되어 총 45회 출격하여 JDAM 656발을 투하했다. 당

B-2 폭격기는 1999년 코소보 항공전을 통해 최초로 실전에 데뷔했다. 〈출처: 미 공군〉

B-2는 제2차 걸프전에서 무려 680톤의 폭탄을 투하하면서 그 능력을 톡톡히 발휘했다. 〈출처: 미 공군〉

시 JDAM을 운용할 수 있었던 것은 B-2A가 유일했는데, B-2A는 나토 전술기의 총공격 소티에서 1%에 불과했으나 투하한 폭탄 수는 총계의 11%에 달했다. 게다가 B-2A는 8주간 세르비아 내의 주요 목표물 가운데 33%를 파괴하여 엄청난 능력을 과시했다.

특히 작전 개시일인 3월 24일, 미주리 주 화이트맨(Whiteman) 공군기지를 발진한 제509폭격항공단의 B-2A 2대는 공중급유를 받으며 13시간 만에 유고슬라비아 상공에 진입했다. B-2A는 레이더망에 탐지되지 않고 몇 시간 동안 적지 상공을 돌며 2,000파운드짜리 JDAM과 GBU-32/B 레이저유도폭탄을 여러 방공시설과 지휘·통신 벙커에 모두 32발 투하한 후 기지로 귀환했다. 작전에 소요된 시간은 불과 31시간이었다.

B-2A는 성공적인 데뷔를 마쳤고, 이후 JDAM을 투하할 수 있는 유일한 폭격기로서 무기생산 공장이나 항공기지, 지휘·통신시설 등을 정밀타격하는 데 성공했다. 또한 도나우(Donau) 강 인근의 교량들에 대한 정밀폭격 임무를 수행했는데, 특히 노비 사드(Novi Sad) 인근의 교량 폭격 임무가 제일 커다란 도전이었다. 미 공군은 유고슬라비아 제2의 도시인 노비 사드 인근의 제젤리(Žeželj) 다리를 폭격하기 위해 F-15E의 GBU-15 화상유도폭탄과 F-117A의 레이저유도폭탄을 투하했지만, 모두 실패했다. 결국 문제를 해결한 것은 B-2A였다. 목표 인근을 비행 중이던 B-2A 중 1대가 노비 사드 인근의 교량 2개를 향해 GBU-32 폭탄 각각 6발과 2발을 투하

하여 다리를 붕괴시키는 데 성공했다. GPS 위성수신 상태가 양호하여 정확한 유도 및 타격이 가능했다.

한편 B-2A의 폭격 때문에 외교 분쟁이 발생하기도 했다. B-2A의 목표 가운데 하나가 유고슬라비아의 조달청 건물이었는데, 문제는 이 건물이 실은 중국 대사관이었다는 데 있다. 1999년 5월 7일 화이트맨 공군기지에서 발진한 B-2A 편대는 23시 46분에 JDAM 5발을 목표 3개소에 투하했고, 투하한 JDAM이 중국 대사관에 떨어져 대사관 직원과 언론사 특파원 여러 명이 사망했다. 원인 조사 결과, CIA가 목표 선정 시에 조달청 이전 사실을 모르고 옛날 지도를 사용하는 바람에 이러한 실수가 일어난 것으로 밝혀졌다. 중국이 미국에 엄중히 항의하자, 미국은 이에 대해 사과했다.

B-2A는 2001년 아프가니스탄 전쟁 당시 항구적 자유 작전(Operation Enduring Freedom)에 참가하여 9·11 테러 보복 작전의 선봉에 섰다. 2001년 10월 7일부터 시작된 아프가니스탄 공습에 B-2A 6대가 3일간 투입되었다. 미주리 주 화이트맨 공군기지를 출발한 B-2A는 6회의 공중급유를 받으며 40시간 동안 12,000km, 거의 지구의 반 바퀴를 돌아서 아프가니스탄에 도착했고 곧장 폭격 임무를 수행했다. 그 뒤 B-2A는 인도양에 있는 디에고 가르시아(Diego Garcia) 섬의 기지에 착륙했다. 폭격 임무를 수행한 조종사들은 여기에서 대기하고 있던 조종사들과 교대했고, 교대한 조종사들은 B-2A를 다시 30시간 동안 조종하여 모기지인 화이트맨 기지로 돌아갔다. 이 작전은 작전시간이 무려 왕복 70시간에 달해 미군의 항공 작전 사상 가장 긴 시간을 기록했다.

항구적 자유 작전은 아라비아 해에 전개 중이던 미 해군과 영국 왕립 해군의 함정에서 발사한 토마호크(Tomahawk) 순항미사일들이 미 동부 표준시 10월 5일 오후 목표에 떨어지면서 시작되었다. 그러나 미사일 발사에 앞서 10월 5일 새벽 미명에 화이트맨 공군기지에서 B-2A가 이륙함으로써 미국의 대테러 전쟁이 시작되었다.

B-2A가 미 공군에 크게 기여할 수 있었던 것은 놀라운 항속 능력 덕분이었다. 아프가니스탄 전쟁 시 미군은 주변 지역에 충분한 수의 항공기지를 설치할 수가 없었고, 해군 함재기는 아라비아 해에 있는 항공모함으로부터 아프가니스탄의 목표까지 왕복 8시간을 비행해야 했다. 공군 전술기는 페르시아 만 등으로부터 왕복 9시간, 폭격기도 디에고 가르시아 섬으로부터 역시 편도 8시간 이상 비행해야 작전을 수행할 수 있었다. 게다가 이러한 작전에는 공중급유기의 급유나 공중조기경보통제기(AWACS)의 비행관제 등 대규모 지원이 필요했고, 특히 승무원들이 받는 피로와 스트레스가 컸다. 이런 점에서 본토에서 날아올 수 있는 B-2의 항속 능력은 지원 소요를 크게 낮춰 효율적인 작전 수행에 크게 기여했다.

2003년 이라크 자유 작전(Operation Iraqi Freedom)에서도 B-2A는 개전 초기부터 투입되었다. B-2A는 화이트맨 공군기지에서 34시간을 날아와 이라크 핵심 시설들에 폭격을 가했다. 도로나 교량, 발전소 등 사회기간시설을 목표로 삼았던 걸프전 때와는 달리, 미군은 행정기관, 사령부, 대통령궁, 공화국 수비대 시설 등을 대상으로 했다. 이 기간에 B-2A는 모두 49소티를 출격했고, 이 가운데 27소티는 본국인 화이트맨 공군기지에서, 22소티는 디에고 가르시아 섬에서 발진했다. 2003년 한 해 동안 B-2A는 680톤의 폭탄을 투하했는데, 그중 583발이 JDAM 정밀 유도폭탄이었다.

아프가니스탄 전쟁 시에도 B-2A는 폭격을 마친 승무원 교대를 위해 디에고 가르시아 섬을 잠시 이용했다. 하지만 이라크 자유 작전에서는 처음부터 본국 이외의 장소에 전개하여 작전을 수행했다. 사우디아라비아가 공격 작전을 위한 기지 사용을 금지했기 때문에 미군은 아랍에미리트와 쿠웨이트 영내의 기지, 페르시아 만의 항공모함, 그리고 디에고 가르시아 섬의 기지로부터 항공작전을 펼쳤다.

B-2는 무려 30시간이 넘는 작전을 수행하는 경우가 많은데, 그럴 경우 2명의 승무원은 비좁은 공간에서 번갈아가며 수면을 취해야 한다. 사진은 B-2 조종석에 앉은 딕 체니(Dick Cheney) 부통령(오른쪽)의 모습. 〈출처: 미 백악관〉

한편 이라크 전쟁 시 전쟁 자체의 정당성 여부를 놓고 미국은 전통적인 동맹국인 프랑스나 독일과 대립했고, 터키도 미 육군 부대의 자국 통과를 허용하지 않았다. 따라서 미국 본토의 기지에서 출격하여 지구상의 모든 지점에 폭격을 가할 수 있는 B-2A의 '범지구적 작전 전개(Global Reach)' 능력은 한층 더 중요해졌다.

2008년 2월 23일 B-2 1대가 앤더슨(Andersen) 공군기지에서 추락하는 사건이 발생했다. 추

2008년 앤더슨 공군기지에서 추락한 B-2의 잔해 〈출처: 미 연방항공청〉

락한 기체는 AV-12 스피릿 오브 캔자스(Spirit of Kansas)였다. 사고 원인은 포트 트랜스듀서 유닛(Port Transducer Unit)에 습기가 맺혀 대기측정 데이터에 엉뚱한 값이 입력됨으로써 비행제어 소프트웨어가 계산에 착각을 일으켰기 때문이다. 한편 2010년 2월에는 지상에서 AV-11 스피릿 오브 워싱턴(Spirit of Washington)에 화재가 발생했다. 기체의 손상은 심각했으나 약 18개월간의 수리를 거쳐 현역에 복귀했다. 이로써 B-2는 생산분 21대 가운데 20대가 현역에서 운용 중이다.

2011년 3월에는 리비아 내란을 지원하는 '오디세이의 새벽' 작전(Operation Odyssey Dawn)에 B-2 3대가 참가하여 리비아 공군기지에 40발의 폭탄을 투하했다. 한편 같은 해 5월에는 빈 라덴(Osama bin Laden)을 제거하기 위한 참수작전에 B-2의 사용이 고려되었으나, 빈라덴 저택 주변의 민간 가옥에 대한 부수피해의 염려로 인해 작전 기획 단계에서 무산되었다.

한편 2013년 3월 28일, 미국 본토의 화이트맨 공군기지로부터 B-2 2대가 한반도로 비행했다. B-2는 직도에서 폭탄 투하 훈련을 실시하며 돌아갔다. 북한의 3차 핵실험에 대항하여 김정은 정권에 대한 경고 메시지를 보내기 위한 비행이었다.

2017년 1월 18일 B-2 2대가 리비아 시르테(Syrte)의 IS 기지에 대해 공습을 실시했다. 500파운드 JDAM 폭탄을 100발 투하했으며, 이 공격으로 반군 100여 명이 사망했다. B-2는 미국 본토에서 출격하여 34시간을 비행했고, 비행 기간 동안 무려 15회나 공중급유를 실시했다.

IS 기지 폭격을 위해 이륙하는 B-2 폭격기의 모습 〈출처: 미 공군〉

변형 및 파생 기종

● 블록 10

초도생산형으로 핵무기 전용 사양. 재래식 무장으로는 범용폭탄만을 투하할 수 있을 뿐이다. 1990년까지 10대를 생산했다.

● 블록 20

재래식 무장의 운용이 가능한 사양으로 CBU-87/B폭탄과 범용폭탄을 운용한다.

● 블록 30

JDAM과 JSOW 등 정밀유도무기를 운용할 수 있는 사양으로, AV-20(Spirit of Pennsylvania)부터 적용했다. 기존의 블록 10/20 양산기들도 1995년부터 블록 30 사양으로 개수하기 시작하여 2000년 업그레이드를 종료했다.

격납고에 대기 중인 B-2 폭격기 〈출처: 미 공군〉

기체

기체	블록	기번	이름	운용 현황
AV-1	시험기/30	82-1066	스피릿 오브 아메리카 (Spirit of America)	2000년 7월 14일~현재
AV-2	시험기/30	82-1067	스피릿 오브 애리조나 (Spirit of Arizona)	1997년 12월 4일~현재
AV-3	시험기/30	82-1068	스피릿 오브 뉴욕 (Spirit of New York)	1997년 10월 10일~현재
AV-4	시험기/30	82-1069	스피릿 오브 인디애나 (Spirit of Indiana)	1999년 5월 22일~현재
AV-5	시험기/20	82-1070	스피릿 오브 오하이오 (Spirit of Ohio)	1997년 7월 18일~현재
AV-6	시험기/30	82-1071	스피릿 오브 미시시피 (Spirit of Mississippi)	1997년 5월 23일~현재
AV-7	10	88-0328	스피릿 오브 텍사스 (Spirit of Texas)	1994년 8월 21일~현재
AV-8	10	88-0329	스피릿 오브 미주리 (Spirit of Missouri)	1994년 3월 31일~현재
AV-9	10	88-0330	스피릿 오브 캘리포니아 (Spirit of California)	1994년 8월 17일~현재
AV-10	10	88-0331	스피릿 오브 사우스캐롤라이나 (Spirit of South Carolina)	1994년 12월 30일~현재
AV-11	10	88-0332	스피릿 오브 워싱턴 (Spirit of Washington)	1994년 10월 29일~2010년 2월 화재 손상 후 수리 완료, 2013년 12월~현재
AV-12	10	89-0127	스피릿 오브 캔자스 (Spirit of Kansas)	1995년 2월 17일~2008년 2월 23일 추락
AV-13	10	89-0128	스피릿 오브 네브라스카 (Spirit of Nebraska)	1995년 6월 28일~현재
AV-14	10	89-0129	스피릿 오브 조지아 (Spirit of Georgia)	1995년 11월 14일~현재
AV-15	10	90-0040	스피릿 오브 알래스카 (Spirit of Alaska)	1996년 1월 24일~현재
AV-16	10	90-0041	스피릿 오브 하와이 (Spirit of Hawaii)	1996년 1월 10일~현재
AV-17	20	92-0700	스피릿 오브 플로리다 (Spirit of Florida)	1996년 7월 3일~현재
AV-18	20	93-1085	스피릿 오브 오클라호마 (Spirit of Oklahoma)	1996년 5월 15일~현재, 시험비행 중
AV-19	20	93-1086	스피릿 오브 키티 호크 (Spirit of Kitty Hawk)	1996년 8월 30일~현재
AV-20	30	93-1087	스피릿 오브 펜실베이니아 (Spirit of Pennsylvania)	1997년 8월 5일~현재
AV-21	30	93-1088	스피릿 오브 루이지애나 (Spirit of Louisiana)	1997년 11월 10일~현재
AV-22 ~ AV-165				취소

제원

기종	B-2A 블록(Block) 30
형식	스텔스 전략폭격기
전폭	52.12m
전장	20.9m
전고	5.18m
주익면적	460㎡
자체중량	71,000kg
최대이륙중량	171,000kg
엔진	GE F118-GE-100 터보팬(17,300파운드) × 4
최고속도	764km/h
실용상승한도	50,000피트
최대항속거리	10,400km
무장	18,144kg 탑재 가능 AGM-154 JSOW × 16 250파운드급 GBU-39 SDB × 216 500파운드급 GBU-30 JDAM × 80 750파운드급 CBU-87 × 36 2,000파운드급 GBU-32 JDAM × 16 AGM-158 JASSM × 16 B61/B83 핵폭탄 × 16
항전장비	APQ-181 레이더, DSM-M 장비
승무원	2명
초도비행	1989년 7월 17일
가격	순수 기체 가격 7억 3,700만 달러(1997년 산정가)

B-2 폭격기는 F-22, F-35와 함께 미 공군의 스텔스 전력의 중추를 이루고 있다. 〈출처: 미 공군〉

IAI Heron

IAI 헤론

풍부한 실전 경험으로 탄생한
이스라엘 무인기

글 | 윤상용

개발의 역사

4차 중동전쟁, 통칭 '욤 키푸르(Yom Kippur)' 전쟁 중 아랍연맹군이 전개한 SA-6, SA-2 방공체계에 의해 항공작전에 크게 제약을 받은 이스라엘 공군(IAF, Israeli Air Force)은 미끼용 디코이(decoy) 항공기 개발의 필요성을 느꼈고, 이에 국영 이스라엘 항공우주산업(IAI, Israel Aerospace Industries)은 종전 직후부터 무인기 개발에 착수했다. 이렇게 최초로 개발한 무인기는 UAV-A로 명명된 디코이 무인기로, 실제 전투기의 특성을 그대로 모사해 비행함으로써 적 방공망을 교란하도록 설계되었다. 비록 이 사업 자체는 여러 이유로 중간에 취소되었지만, 대신 이스라엘의 무인기 산업이 태동하여 본격적인 개발이 시작되었고, 이는 최초의 전술정찰용 무인기인 '스카우트(Scout)'의 개발로 이어졌다.

스카우트는 1977년 실전배치를 시작한 후 1982년 1차 레바논 전쟁에서 무인항공기의 진가를 입증했다. 유인 전투기 투입 전에 적지에 진입해 SAM 미사일 포대 위치를 식별했을 뿐 아니라, 적 방공망이 '스카우트'에 집중하고 있는 동안 유인기들이 들어가 단 한 대의 피해도 없이 적 SAM 포대를 제거했기 때문이다. 미국조차도 스카우트의 성공을 목격한 뒤 이스라엘제 무인기 도입을 결정했고, 미 해군 요구도에 맞게 스카우트를 개량한 '파이오니어(Pioneer)'는 1985년부터 실전에 투입되어 1991년 걸프전 때에도 활약했다.

하지만 이스라엘 방위군(IDF, Israel Defense Forces)은 '스카우트'를 운용하는 과정에서 성능의 향상뿐 아니라 더 긴 비행시간과 더 많은 임무 장비의 탑재가 필요하다고 판단했고, 더 높은 고도에서 정찰 임무를 실시할 수 있는 차기 기체의 설계에 들어가 1991년 'IAI 서처(Searcher)' 시험비행에 들어갔다. 서처의 성공은 더 강력한 엔진인 알비스(Alvis) 682 엔진이 등장하면서 훨씬 성능이 업그레이드된 '서처 II'의 개발로 이어졌다.

서처 II는 기체 중심을 뒤로 놓고 후퇴익을 채택했으며, 엔진이 강력해짐에 따라 임무장비 탑재 공간도 커졌다. 서처 II는 1996년부터 시험비행을 시작해 전술 무인기로 활용되었으나, 실시간 전술정찰 무인기가 부재하다는 판단과 잠재적인 추가 임무 수행 능력까지 확보되어야 한다는 이스라엘 국방부(IMOD)의 판단 하에 '헤론(Heron)'의 개발이 시작되었다. 헤론은 기존 전술정찰기에 더해 전자정보(ELINT) 수집, 통신 중계, 전자전 수행 등의 임무를 소화할 수 있으며, 군 요구도에 따라 1993년부터 설계에 들어가 1994년 10월에 초도비행을 실시했다.

특징

중고도 장거리 비행(MALE, Medium-Altitude Long-Endurance) 임무를 위해 개발된 헤론은 최대 35,000피트(약 10.5km) 고도에서 52시간 연속으로 비행이 가능하며, 사전에 입력한 비행

IAI 헤론 〈출처: IAI 홈페이지〉

경로를 따라 비행하면서 자동으로 이착륙을 실시할 수 있지만 필요에 따라 언제든지 지상의 조종사가 수동으로도 조종할 수 있다. 헤론은 적지 종심 침투정찰이나 해상초계 임무 및 광범 위한 작전지역에 대한 실시간 정보수집 임무를 수행한다. 항공기의 비행 유도는 GPS 수신기를 통해 실시하며, 지상통제 스테이션(GCS, Ground Control Station)과 항공기 간의 통신은 LOS(Line of Sight) 데이터링크를 쓰거나 위성통신(SATCOM)을 이용해 교신한다. 헤론은 무장을 장착하지 않으나 전천후로 작전지역 상공에서 비행하며 수집한 항공정찰 정보를 송신하는 임무를 수행한다. 임무 및 사용 군 요구에 따라 레이더는 합성개구식 레이더(SAR, Synthetic Aperture Radar) 혹은 해상초계 레이더(MPR, Maritime Patrol Radar)를 사용한다.

운용 현황
헤론은 이스라엘 방위군을 필두로 미국, 인도, 싱가포르, 브라질, 에콰도르, 독일, 터키를 비롯한 13여 개국이 운용 중이며, 대한민국 국군 또한 서부전선~서북도서 방면에서 운용 중이다. 특히 이스라엘 방위군은 2005년 9월 약 5,000만 달러분의 헤론 시스템을 도입했다고 발표했다. 프랑스군이 RQ-5 '헌터(Hunter)' 정찰기를 충원하기 위해 실시한 증원용 중고도 장거리 비행 무인체계(DIRM, Système intérimaire de drone MALE) 도입 사업에도 IAI-EADS(현 에어버스)가 '헤론'에 기반한 무인기를 공동으로 입찰했으며, 우선협상대상자로 선정되면서 해당 기체를 'SIDM 하르팡(Harfang)'으로 명명했다. 프랑스군은 SATCOM 통신체계, 전자광학(EO) 장비, SAR 레이더를 장착시켰으며 2003년 6월 초도비행을 실시했다.

이스라엘군은 2008년 가자(Gaza) 겨울전쟁, 통칭 '캐스트 리드 작전(Operation Cast Lead)' 중 무인기대대를 여단 전투단에 편성시켜 정찰 임무를 수행하게 했다. 이때 헤론과 엘빗 시스템(Elbit Systems) 사의 헤르메스(Hermes) 450, AH-64 아파치 헬기가 함께 항공정찰 임무를 수행했다.

오스트레일리아군은 아프가니스탄에 전개하면서 헤론 2대를 임대 형식으로 운용했으며, 독일 공군도 아프가니스탄 파병 중 헤론을 임대해 마자르-이-샤리프(Masar-i-Sharif) 지역에서 2010년부터 운용했으며, 2017년 1월에 1년간 임대

독일군이 아프가니스탄에서 임대 운용한 헤론 〈출처: IAI 홈페이지〉

연장 계약을 체결했다. 독일군은 현재 아프리카 말리(Mali) 지역에서도 헤론을 운용 중이다.

변형 및 파생 기종

● SIDM 하르팡(Harfang)/이글(Eagle): 프랑스군 증원용 중고도 장거리 비행 무인체계 도입 사업(DIRM)에 입찰한 헤론 형상. 2008년 6월부터 실전배치에 들어갔으며 총 4대가 도입되었다. 프랑스군은 2009년 아프가니스탄, 2011년 리비아, 2013년 말리 분쟁 등 해외 파병 시 하르팡을 운용했으며, 2014년부로 대부분 MQ-9 리퍼(Reaper)와 교대시키고 현재는 프랑스 국내 정찰용으로 운용하고 있다.

SIDM 하르팡 〈출처: 에어버스(Airbus) 홈페이지〉

헤론 TP 〈출처: IAI 홈페이지〉

● IAI 에이탄(Eitan)/헤론(Heron) TP(Turbo-Prop): 터보프롭 엔진을 장착한 헤론 형상. 비행
영역선도(Flight Envelope)를 확장하고, 비행고도와 임무장비 탑재 능력을 향상시켰다. 450kg
의 임무장비를 탑재한 상태에서 중고도(45,000피트, 13.7km)로 최대 24시간까지 비행이 가능
하며, SAR 레이더와 통신 중계, 장거리 임무용 위성통신장비 및 악천후 임무를 위해 디아이싱
(deicing) 시스템이 탑재되어 있다. 이스라엘군이 공식적으로 언급한 바는 없으나 이스라엘 방
위군 운용 형상 일부는 무장이 장착된 것으로 알려져 있다. 독일과 인도에도 수출되었다.

● 헤론 TJ(Turbo-Jet): 연구개발 중인 헤론의 파생형으로, 윌리엄스(Williams) FJ-44급 터보제
트 엔진 2기를 장착한다. 날개 길이는 32m이며, 최대이륙중량은 4.3톤이다. 또한 6만 피트 상공
에서 24시간 비행을 목표로 한다.

● 슈퍼 헤론(Super Heron): 헤론 설계에 기반한 가장 최신형 중고도 장거리 무인항공체
계(MALE UAS)로, 200마력급 엔진을 탑재하고 임무장비 탑재중량이 450kg까지 증가했다.
SATCOM과 BLOS 통신 등 항전장비가 향상되었으며, 신형 M-19HD 전자광학(EO) 센서가 채

슈퍼 헤론 〈출처: IAI 홈페이지〉

택되었고, 랜딩기어도 돌출식이 아닌 수납식이 채택되었다. 순항비행 속도는 약 150km/h, 최고속도는 278km/h이며, 고도 3만 피트(약 9km)에서 최대 45시간 비행이 가능하다. 날개 길이는 17m로 연장되고 최대이륙중량은 3,200파운드(약 1,452kg)로 증가했으며, 항속거리도 통상 조종 시 250km(전파 도달 한계), 위성통신 이용 시 1,000km로 늘어났다.

제원

제조사	이스라엘 항공우주산업(IAI)
초도비행일	1994년 10월
조종사	2명(지상)
날개길이	16.06m
최대이륙중량	1,250kg
임무장비탑재중량	250kg
출력	Rotax 914, 86kW(115마력) × 1
순항비행 속도	약 110~150km/h
최고속도	207km/h
항속거리	350km
실용상승한도	10,000m
상승률	분당 150m
최대비행시간	40시간
장착 가능 장비	SATCOM, ESM, COMINT, EO/IR, SAR, MPR, GMTI 등
대당 가격	1,000만 달러

지상무기

메르카바 Mk. IV

중동전의 교훈을 녹여낸 이스라엘 전차

글 | 윤상용

Merkava Mk. IV

개발 배경

1948년 독립전쟁 이래 1967년까지 국가의 존폐가 걸린 전쟁을 세 차례나 치른 이스라엘은 6일 전쟁 발발 직전 주요 무기 공급처였던 프랑스로부터 금수조치를 당했다. 또한 이스라엘은 1966년경 영국으로부터 치프틴(Chieftain) 전차를 수입해 국산화할 예정이었으나, 영국 역시 정치적인 이유로 1969년 이스라엘과의 모든 방산 계약을 취소하고 모든 군수물자 수출을 중단하자 주력 무기체계의 국산화가 절실함을 느끼게 되었다. 게다가 전차 강국인 시리아를 비롯한 아랍연맹에 비해 기갑 자산이 수적으로 열세한 상황에서 4차 중동전쟁(욤 키푸르 전쟁)을 치르게 되자 종전 직후인 1973년부터 본격적인 국산 전차 개발에 나섰다. 이렇게 시작된 이스라엘형 전차 사업은 솔로몬 왕국 시절에 운용한 전차(戰車)에서 이름을 따와 통칭 '메르카바(Merkava)' 사업으로 명명되었다.

야드 라쉬론 박물관(Yad la-Shiryon Museum)에 전시된 메르카바 전차의 시제 차량 〈출처: (cc) wikimedia.org〉

설계에 착수한 이스라엘 병기단(IDF Ordnance Corps)이 중점을 둔 설계 철학은 4차 중동전쟁의 교훈을 반영하여 승무원의 생존성을 높이고, 수리가 간편하며, 비용 대비 효과가 높고, 양산이 쉬우며, 비포장 지형에서의 기동성이 높아야 한다는 것이었다. 따라서 기본적으로 전차 포탑(turret)을 차체 중심에서 약간 뒤쪽으로 위치시키고, 엔진을 차체 앞부분에 설치해 전면 공격을 당할 시 서스펜션(suspension)과 엔진이 모두 운전수를 포함한 전 승무원 보호를 위한 방어체계의 일부가 되도록 설계했다. 또한 차량 후부에 적재 공간과 승차 공간을 늘리고, 차량 후미에 별도의 출입문을 달아 유사시 승무원의 탈출이 용이하도록 제작했다.

메르카바의 첫 시제품은 1974년에 완성되었으며, 3년 후인 1977년부터 양산에 들어가 1979년부터 실전배치가 시작되었다. 일명 '메르카바 마크 I(Merkava Mk. I)'은 양산 종료까지 총 250대가 생산되었으며, 1982년 1차 레바논 전쟁 때 처음으로 실전에 투입되어 적수인 시리아군의 T-62를 상회하는 성능을 자랑했다. Mk. I의 장갑과 트랜스미션(transmission), 연료탱크 크기 등을 향상시킨 Mk. II 모델은 1983년부터 총 580대가 양산되었다. 동일한 기본설계를 바탕으로 향상시킨 Mk. III는 1989년에 공개되어 1990년부터 실전배치되었으며, 시리즈 최초로 모듈식 장갑이 적용되어 파손된 부위는 손쉽게 교환이 가능하도록 했을 뿐 아니라 반응장갑을 덧댈 수 있도록 제작했다. Mk. III는 총 780대 이상 양산되어 현재까지도 이스라엘 기갑 전력의 주축을 이룬다. Mk. III를 향상시킨 Mk. IV는 2004년부터 실전배치에 들어갔으며, 메르카바 Mk. IV는 전 세계 현용 전차 중 가장 승무원 보호 능력이 뛰어난 전차로 꼽힌다.

한때 메르카바 Mk. IV는 2010년을 기점으로 도태시키려는 논의가 있었으나 2013년 8월 모셰 야알론(Moshe Ya'alon) 국방장관의 결정으로 향후에도 양산을 계속 진행하게 되었으며, 2025년~2030년경까지 계속 운용할 예정이다.

특징

메르카바의 가장 눈에 띄는 특징은 포탑 앞쪽을 납작한 모양으로 만든 독특한 설계다. 이는 경사장갑을 응용한 설계로, 정면에서 피탄을 당할 시 동일한 두께의 장갑으로 막더라도 45~50도 정도 각도로 기울어져 있으면 두께가 더 두꺼워져 관통력을 떨어뜨리는 효과를 노린 것이다.

전투원 보호와 생존성에 중점을 둔 메르카바 Mk. IV는 이전 시리즈와 마찬가지로 포탑을 차체의 뒤쪽에 설치했고, 엔진도 승무원 방어체계의 일부가 되도록 차체 전면부에 설치한 것이 특징이다. 또한 차체에 여유 공간을 넓게 설계해 총 8명의 보병이 탑승할 수 있으며, 부상자 후송을 실시할 경우 간이침대를 3개까지 설치할 수 있다. 장갑으로는 라미네이트 세라믹-강철-니켈 합금 복합소재가 사용되었으며, Mk. III부터는 경사식 모듈형 장갑이 적용되었다. 또한 차체 하부는 대전차지뢰나 급조폭발물(IED, Improvised Explosive Device)에 대응하기 위해 장갑이 보강되었다.

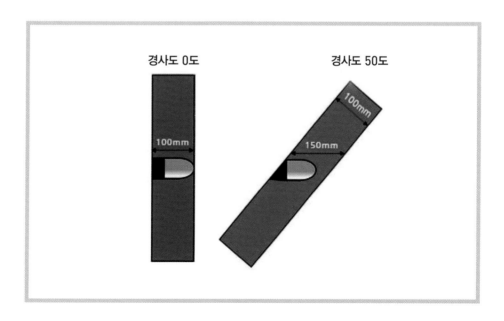

메르카바는 경사장갑과 납작한 모양의 포탑을 특징으로 한다. 사진은 메르카바 I 전차다. 〈출처: (cc) Joker Island at wikimedia.org〉

2011년부터는 RPG(Rocket-Propelled Grenade: 휴대용 대전차 유탄발사기) 등으로부터의 근접공격을 방어하기 위해 라파엘(Rafael Advanced Defense Systems) 사의 능동방어체계(APS, Active Protection System)인 '트로피(Trophy)'가 장착되었다. 엘타(Elta) 사의 EL/M-2133 '윈드가드(Windguard)' 레이더를 사용하는 트로피는 차량 주변을 항시 탐지하다가 RPG 등이 범위 안에 들어오면 자동으로 MEFP(Multiple Explosive Formed Penetrator)탄을 발사해 위협을 제거한다. 트로피를 장착한 메르카바 Mk. IV는 메르카바 Mk. IV '매일루아흐[מעיל רוח: '바람막이(Windbreaker)라는 뜻]'로 분류된다.

포탑 해치는 밀폐성은 높으나 고장 시 수리가 용이하지 않은 유압식 대신 보조 배터리 사용이 가능한 전기식을 채택해 유사시 생존성을 높였으며, 해치는 지휘관석에만 달려 있다. 차체 후방에 설치된 비상탈출용 해치는 클램쉘(clam-shell) 타입을 채택하여 승무원들의 승하차 간 머리 위로부터의 공격을 방어할 수 있도록 설계했다.

메르카바 Mk. IV는 엘롭(El-Op) 사의 나이트(Knight) Mk. 4 화력통제체계를 탑재해 헬기 공격을 비롯한 항공 위협에도 대응이 가능하다. 주포는 IMI 사의 MG253 120mm 활강포가 채택되었으며, 120mm 고(高)관통탄과 유도 포탄을 사용할 수 있고, M711 날개안정분리철갑 예광탄(APFSDS-T), M325 대전차고폭탄(HEAT) 및 120mm 나토(NATO)탄도 발사가 가능하다. 메르

▲ 트로피 능동방어체계를 장착하고 프로텍티브 엣지 작전에 투입된 메르카바 Mk. IVM 전차 〈출처: 이스라엘 방위군(Israel Defense Forces)〉

▼ 차체 후방에 설치된 해치 〈출처: (cc) MathKnight at wikimedia.org〉

카바 Mk. IV는 총 48발의 포탄을 탑재할 수 있으며 포탄은 강화 용기에 적재된다. 부무장으로는 7.62mm 기관총이 장착되어 있으며, 내부에서 원격으로 조정이 가능한 솔탐(Soltam) 사의 60mm 박격포가 설치되어 최대 2.7km까지 박격포탄이나 예광탄을 발사할 수 있다. 또한 적 기만을 위해 IMI 사의 POMALS(Pedestal-operated Multi-ammunition Launching System)를 장착해 연막탄이나 디코이(decoy)를 발사할 수 있다.

승무원은 총 4명으로, 전차장과 포수, 운전수 외에 장전수가 1명씩 탑승하나, 급탄 방식은 수동 및 반자동(semi-auto)으로 전환이 가능하다. Mk. IV는 제너럴 다이내믹스(GD)의 1,500마력 V-12 디젤 엔진을 면허생산한 엔진을 채택해 Mk. III보다 25% 이상 마력이 늘었으며, 트랜스미션 또한 Mk. III의 전진 4단계에서 5단계로 늘어났다.

운용 현황

이스라엘 국방부 국제국방협력국(SIBAT) 산하 국방수출통제국(DECA)은 메르카바 Mk. III에 대해서는 수출 승인을 한 바 있으나, Mk. IV에 대해서는 승인하지 않아왔다. 하지만 2012년 5월 유럽발 경제위기의 여파가 이스라엘까지 영향을 미치자 이스라엘이 먼저 콜롬비아 육군에 메르카바 Mk. IV 및 '나메르(Namer)' 장갑차 수출을 타진했었다. 당시 이스라엘 측이 제안한 수출 물량은 40대가량으로 알려졌으나, 수출 성사 여부는 확인된 바 없다. 공식적으로 메르카바 전차는 이스라엘 방위군(IDF)만 운용 중이다.

작전 중인 메르카바 Mk. IVM 전차 〈출처: (cc) Zachi Evenor at wikimedia.org〉

메르카바 Mk. IV는 2006년 2차 레바논 전쟁에 처음 투입되어 단 2대의 손실을 입었을 뿐 아니라 높은 승무원 생존성을 보여주면서 뛰어난 성능을 입증했다. 2008년 벌어진 가자(Gaza) 겨울전쟁, 통칭 '캐스트 리드 작전(Operation Cast Lead)' 때는 메르카바 Mk. I, II가 대부분 퇴역한 대신 Mk. IV가 본격적으로 투입되었으며, 1개 기갑여단이 부상자 없이 수시간 만에 가자 지구를 종단하는 데 성공하기도 했다. 2014년에 벌어진 가자 여름전쟁['프로텍티브 엣지(Operation Protective Edge) 작전'] 때는 트로피를 장착한 메르카바가 실전에 투입되어 실제로 RPG나 메티스-M 등의 공격을 막아냈다. 신형 엔진을 채택하면서 차체부터 새롭게 설계된 Mk. IV는 현재까지 약 360대가 양산되었으며, 향후 300대가량 더 추가 생산될 예정이다.

파생형

● 메르카바 LIC(Low-Intensity Conflict): 시가전 키트를 장착한 메르카바 Mk. IV 모델로, 12.7mm 기관총을 원격조종으로 움직일 수 있으며 적 전투원의 수류탄 투척 등을 막기 위해 통풍구에 금속제 망을 씌웠다. 또한 LED 등이 설치된 표시봉이 차체 귀퉁이에 설치되어 있고, 후방 카메라가 더해져 하차하지 않고 전차의 전 각도를 살펴볼 수 있도록 했다.

● 메르카바 탱크뷸런스(Tankbulance): 차체가 넓게 설계된 메르카바 Mk. IV를 이용해 제작한 의무후송용 메르카바. 통상 대대당 1대씩 의무후송용 형상을 편제시켰으며, 부상자 후송과 간단한 응급치료가 가능하도록 내부를 개조했다. 후송 중에도 장갑차로서의 역할을 수행할 수 있으나 포탄 적재 공간이 작다.

메르카바 탱크뷸런스 〈출처: (cc) Aykleinman (talk) at wikimedia.org〉

나메르 장갑차 〈출처: 이스라엘 방위군〉

● 메르카바 보병전투차 '나메르(Namer)': 메르카바 전차에서 포탑을 제거하고 병력 수납 공간을 넓힌 차량. 나메르는 히브리어로 "표범"이라는 뜻이 있으나 동시에 "메르카바 장갑차(나그마쉬 메르카바)"의 약자이기도 하다. 완전군장 상태의 보병 9명이 탑승 가능하다. 차체에 원격조정식 Mk. 19 유탄발사기 혹은 7.62 기관총, 60mm 박격포를 장착할 수 있다.

● 숄레프(Sholef) 자주포: 메르카바 차체에 155mm 포를 장착한 자주포 형상. 솔탐(Soltam) 사가 1985년경 2대의 시제품만 개발했다. 자동급탄장치가 설치되어 있으며, 최대 45km 이상의 사거리와 GPS를 활용한 정밀도를 자랑했으나, 이스라엘 방위군이 미제 M109 자주포의 업그레이드형을 채택하면서 양산에 들어가지 못했다.

숄레프 자주포 〈출처: (cc) Bukvoed at wikimedia.org〉

제원

제조사	이스라엘 국방부 전차국(MANTAK) / 이스라엘 병기단(IDF Ordnance Corps)
실전배치	2004년
승무원	4명(전차장, 포수, 운전수, 장전수) + 추가 보병 탑승 가능
중량	65톤
전장	7.60m(포신 제외) / 9.04m(포신 포함)
전폭	3.72m(차량 스커트 제외)
전고	2.66m(포탑 지붕까지)
장갑	라미네이트 세라믹-강철-니켈 합금 복합소재 + 모듈식 경사장갑 설계
근접방어체계	라파엘(Rafael)제 트로피(Trophy) 능동방어체계(APS)
주무장	120mm MG253 활강포
부무장	12.7mm 기관총 × 1, 7.62mm 기관총 × 2, 60mm 내장식 박격포 × 1, 연막탄 × 12
엔진	제너럴 다이내믹스 GD-883 1,500마력(1,119kW) V12 수랭식 엔진
서스펜션	렌크(Renk) RK-325 면허생산, 아쇼트 아슈켈론제 유체역학 자동식, 5기어
출력대비중량	23:1
포탄적재량	총 48발, 10발은 전기식 드럼에 발사 준비
항속거리	500km
최고속도	64km/h
경사각	60도(전/후), 30%(양측)
최대도하가능심도	1.4m
대당 가격	약 450만 달러(2014년)

메르카바 Mk. IVM '매일루아흐' 전차 〈출처: 이스라엘 방위군〉

M1 에이브럼스 전차

미군의 전차 컴플렉스를 극복하게 한 역작

글 | 남도현

M1 Abrams

개발의 역사

미국의 고민

냉전이 시작되면서 미국과 소련은 치열한 군비경쟁을 벌였다. 제2차 세계대전을 거치며 지상전의 왕자가 된 전차도 마찬가지였는데, 미국은 유독 이 분야의 격차가 크다고 생각했다. 당장 재래식 군비 중에서 서유럽에 가장 위협을 가하던 무서운 존재도 바르샤바 조약군의 무지막지한 기갑 전력이었다. 냉전의 마지막인 1980년대까지도 양으로는 경쟁이 불가능했고 질적으로도 뒤지고 있다고 보았을 정도였다.

특히 지난 제2차 세계대전 당시에 미국의 전차는 북아프리카와 서유럽에서 독일 전차로부터 상당한 수모를 겪은 반면, 소련의 전차는 독일 전차와 당당하게 싸웠다는 사실이 이런 우려를 불러온 근거 중 하나였다. 전차로 할 수 있는 모든 행위를 원 없이 치르면서 얻은 소련의 풍부한 경험은 원래 육군 강국이 아니었던 미국이 쉽게 흉내 낼 수 없는 부분이었다. 서방에서 이 정도의 경험을 가지고 있던 나라는 패전국 서독뿐이었다.

거기에 더해서 소련 전차의 성능도 대단했다. 일방적으로 패배를 거듭하던 독소전쟁 개전 초에도 KV나 T-34는 독일군을 당혹스럽게 만들 정도였다. 이러한 기술력과 풍부한 실전 경험을 발판으로 소련은 종전 후에도 뛰어난 전차를 쉴 새 없이 개발해냈다. 어떻게 보면 미국은 소련이 신예 전차를 내놓을 때마다 쫓아가는 모양새였다. 그러니 당연히 자격지심이 들 수밖에 없었다.

M60A3 〈출처: Public Domain〉

냉전이 본격적으로 시작된 이후 미국이 주력 전차로 사용한 M46, M47, M48, 그리고 M60은 제2차 세계대전 말기인 1944년에 개발된 M26을 베이스로 하고 있었을 정도였다. 물론 M26과 최종형인 M60을 평면적으로 비교할 수 없을 만큼 성능의 차이는 현격하지만, 기본적으로 전혀 다른 별개의 새로운 전차가 아니었다. 한마디로 미국은 소련의 변화에 발맞추어 기존 전차를 개량하는 방법으로 근근이 대응해왔던 것이다.

새로운 개념의 전차

그러나 실제로는 한국전, 중동전, 월남전 같은 여러 국지전 결과를 놓고 보았을 때 소련제 전차는 생각만큼 뛰어난 전과를 보여주지 못했다. 물론 소련이 외부에 공급한 전차가 다운그레이드형이고 훈련이 부족한 아랍 병사들의 오합지졸 같은 전투력 때문에 이런 결과가 나온 것이라는 주장도 있다. 하지만 그럼에도 냉전 당시에 미국이 필요 이상으로 소련의 전차를 과대평가했다는 것이 대체적인 평가다.

그렇게 된 이유 중 하나는 충분한 군비를 갖추기 위해서 상대를 과대평가하는 대신 나를 낮게 보는 군사정책 때문이다. 특히 미군의 경우는 칼자루를 쥐고 있는 의회를 설득하여 예산을 확보하기 위해 지금도 이런 기조를 유지하고 있다. 하지만 이와 별개로 실제로 교전을 벌이지 않는 이상 상대방 무기에 대한 정확한 평가를 내리기는 힘들다. 따라서 일단 소련의 새로운 전차 소식이 전해지면 고민이 될 수밖에 없었다.

1960년대 초, 미국은 소련이 이후 T-64가 될 최신 전차 개발에 한창이라는 정보를 획득했다. 알려진 바로는 지금까지 존재한 모든 전차들을 뛰어넘는 전혀 새로운 개념의 전차라는 것이었다. 당연히 미국도 즉시 대항마를 내어놓아야 했지만, 지금까지처럼 더 이상 기존 전차를 개량하는 형태로는 곤란했다. 1970년대 이후의 전장을 고려한 새로운 개념의 전차가 필요했다.

이에 미국은 차세대 전차 개발을 준비 중이던 서독과 손잡고 1963년부터 MBT-70(독일명 KPz 70)으로 명명된 프로젝트를 시작했다. 오늘날 3세대 전차에는 일반적인 기능이지만 그때까지 개념 연구 중이던 많은 신기술의 탑재가 대거 계획되었는데, 이는 T-64를 철저하게 의식한 것이었다. 자동장전장치나 대전차미사일의 발사도 가

MBT-70 〈출처: 미 육군〉

능한 XM150E5 건런처(Gun Launcher) 시스템이 대표적이다.

에이브럼스로 명명되다

그렇다 보니 MBT-70은 개발에 난항을 겪던 T-64처럼 당대의 기술로 쉽게 달성하기 어려운 이상만 앞선 전차가 되어버렸다. 결국 여러 문제로 말미암아 1969년 개발이 전격 취소되었고 6년 정도의 시간과 많은 비용을 날렸다. 그나마 다행이라면 소련의 T-64도 개발이 지지부진하다는 점이었다. T-64는 MBT-70처럼 취소하지 않고 결국 개발을 완료했지만, 1970년대가 되어서야 본격적으로 배치할 수 있었다.

하지만 소련은 미국과 달리 전력 공백을 최소화하기 위해 T-64와 별개로 다른 옵션을 사용하고 있었다. T-55 차체에 대구경 활강포를 장착한 T-62를 이미 실전배치했고, 이를 기반으로 더욱 성능이 개량된 T-72의 개발도 눈앞에 두고 있었던 것이다. 당장 현실적인 대안이 없던 미국은 MBT-70을 축소한 형태인 XM803의 개발을 시도했으나 이 역시 실패로 막을 내렸다.

이에 미국은 1971년 MBT-70에 대한 미련을 완전히 버리고 XM815로 명명된 새로운 전차 개발에 착수했다. 이때 개념 검토에 나선 육군은 당장 실현이 가능하냐 하는 점을 가장 중요하게 여겼다. 아무리 좋은 기술이나 구상이라도 실제로 사용할 수 없으면 아무런 소용이 없다는 것을 너무 뼈저리게 느꼈기 때문이었다. 당시는 이후 3세대로 정의하게 되는 전차에 대한 개념이 어느 정도 정립된 상태였기에 이 정도만 달성하면 된다고 보았다.

그렇게 육군이 확정한 컨셉에 따라 1973년 XM1로 프로젝트 이름이 바뀐 신예 전차 개발에

XM1 〈출처: Public Domain〉

제너럴 모터스(General Motors)와 크라이슬러(Chrysler)가 참여했다. 치열한 경쟁 끝에 1978년 크라이슬러가 승자가 되었고, 신예 전차는 제식부호 M1을 부여받았다. 개발과 실험을 끝낸 M1은 1981년부터 일선에 배치되기 시작했는데, 이때 제2차 세계대전 당시 기갑부대 지휘관으로 활약했고 1972년 육군참모총장까지 역임했던 에이브럼스(Creighton Abrams)의 이름으로 명명되었다.

현존 최강의 명성

강력한 가스터빈 엔진, 주행성이 뛰어난 서스펜션(suspension), 정확도가 향상된 신형 사격통제장비 등은 분명히 이전 전차와 차원이 달랐다. 하지만 현존 최고라는 평가와 달리 데뷔 당시에 M1은 가장 중요한 공격력과 방어력에서 기대에 못 미쳤다. 원래 120mm 활강포를 염두에 두고 설계되었지만 예산 문제 등으로 초도양산형에 장착한 M68 105mm 강선포로는 소련군용 T-64, T-72를 격파하기 어려운 것으로 분석되었다.

M68 105mm 강선포 장착 M1 〈출처: Public Domain〉

전면 방어력은 M60에 비해 향상된 수준이나 소련 전차의 주포인 2A46 125mm 활강포에서 발사하는 APDSFS(Armour-piercing fin-stabilized discarding sabot: 날개안정분리철갑탄)를 막아내기 어렵다고 분석되었다. 이처럼 곧바로 공격력과 방어력을 강화할 필요성이 제기 될 만큼 문제가 있었음에도, 미국이 서둘러 M1을 배치한 이유는 그만큼 급했기 때문이었다. 1980년대가 되어서야 미국은 M1의 배치에 들어갔지만 소련은 이미 T-64와 T-72로 주력 전차의 개편을 한창 진행 중인 상황이었기 때문이었다.

따라서 미국은 양산과 동시에 개량도 함께 시작해야 하는 처지였다. M1의 본격적인 배치가 이루어지던 1980년대는 그나마 동서 화해의 한 가닥 희망이 보이던 데탕트(detente)가 소련의 아프가니스탄 침공으로 막을 내리고 다시 치열한 경쟁으로 전환되던 시기였다. 이전에 비해 전차의 역할이나 위력은 상대적으로 감소했지만 여전히 유럽에서 소련의 기갑부대는 무서운 존재여서 M1의 역할이 클 수밖에 없었다.

이러한 시대상을 발판으로 화력과 방어력이 대폭 향상된 후속 모델들이 속속 등장하게 되었다. 1992년부터 배치된 M1A2의 경우는 단지 베이스만 이어받았지 차원이 전혀 다른 전차라고 할 수 있을 정도로 성능이 향상되었다. 이처럼 M1은 개발부터 고단한 과정을 겪었지만 어느덧 세계 최강의 전차라는 명성을 얻고 앞으로도 오랜 기간 중요한 역할을 할 것으로 기대되고 있다.

M1A1 에이브럼스 〈출처: Public Domain〉

특징

복합장갑을 채택하다

소련제로 통일된 동구권 전차와 달리 3세대 서방 전차는 포탄 같은 소모품 규격을 통일한 나토(NATO) 정책에 따라 무장과 관련한 스펙이 같다는 점을 제외하면 나라마다 독자적으로 개발이 이루어졌다. 그런데 모여서 합의한 것이 아닌데도 동급의 소련제 전차나 전 세대 전차와 비교했을 때 공통적으로 크기가 상당히 커졌다는 특징이 있다. M1도 마찬가지여서 이전 MBT(Main Battle Tank)인 M60에 비해 10여 톤이나 무겁다.

강력한 대구경포를 탑재하기 위해 차체가 커지고 이 때문에 무게가 증가할 수도 있지만, 전차의 중량은 대부분 방어력과 관련이 많다. 사실 아무리 공격력이 뛰어난 전차라도 쉽게 격파된다면 효용 가치는 크지 않다. 방어력을 증가하기 위해서는 장갑을 강화해야 한다. 그런데 장갑을 강화하면 불가피하게 전차의 중량이 늘어나고 이로 인해 기동력이 떨어질 수밖에 없다. 따라서 기동력을 생각하면 장갑을 무한정 두껍게 하기 어려웠다.

제2차 세계대전 이후 해결책으로 등장한 것이 복합장갑이다. 복합장갑은 종류가 다양하여 일률적이지 않지만 대략 같은 무게나 크기로 더욱 강한 방어력을 발휘할 수 있다. T-64가 최초로 사용했는데, 서방측 전차로는 영국이 개발한 초범(Chobham) 장갑을 사용한 M1이 처음이다. 그런데도 초기 양산 모델도 54톤이 넘었다. 신소재를 쓰고도 이전 전차에 비해 무게가 늘어났다는 것은 그만큼 방어력이 훨씬 강해졌다는 의미다.

생존성을 향상시킨 설계

그럼에도 불구하고 처음 데뷔 당시에 M1의 방어력은 많은 의구심을 갖게 만들었다. 실험상으로는 어느 정도 확인이 되었으나 새로운 장갑이 실제로 어느 정도의 효과를 발휘할지 아직 미지수였고, 여기에 더해 소련 전차포에 대한 두려움이 여전히 컸다. 사실 이는 실전을 경험하지 못했기에 나타난 당연한 우려였다. 때문에 예정된 M1A1보다 M1IP처럼 전면 장갑을 증가시킨 부분 개량형이 먼저 등장하기도 했다.

1988년부터 생산된 M1A1 HA부터는 운동에너지탄에 대해 800mm의 방어력을 갖춘 열화우라늄장갑을 정면에 사용했다. 하지만 그만큼 무게가 더 늘어났고, 1992년부터 실전배치되기 시작한 M1A2에 이르러서는 65톤에 이를 정도가 되었다. 이처럼 새로운 장갑을 사용하고 계속 개

다양한 장갑으로 방어력을 강화한 M1A2 TUSK 〈출처: Public Domain〉

M1 에이브럼스 전차 주포에 포탄을 장전하는 탄약수 〈출처: Public Domain〉

량하면서 방어력이 증가했을 뿐만 아니라, 여기에 더해 M1의 기본 구조를 승무원의 생존성을
극대화하도록 설계했다.

차체와 포탑의 측면에 탄약을 적재하는 기존 전차의 구조는 관통당했을 때 피폭되는 중요한
원인이었다. 이 점을 고려해 M1은 뒤로 늘린 포탑의 뒷부분에 탄약고를 만들고 이를 승무원 공
간과 분리시켜놓았다. 만일 탄약고가 피격당하더라도 폭발에너지가 블로우아웃 패널(blowout
panel)을 통해 즉시 밖으로 배출되면서 동시에 진화장치가 자동으로 작동된다. 이러한 설계는
이후 개발되는 전차들의 벤치마킹 대상이 되었다.

가공할 공격력
예산 문제 등으로 말미암아 최초 생산분에는 M68 105mm 강선포를 사용했으나, M1A1에 이르
러 M256 120mm L/44 활강포가 장착되면서 공격력이 대폭 향상되었다. 게다가 관통력이 일반
철갑탄의 2배에 이르는 M829 열화우라늄탄을 사용하여 더욱 강력한 위력을 발휘할 수 있다.
상대적으로 가격이 비싼 강화텅스텐탄도 비슷한 효과를 발휘할 수 있으나, 걸프전을 겪으면서
위력을 입증한 M829는 M1의 상징처럼 되어버렸다.

길이를 늘이고 발사 압력을 증가시킨 최신 M829A3 열화우라늄탄은 주포의 개량이나 연장

2010년 3월 30일, 아프리카 지부티(Djibouti)에서 목표 전차를 향해 120mm 포탄을 발사하는 M1A1 에이브럼스 전차의 모습
〈출처: Public Domain〉

없이 사거리와 파괴력을 획기적으로 증가시켜 현존 최고의 전차 포탄으로 자타가 공인하고 있다. 마치 모순(矛盾)이라는 고사처럼 미군 당국은 M829A3가 M1A2를 제외하고 모든 전차를 격파할 수 있다고 주장한다. 한마디로 M1의 뛰어난 방어력과 공격력을 함께 상징하는 이야기라 할 수 있다.

지금은 그다지 어렵지 않지만 MBT-70과 T-64의 개발이 한창이던 1960년대에 애를 먹인 것 중 하나가 건런처(gun launcher)였다. 당장 배치가 급했기 때문에 M1은 개발 당시에 건런처에 대해 신경을 쓰지 않았으나, 지난 2000년대 중반 120mm 주포에서 발사가 가능한 XM1111 유도 폭탄에 대한 연구가 진행되었다. 비용 문제 등으로 현재 중단된 상태이나 M1에서 유도무기를 사용하여 공격력을 강화하는 데 커다란 문제가 없음이 입증되었다.

네트워크 시스템과 기동력

이런 물리적인 공격 수단 외에도 M1A2 SEP부터는 피아 식별과 종합적인 전장 상황 판단을 신속히 내릴 수 있는 FBCB-2 네트워크 시스템을 갖추고 있다. 현존 최고로 평가받는 FBCB-2 덕분에 전차 단독 혹은 제대 단위로 시급한 목표물부터 선택하여 공격할 수 있는 능력을 보유한 것은 물론 보병, 포병, 항공, 수송을 비롯한 인근 부대 및 전투 단위와 유기적인 협조를 펼치며 함께 작전을 펼칠 수 있다.

M1은 탄생 이후 지금까지 꾸준히 업그레이드되면서 성능을 향상시켜왔다. 처음부터 추후 개량을 염두에 두고 차제와 포탑을 넉넉하게 설계했기 때문이다. 이에 따라 계속 무게가 증가되어왔지만, 강력한 1,500마력의 가스터빈 엔진을 장착하여 뛰어난 주행 능력을 자랑한다. 비록 연료 소모량이 엄청나고 수명이 짧다는 단점이 있지만, 시동 시간이 짧고 폭발적인 가속력 덕분에 일선에서의 반응은 나름대로 좋은 편이다.

AGT1500 가스터빈 엔진 〈출처: (cc) SGT PAUL L. ANSTINE II at wikimedia.org〉

운용 현황

M1이 자타가 공인하는 최고의 전차로 등극하게 된 것은 1991년 걸프전이다. 사실 그 이전까지는 좋은 전차 중 하나 정도로 평가받았지만, 과연 실제로 어느 정도 성능을 발휘할 수 있는지는 미지수였다. 당시 이라크는 손꼽히는 대규모 기갑부대를 보유한 나라였기에 제2차 세계대전 후 벌어질 최대 기갑전에 대해 세인의 관심이 컸다. 결론적으로 1대의 M1이 12대의 T-55를 격파한 사례처럼 학살에 가까운 일방적인 전과를 올렸다.

1991년 걸프전 당시 사막의 폭풍 작전에 투입된 M1A1 에이브럼스 전차 〈출처: Public Domain〉

특히 2월 26일 벌어진 73 이스팅 전투(Battle of 73 Easting) 당시에 M1 전차들은 모래폭풍 속에서 눈이 멀어 헤매는 이라크 기갑부대를 열상장비를 사용하여 궤멸시키기도 했다. 이라크는 160여 대의 전차를 비롯하여 450여 대의 각종 전투차량과 장비가 격파되며 700여 명의 전사자를 포함하여 2,000여 명의 인명 피해를 본 반면, 미군은 1명이 전사하고 3명이 부상당했을 뿐이었다.

M1은 총 1만 대 이상 제작되어 상업적으로도 대성공했다. 1979년 프로타입이 제작된 후 계속 생산 중이지만 현재는 주로 해외 공급용이나 소모분 대체용 정도만 제작되고 있다. 미 의회가 업체의 고용 유지 등을 이유로 증산을 권고하지만 오히려 미군은 기존 물량을 업그레이드하는 것으로 만족하고 있다. 그만큼 개량이 쉽도록 개발되었으며 이 정도면 충분히 만족한다는 의미다.

현재 미국이 약 6,000여 대를 운용하고 있으며 오스트레일리아, 이집트, 이라크, 쿠웨이트, 사우디아라비아, 모로코 등도 사용 중이다. 특히 1,000대가 넘는 물량을 운용 중인 이집트는 미국 다음의 M1 보유국이다. 다만 해외에 공여·판매된 제품은 다운그레이드형이 대부분인데, 특히 방어력에서 미군용과 차이가 있는 것으로 알려져 있다. 이 때문인지 아니면 운용이 미숙해서인지 실전에서 격파되는 사례가 종종 보인다.

변형 및 파생형

- M1: M68 105mm 강선포를 장착한 최초 양산형
- M1IP: 포탑 전면의 장갑을 강화하고 서스펜션과 사이드 스커트 개선
- M1A1: M256 120mm 활강포를 장착하여 화력을 강화하고 NBC 방호장치 등을 탑재

M1A1 〈출처: (cc) Joseph A. Lambach at wikimedia.org〉

- M1A1 HA: 열화우라늄장갑으로 방어력 향상
- M1A1 HC: 2세대 열화우라늄장갑 장착과 개선된 전자장비 탑재
- M1A1 AIM: 기존 M1A1을 창정비 후 성능을 개선한 개량형
- M1A1M: 이라크군 공급용
- M1A1SA: 모로코군 공급용
- M1A2: 전차장 전용 열영상장비인 CITV를 비롯하여 각종 센서류와 사통장치 등이 개선
- M1A2S: 사우디아라비아 공급용
- M1A2 SEP: FBCB-2 네트워크 시스템 장착

● M1A2 SEPv2: 전자장비 개선으로 FBCB-2 네트워크 시스템의 성능을 향상한 개량형으로,
현재 미 육군이 보유하고 있는 모델

● M1A2 SEPv3: 신형 사통장치, ADL 데이터링크 장치, 열상장비 등을 개선하여 공격 능력을
강화한 개량형으로, 현재 시험 중

● M1A3: 2020년 이후 배치를 목표로 개발 중인 모델

● M1 TTB: 무인포탑 실험작

● CATTB: 140mm 활강포와 자동장전장치 등을 장착한 실험작

● M1 ABV: 지뢰지대개척장치 장착형

● M104 울버린(Wolverine): 공병용 교량전차

제원 (M1A2A 기준)

생산업체	크라이슬러 디펜스[Chrysler Defense: 현 제너럴 다이내믹스 랜드 시스템스(General Dynamics Land Systems)]
도입연도	1980년
중량	65톤
전장	9.77m
전폭	3.66m
전고	2.44m
장갑	복합장갑, 공간장갑, 반응장갑
무장	120mm L/44 M256A1 활강포 × 1 12.7mm M2HB 중기관총 × 1 7.62mm M240 기관총 × 2
엔진	허니웰(Honeywell) AGT1500C 터빈 엔진 1,500마력(1,120kW)
추력대비중량	23.8마력/톤
서스펜션	토션 바
항속거리	약 426km
최고속도	67km/h
대당 가격	8,920,000달러(2016년)
양산대수	10,000대 이상

1 M1A1M 〈출처: Public Domain〉
2 M1A2 〈출처: Public Domain〉
3 M1A2 SEPv3 〈출처: (cc) Sgt.
  Tim Morgan at wikimedia.org〉
4 M1 ABV 〈출처: Public Domain〉
5 M104 울버린 〈출처: Public
  Domain〉

C1 아리에테 전차

이탈리아의 3세대 전차

글 | 남도현

C1 Ariete

개발의 역사

1946년 새롭게 옷을 갈아입은 이탈리아군은 마땅히 사용할 만한 자국산 무기가 그다지 많지 않아 일단 미국제로 무장했다. 미국은 지난 1943년 9월 이탈리아가 연합국에 항복한 이후 가장 많은 영향을 끼치고 있던 나라였기에 이런 수순은 자연스러운 것이었다. 동서냉전 분위기가 서서히 조성되면서 나토(NATO)가 결성되고 얼마 후 한국전쟁이 발발하자 유고슬라비아와 접한 이탈리아의 전략적 중요성이 더욱 커졌다.

이에 따라 제2차 세계대전을 거치며 사라지다시피 한 이탈리아군 기갑부대도 미국산 M4, M26, M46, M47 전차 등으로 무장하며 재출발했고 1970년대 이후에는 M60과 서독제 레오파르트 1(Leopard 1)을 사용했다. 한때 이탈리아는 국산 전차로 무장하고 전쟁까지 치른 나라였지만 성능이 뒤져서 많은 어려움을 겪었고, 전후 나토 체제에 편입된 이후에는 전적으로 외부에서 전차를 도입했다.

도섭으로 기동 중인 C1 아리에테 전차 〈출처: 이탈리아 육군〉

　　그러던 이탈리아가 1990년대 이후에 사용할 3세대 전차는 노후 전차를 적시에 교체함과 동시에 대외 수출까지도 염두에 두고 자체 개발하기로 결정했다. 미국(M1)을 필두로 비슷한 시기에 독일[레오파르트(Leopard 2)], 프랑스[르클레르(Leclerc)], 영국[챌린저(Challenger) 2] 등의 서방 국가들이 거의 동시에 신예 전차 개발을 시작했기에, 이런 새로운 분야의 경쟁에서 이긴다면 거대한 해외 시장도 확보할 수 있다고 판단했던 것이다.

　　무려 40여 년간의 공백에도 불구하고 이탈리아가 이렇게 과감히 도전할 수 있었던 것은 레오파르트 1을 면허생산하면서 나름대로 기술력을 확보했기 때문이었다. 또한 오토 멜라라(OTO Melara)와 피아트(Fiat)가 합작하여 대외 수출용인 OF-40 전차를 개발한 경험도 있었다. OF-40은 3대의 구난전차를 포함하여 총 39대가 아랍에미리트(UAE)에 판매되었고, 235대의 차체가 리비아, 나이지리아에 판매된 팔마리아(Palmaria) 자주포에 사용되었다.

　　이런 경험과 기술력을 바탕으로 1980년대 초반 이탈리아 유수의 기업인 이베코(Iveco)와 오토 멜라라의 주도로 C1 아리에테(Ariete)로 명명된 신예 전차의 개발이 시작되었다. 제2차 세계대전 당시 뛰어난 전공을 올린 몇 안 되는 부대 중 하나였던 아리에테 기갑사단에서 이름을 따왔을 만큼 새 전차에 대한 이탈리아의 염원은 컸다. 일사천리로 개발이 이루어져 1986년에 시제차가 제작되었고, 각종 실험을 거쳐 1995년부터 일선에 배치되기 시작했다.

C1 아리에테의 정면 모습 〈출처: 미 육군〉

개발 당시에는 보유하고 있던 720대의 레오파르트 1을 전량 대체하고자 했으나, 1991년 소련이 해체되면서 냉전체제가 붕괴되고 이후 대대적인 군비감축이 단행되자 양산 직전 계획 물량은 300대로 확정되었다. 하지만 이마저도 2000년대 들어 이탈리아 경제에 심각한 어려움이 닥치자 2002년 200대를 끝으로 제작이 종료되었다. 대외 판매도 실패하여 현재 C1 아리에테는 이탈리아군만 운용하고 있다.

특징

C1 아리에테는 서방 3세대 전차의 표준이라 할 수 있는 120mm 44구경장 활강포를 장착하고 있다. 오토 멜라라가 독일 라인메탈(Rheinmetall) 사의 L/44를 현지 면허생산한 모델이어서 APFSDS-T, HEAT-MP를 비롯한 다양한 나토 표준 120mm 탄을 사용하는 데 전혀 문제가 없다. 따라서 탄의 위력에 따라 차이가 있을 수는 있겠지만, 공격력이 같은 주포를 사용하는 M1A1, 레오파르트 2, K1A1 등과 동일하다고 볼 수 있다.

FCS는 갈릴레오 애비오니카(Galileo Avionica)에서 제작한 OG14L3 TURMS를 장착했고 전차장용 SP-T-694 파노라마 조준경, 포수용 주조준경, 레이저거리측정기, 디지털식 탄도계산기 등을 이용하여 전천후로 이동 중 사격이 가능하다. 이런 장치들 덕분에 단시간 내에 여러 개의

2016년 5월 12일, 독일에서 열린 '스트롱 탱크 챌린지(Strong Europe Tank Challenge)'에 참가해 목표물에 포격을 가하고 있는 이탈리아 C1 아리에테 〈출처: (cc) 7th Army Joint Multinational Training Command at wikimedia.org〉

목표를 선정하여 교전할 수 있는 헌터킬러(hunter-killer) 능력을 보유하고 있으나 1990년대 등장한 전차로는 보통 수준으로 평가된다.

　차체와 포탑은 강철과 복합장갑으로 제작되었다. NBC 방호 능력이 있고 360도 감시가 가능한 RALM 경보기를 부착하여 조기대응 능력도 향상되었다. 면허생산한 독일 ZF의 LSG3000 변속기와 이베코(Iveco)의 V-12MTCA 엔진을 결합한 파워팩(powerpack)은 최대 1,270마력의 힘을 발휘할 수 있다. 하지만 경쟁 3세대 전차들 대부분이 1,500마력인 점과 비교하여 장갑을 추가 장착하여 무게가 증가하게 되면 힘이 달린다는 평가를 받고 있다.

훈련 중인 C1 아리에테 전차의 모습 〈출처: 이탈리아 육군〉

C1 아리에테는 OF-40 제작에 사용된 기술을 많이 적용하고 주포나 변속기의 경우 외부 기술을 도입해 적용한 덕분에 개발 기간과 비용을 대폭 절감할 수 있었다. 그래서 생산량이 많지 않았음에도 경쟁 전차에 비해 가격이 저렴한 편이다. 하지만 기동력을 고려하여 가볍게 개발한 점 때문에 방어력이 평범하다는 평가를 받아 대외 판매에는 실패했다. 이 때문에 엔진과 방어력을 강화한 Mk.2 개발을 시도했으나 여러 이유로 취소되었다.

운용 현황

C1 아리에트 전차는 유고 내전 당시 평화유지 임무에 투입된 바 있으며, 2004년에는 이라크전에도 투입되었다. 현재 160여 대가 현역을 지키고 있으며, 아래의 부대에서 운용되고 있다.

- 피네롤로(Pinerolo) 기계화여단 제31전차연대 1전차대대
- 아리에테 기갑여단 제32전차연대 3전차대대
- 아리에테 기갑여단 제132전차연대 8전차대대
- 가리발디 베르살리에리(Garibaldi Bersaglieri) 여단 제4전차연대 31전차대대
- 육군 기병학교
- 육군 군수학교

▼ 센타우로(Centauro) 장갑차와 함께 C1 아리에테 전차가 이라크에서 작전을 수행하고 있다. 〈출처: Public Domain〉

▲ 제132전차연대의 C1 아리에트 전차들 〈출처: 이탈리아 육군〉

변형 및 파생형

● C1 아리에테: 기본형

● C2 아리에테 (Mk. 2): 자동장전장치, 최신 사격관제장비, 신형 서스펜션 장착 등을 통해 교전
능력과 주행력을 높이고 장갑을 강화한 개량형. 2020년까지 업그레이드가 이뤄질 예정이다.

열병 중인 이탈리아군 아리에테 전차들 〈출처: 이탈리아 육군〉

C1 아리에테 전차 〈출처: Iveco−OTO Melara Consortium〉

제원

생산업체	이베코−피아트, 오토 멜라라
도입연도	1995년
중량	54톤
전장	9.52m
전폭	3.61m
전고	2.45m
장갑	복합장갑
무장	120mm L/44 활강포 × 1 7.62mm MG42/59 기관총 × 2
엔진	피아트 MTCA 12V 터보 디젤 엔진 1,270마력(950kW)
추력대비중량	29마력/톤
서스펜션	토션 바
항속거리	약 600km
최고속도	70km/h
대당 가격	4,850,000달러(2002년)
양산대수	200대

T-72 전차

명성에 미치지 못한 실망스런 결과

글 | 남도현

개발의 역사

1953년, 소련은 T-55를 대체할 신예 전차 개발 사업을 시작했다. 이때 UVZ(Uralvagonzavod)는 기존 전차를 개량하는 방식의 제140계획(Object 140)을, KMDB(Kharkiv Morozov Machine Building Design Bureau)는 전혀 새로운 개념의 전차인 제430계획을 각각 당국에 제안했다. 1957년, 프로토타입(prototype)을 놓고 이루어진 최종 평가에서 제430계획이 차기 전차 후보로 낙점받았다. 하지만 제430계획은 당대를 초월했다는 평가를 받을 만큼 너무 많은 신기술을 접목하다 보니 개발에 난항을 겪었다.

결국 예정된 기간 내에 완성될 가능성이 보이지 않자, 당장의 전력 공백을 막기 위해 제430계획의 진행과 별개로 폐기시켰던 제140계획을 바탕으로 기존 T-55 자체에 115mm 활강포를 접목하는 방식의 제165계획을 추가로 실시했다. 그렇게 탄생하여 1961년부터 일선에 배치된 전차가 T-62다. T-62는 그럭저럭 쓸 만했지만 제430계획이 완성되기 전까지만 주력 전차로 사용되는 임시변통의 성격이 컸다.

1964년 마침내 제430계획이 완료되어 T-64 전차가 양산되기 시작했다. 하지만 값만 비쌌지 기대와 달리 고질적인 잔고장과 툭하면 발생하는 결함 때문에 일선에서의 반응은 좋지 않았다. 특히 엔진의 신뢰성이 몹시 떨어져서 T-62가 계속 주력 전차 노릇을 해야 했다. 결국 새로운 신예 전차의 개발이 곧바로 이어져야 할 상황이었다. 이에 UVZ는 T-64를 하청생산하며 얻은 기술력을 응용한 제172계획을 구상했다.

핵심은 화력을 비롯한 T-64의 공격 능력은 그대로 유지하되 문제가 많았던 엔진이나 현수장치 같은 부분은 검증된 기존 기술을 최대한 사용하는 방식이었다. 덕분에 개발에 걸리는 시간도 대폭 단축할 수 있었다. 이러한 과정을 거쳐 1968년 프로토타입이 완성된 전차가 T-72다. 각종 실험 결과, 장점은 T-64에 못지않지만 오히려 신뢰성이 더 높다는 평가를 받고 1973년부터 양산이 시작되어 본격 배치되었다.

특징

T-72는 T-64와 동일한 125mm 2A46M 활강포를 주포로 채택했다. 이 포의 특징 중 하나가 각종 규격의 전차포탄 외에도 9M119 또는 9K120 대전차미사일 같은 유도무기의 발사가 가능하다는 점이다. 덕분에 서방의 전차포에 비해 구경만 크다는 평가를 받은 소련 전차의 공격력을 대폭 향상시켰다.

T-72는 탄두와 장약을 모두 수평으로 수납하는 회전 드럼식 캐로젤 자동장전장치(Carousel Automatic Reloading System)를 채택했다. 처음에는 안정성에 문제가 있었지만, 최신형은 13

T-72의 125mm 주포 사격 〈출처: 폴란드 국방부〉

초에 3발까지 포탄을 발사할 수 있을 만큼 성능이 크게 개선되었다. 하지만 전차 내부의 많은 부분을 차지하여 승무원의 거주성이 나빠지도록 만든 원인으로 지적된다.

T-72는 포탑이나 차체 전면 같은 곳에 복합장갑을 설치하여 두께가 200mm 정도지만 500mm의 압연 장갑판에 필적하는 방어력을 갖추었다. 복합장갑에 대한 연구는 상당히 오래전부터 이루어졌으나 이를 최초로 적용한 전차는 T-64였다. T-72는 곧바로 이를 응용하여 개발에 걸리는 시간을 대폭 단축할 수 있었다. 또한 성형작약탄 공격에 대비한 반응장갑의 추가 장착이 가능하다.

T-64의 가장 큰 문제가 엔진이었기 때문에 UVZ는 기존에 사용하던 디젤 엔진을 베이스로 개량한 모델을 장착하여 신뢰성을 높였다. 초기형 T-72에 장착된 V-12 엔진은 780마력에 불과했지만, 전차의 무게가 가벼워서 야지 주행에 그다지 지장은 없었다. 이처럼 탄생 직후 T-72는 공격력, 방어력, 기동력의 모든 분야에서 소련은 물론 서방에서도 당대 최고라는 평가를 받았다.

하지만 실전에서의 결과는 많은 논란을 불러일으켰다. 특히 방어력에 문제가 많다는 점이 크게 부각되었다. 1991년 벌어진 걸프전의 기갑전에서 이라크군의 T-72가 미국의 M1이나 M60에게 일방적이라 할 만큼 격파당한 것이었다. 물론 반론도 있었다. 소련군이 사용하는 내수용과 달리 해외에 공급 물량은 다운그레이드형이어서 그런 결과가 나온 것이라는 주장이다.

그러나 성능이 우수하다는 평가를 받은 내수용 T-72로 전투가 벌어진 체첸 분쟁, 남오세티야 전쟁의 결과도 마찬가지였다. 서방의 3세대 전차와 달리 탄두와 장약이 노출된 형태로 내부에 장착되었기 때문에 탄이 관통되면 유폭이 쉽게 발생했다. 이때 탄약고가 위치한 차체 중앙 하단이 크게 파손되거나 포탑이 날아가버리는 사례가 흔하게 발생했다. 당연히 승무원의 생존성은 나쁠 수밖에 없었다.

운용 현황

T-72는 소련을 시작으로 약 40여 개국에서 사용했거나 현재 사용 중이다. 체코슬로바키아, 폴란드, 인도에서 면허생산되었고 동독, 불가리아, 유고슬라비아, 루마니아, 이라크에서는 별도로 개량되거나 자체 개발한 전차의 베이스가 되기도 했다. 파생형을 포함하여 지금도 꾸준히 생산이 이루어지고 있으며, 현재까지 약 25,000대 이상이 제작된 것으로 파악되고 있다.

초기에 제작된 물량은 도태되었지만 현재 러시아를 비롯한 많은 국가에서 주력 전차로 운용 중이다. 러시아는 3,000여 대의 예비 물량을 포함하여 약 5,000여 대를 보유하고 있는 최대 운용국이다. 현역으로 활동 중인 물량은 화력과 방어력이 대폭 향상된 개량형들이다. 그 외에도 벨라루스, 인도, 이라크, 카자흐스탄, 시리아, 우크라이나, 체코슬로바키아 등이 1,000대 이상을 현재 운용 중이거나 과거에 운용했다.

레바논 내전, 이란-이라크 전쟁, 걸프전, 이라크 침공전, 유고슬라비아 내전, 체첸 분쟁, 남오세티야 전쟁, 시리아 내전 등에서 활약했으나 그다지 인상적인 전과를 올린 사례는 없다. 오히

1985년 전승절에 참가한 소련군 T-72 전차부대 〈출처: Public Domain〉

려 제2차 세계대전 후 최대의 기갑전으로 예상되던 걸프 전쟁 당시에 다국적군은 물론 결과를 예의 주시하던 소련도 놀랐을 만큼 실망스런 전과를 보여주었다. 결국 T-72의 개량에 박차가 가해지면서 T-90이 탄생하기에 이르렀다.

변형 및 파생형

● T-72 우랄(Ural)(제172M계획): TPD-2-49 광학식 거리측정기와 단순화한 사통장치를 사용한 최초 양산형

T-72 우랄(제172M 계획) 〈출처: Public Domain〉

● T-72A: 사이드 스커트(side skirt), 포수용 조준경에 통합된 레이저거리측정기, 연막탄 발사기 등을 장비한 개량형

● T-72B: 2A46M 신형 주포, 전면부 복합장갑, 신형 1A40T 사통장치 등을 장착하여 성능을 향상시키고 9K119 대전차미사일 발사 능력을 보유한 개량형

T-72A 〈출처: Public Domain〉

● T-72B2: 3세대 폭발반응장갑, 1,000마력 V-92 엔진, 적외선형 야간사격장치 등을 장착한 개량형

● T-72B3: T-90에 근접한 성능을 갖춘 것으로 평가되는 최신 모델로 2013년부터 러시아 육군이 채용

● T-72M: 해외 수출 및 면허생산을 위한 다운그레이드형

● T-72M4CZ: 구 체코슬로바키아 ZTS에서 면허생산한 T-72M의 체코 개량형

● M-84: 구 유고슬라비아에서 T-72M을 기반으로 자체 제작한 모델

● M-84A4 /M-92 /M-95: M-84의 크로아티아 개량형

- M-84AS(M-2001): M-84의 세르비아 개량형

- 아제야(Ajeya) MK1/ MK2: 인도 면허생산형 T-72M

- PT-91: 폴란드 부마르 와벵디(Bumar-Łabędy) 사의 면허생산한 T-72M의 개량형

T-72B 〈출처: (cc) Vitaly V. Kuzmin at wikimedia.org〉

T-72B3 〈출처: (cc) Vitaly V. Kuzmin at wikimedia.org〉

M-84의 쿠웨이트 개량형 〈출처: Public Domain〉

왼쪽 　인도 면허생산형 T-72M 〈출처: (cc) Cell10 at wikimedia.org〉
오른쪽 　PT-91 〈출처: (cc) Cell10 at wikimedia.org〉

제원(T-72A 기준)

생산업체	UVZ(Uralvagonzavod)
도입연도	1973년
중량	41.5톤
전장	9.53m
전폭	3.59m
전고	2.23m
장갑	주조장갑, 복합장갑, 반응장갑
무장	125mm 2A46M 전차포 × 1 12.7mm NSVT 중기관총 × 1 7.62mm PKT 동축기관총 × 1
엔진	V-12 디젤 780마력(580kW)
추력대비중량	18.8마력/톤
서스펜션	토션 바
항속거리	약 460km
최고속도	60km/h
대당 가격	30,962,000~61,924,000루블(2009년)
양산대수	25,000대 이상

90식 전차

기술적 열세를 극복하기 위한
일본의 자존심

글 | 윤상용

개발의 역사

제2차 세계대전 종전 후 냉전의 시작과 함께 동북아시아는 자유진영과 공산진영의 대결장이 되었다. 일본은 1954년에 방위청(2007년 방위성으로 승격)과 육상·해상·항공자위대를 발족했으며, 직접적으로 냉전의 영향을 받으면서 홋카이도(北海道)에서 소련의 침공을 방어해야 하는 우선적인 역할을 부여받게 되었다. 이에 육상자위대는 최초 M4A3E8 셔먼(Sherman) 전차와 M24 채피(Chaffee) 전차를 공여받아 쓰다가 1955년부터 주력 전차의 국산화를 추진해 1961년부터 61식 전차를 배치했다.

하지만 개발 결과물이 소련군의 T-62에 비해 성능이 열세하자 1962년부터 74식 전차 개발에 돌입해 1975년부터 74식 전차를 배치했으나, 또다시 소련군의 T-72보다 성능이 우위에 서지 못하자 1976년부터 새로 차기 전차 설계에 들어갔다. 일본 방위청 기술연구본부(TRDI, Technical Research and Development Institute)는 항상 주력 전차의 개발이 적 전차의 개발보다 시기적으로 늦어왔던 점을 개선하기 위해 최신 사양의 3세대 전차 개발에 들어가며 '88전차계획'으로 명명했다. 이 '88전차계획'에는 미쓰비시 전기, 일본 제강소(JSW), 다이킨 공업, 후지쓰, NEC 등이 다양하게 참여했으며, 통칭 TK-X로 명명된 '90식 전차(90式 戰車)' 시제품은 1980년에 2대가 제작되어 일본 제강소에서 생산한 120mm 주포를 장착하고 모듈식 세라믹 복합장갑을 채택하여 1986년까지 시험평가를 실시했다.

이후 1988년까지 시제품 4대가 더 생산되어 독일 라인메탈(Rheinmetall) 사의 120mm 활강포를 장착했으며, 1989년까지 모든 평가를 마친 뒤 육상자위대는 1990년에 '90식 전차(규마루시키 센샤, 통칭 '규마루')'로 명명하고 실전배치를 시작했다. 육상자위대는 최초 30대 도입을 시작으로 90식 전차를 주로 후지 기갑학교와 홋카이도의 제7사단에 배치했다. 90식 전차는 2009년까지 총 341대가 양산되었다.

90식 전차는 1990년부터 2009년까지 모두 341대가 생산되었다. 〈출처: 일본 방위성 홈페이지〉

특징

90식 전차의 설계 철학은 서방권의 최신 3세대 전차의 성능과 맞먹는 전차를 만드는 것으로, 이 중 미국의 M1 시리즈나 독일 레오파르트 2(Leopard 2)를 모델로 삼았다. 일본은 이미 1978년부터 파워팩(power pack) 개발에 나서 1982년에 국산화에 성공했기 때문에 90식 전차는 미쓰비시제 수랭식 10기통 터보차저 1,500마력(1,120kW)급 10ZG32WT 엔진을 채택했다. 트랜스미션(transmission)으로는 미쓰비시 MT1500(전진 4기어, 후진 2기어)을 채택해 20초 안에 시속 0에서 200m까지 도달하는 순간 가속력을 자랑한다. 서스펜션(suspension)은 앞뒤의 보기륜(road wheels)에만 유기압 현수장치가 채택되어 4면으로 전차를 기울이는 것이 가능하며, 나머지 차륜은 토션 바(torsion bar)에 연결되어 있다.

차체는 균질압연강철(RHA, Rolled Homogenous Armor Steel)로 제작되었으며, 모듈식 세라믹-강철 복합장갑을 덧댈 수 있게 설계해 추후 장갑 교환을 통한 업그레이드가 가능하도록 했다. 90식 전차의 전면부 장갑은 L44 포로 발사한 120mm 날개안정분리철갑탄(APFSDS)을 방어할 수 있으며, 측면 장갑은 35mm 날개분리철갑탄(APDS)을 견딜 수 있다.

주포는 독일 라인메탈제 Rh-M-120 120mm 활강포를 일본 제강소가 면허생산했으며, HEAT-MP탄과 날개안정분리철갑탄(APFSDS-T)을 사용할 수 있고 나토(NATO) 스탠다드 120mm 전차탄도 발사가 가능하다. 90식 전차는 인력 운용에 여유가 없는 육상자위대 특성에 맞춰 3인승으로 설계했으며, 자동급탄장치를 설치해 장전수의 임무를 대체시켰다. 특히 소련을 비롯한 대부분의 주요 국가 전차들조차도 아직 자동급탄장치를 제대로 채택하기 전이었기 때문에 당시로서는 매우 대담한 시도로 평가받았다.

소련제 전차들은 피탄 시 포탑 내부에 적재된 포탄이 유폭하는 문제가 종종 발생했는데, 90식 전차는 이 문제를 해결하기 위해 예비탄을 포탑 뒤쪽에 적재시킨 후 취출판(blow-out panel)을 설치하여 승무원 탑승 공간과 분리시켰다. 90식 전차는 총 20발의 포탄을 포탑 자동장전장치에 준비할 수 있으며, 나머지 포탄 약 20발은 차체 앞부분에 보관한다. 부무장으로는 공축식 7.62mm '74식' 기관총과 12.7mm M2HB 기관총이 포탑에 설치되어 있다.

90식 전차는 라인메탈제 120mm 활강포를 채용하고 있다.
〈출처: 일본 방위성 홈페이지〉

운용 현황

90식 전차는 항상 개발 기간 때문에 적 주력 전차보다 뒤처지게 개발되었던 이전 주력 전차들의 교훈을 바탕으로 하여 세계 주요 3세대 전차에 밀리지 않는 성능을 갖춘 전차를 지향했다. 하지만 철로 폭이 좁은 협궤(狹軌) 노선을 사용하는 일본 철도의 특성 때문에 차체가 크고 중량이 무거운 90식 전차는 철로를 이용한 수송에 문제가 많아 전국에서 운용하기가 용이하지 않았으므로 결국 육상자위대는 90식 전차를 많은 기동이 필요 없는 홋카이도 주둔 제7사단에 배치해 소련의 남하를 저지하도록 했다. 이 때문에 90식은 '홋카이도 전차'라는 별칭으로도 불린다.

　90식 전차의 또 다른 문제는 높은 요구도 때문에 개발비가 치솟았음에도 불구하고 무기수출 금지규제 때문에 일본의 해외수출 판로가 막혀 있어 순전히 육상자위대 물량만으로 이윤을 회수해야 했다는 점이다. 따라서 생산 말기였던 2008년을 기준으로 해도 대당 가격이 7억 9,000만 엔에 달해 어지간한 동일 세대 유사 등급 전차보다 가격이 2배에 달할 정도로 월등하게 높았다. 특히 90식 전차의 도입계획은 경제가 호황이던 1980년대에 세웠으나 1991년부터 거품 경제가 꺼지면서 부동산 대폭락 사태가 일어났고, 1992년에는 소련이 붕괴하면서 냉전이 종식됨에 따라 방위비의 대폭적인 삭감이 이루어질 수 밖에 없었다.

사격 중인 90식 전차 〈출처: 일본 방위성 홈페이지〉

결국 일본 방위청은 상대적으로 지상전 가능성이 적은 일본 환경을 고려해 기갑 자산의 도입을 줄였으며, 1990년부터 2009년까지 연평균 19대씩만 소량 도입해 총 341대로 양산을 종료했다. 상대적으로 높은 도입 비용에 비해 적은 도입 수량과 수송·기동의 한계 때문에 방위청 기술연구본부는 90식 전차에 대한 업그레이드나 개량을 실시하는 대신 그 예산으로 별도의 전차 개발을 추진했으며, 그 결과 10식 전차 개발로 이어졌다. 10식 전차는 2012년부터 육상자위대에 실전배치를 시작했으며, 90식 전차보다 차체가 작고 장갑이 가벼운 대신 기동성이 증가하고 수송이 용이해 당분간은 74식 전차를 대체해 90식 전차와 병용하게 될 것으로 보인다.

파생형

- 90식 도저(Dozer): 공병 작업 지원을 위해 90식 전차 차체에 불도저 삽날을 장착한 차량
- 91식 전차교(戰車橋): 90식 전차 차체에 도하용 가교 부설을 위한 접이식 가교를 장착한 차량
- 90식 전차회수차(戰車回收車): 전차 사고 시 견인 작업을 위해 불도저 삽날과 대형 크레인을 설치한 차량

91식 전차교 〈출처: 일본 방위성 홈페이지〉

90식 전차회수차
〈출처: (cc) Hvhv at wikimedia.org〉

제원

제조사	미쓰비시 중공업
승무원	3명(전차장, 포수, 운전수)
전장	9.755m(포신 포함) / 7.55m(포신 제외)
전폭	3.33m
전고	2.33m
중량	50.2톤
엔진	미쓰비시 중공업 10ZG32WT 수랭식 10기통 터보차저 1,500마력(1,120kW)
출력대비중량	30/톤
서스펜션 시스템	하이브리드 유기압 / 토션 바(torsion bar)
트랜스미션	미쓰비시 MT1500 자동 트랜스미션(전진 4단, 후진 2단)
최고속도	70km/h(순간 최고가속력 0~200m 도달에 20초)
최대항속거리	350km
장갑	모듈식 세라믹 / 강철 복합장갑
주무장	라인메탈 120mm 활강포 / 자동급탄장치 장착
부무장	74식 7.62mm 동축기관총 / 12.7mm M2HB 중기관총
양산대수	341대(2009년 종료)
대당 가격	미화 740만 달러(2009년)

M-2 브래들리 보병전투차

전차에도 필적하는 현대 보병을 위한 장갑차

글 | 윤상용

M-2 Bradley IFV

개발의 역사

소련은 이미 제2차 세계대전 말부터 보병을 전장까지 이송시키면서 최대한 보호하고, 장갑차가 전장에 도착하면 보병을 신속하게 하차시킨 뒤 장갑차는 퇴거하는 '전장 택시' 개념을 도입했다. 이 목적을 위해 개발된 보병수송차(APC, Armored Personnel Carrier)는 독일군의 장갑차 운용 개념과 결합하면서 보병 수송 뒤 전차 옆에 남아 가벼운 표적을 제거하여 전차의 부담을 줄여주고, 보병에게는 화력 지원을 실시하는 보병전투차(IFV, Infantry Fighting Vehicle) 개념으로 발전했다. 소련은 1950년대 말부터 보병전투차 개념 연구에 들어가 1960년대 중반에 BMP-1을 도입하기 시작했고, 소련의 움직임에 긴장한 미군은 이미 M-113 장갑차가 있음에도 불구하고 차세대 장갑차 개념을 개발하기 위해 1963년부터 기계화보병전투차(MICV, Mechanized Infantry Combat Vehicle) 사업을 시작했다.

하지만 사업은 순탄하게 흘러가지 않아 퍼시픽 카 앤 파운드리 사[Pacific Car and Foundry Company: 현재의 팩카(PACCAR) 사]가 제안했던 MICV-65가 시험 운용 끝에 탈락했고, 이후에 진행된 사업들도 계속 실패하다가 1972년에 가서야 FMC(Food Machinery Corporation) 사가 제안한 XM-723이 선정되었다. 이후 동시에 진행 중이던 기갑수색정찰차량(Armored Reconnaissance Scout Vehicle) 사업의 요구도가 MICV 사업과 유사하자 두 사업은 1976년에 통합되었고, 다시 1977년에 2개 사업이 되어 XM2 보병전투차(IFV) 사업과 XM3 정찰전투차(CFV, Cavalry Fighting Vehicle) 사업으로 분리되었다.

브래들리는 초창기 계획에서 개발 과정을 거치며 장기간에 걸쳐 설계가 변경되었는데, 이 때문에 1977년경 미 의회는 미 회계감사국(GAO, Government Accountability Office)과 육군성의 팻 크라이저(Pat William Crizer, 1924~1991) 장군에게 브래들리 사업을 재검토하도록 명령했다. 일명 '브래들리 스캔들'로 명명된 이 사건을 통해 이 사업의 수많은 문제점이 지적되었으나, 크라이저 장군은 "어쨌든 기본 설계 자체는 미군 교리와 일치하고, 이보다 나은 보병전투차를 새로 개발할 경우 들어갈 비용과 시

캘리포니아주 군사박물관에 전시된 브래들리 프로토타입 〈출처: http://californiamilitaryhistory.org/Bradley.html〉

간을 생각한다면 사업을 중단해서는 안 된다"는 결론을 내렸다. M2/M3는 1979년 육군 체계획득 검토회의를 통과했고, 1980년 2월 1일자로 미 국방부에서 양산 승인이 떨어지면서 본격적인 생산이 시작되었다.

특징

M2 브래들리는 보병수송차의 목적뿐 아니라 전차까지 상대할 목적으로 개발된 장갑차로, 전차에 비해 가벼운 대신 높은 기동성을 달성할 수 있도록 설계되었다. 브래들리는 차체 자체에 7017 알루미늄 합금을 사용했고, 차체 측면에 FMC 사가 특허를 가진 공간 라미네이트 장갑(Spaced Laminate Armor)을 장착해 RPG 공격뿐 아니라 30mm 분리철갑탄(APDS) 공격을 방어할 수 있다. 최신 모델의 경우 전면부는 최대 30mm 관통탄을 견딜 수 있으며, 외부에는 반응장갑을 설치할 수 있어 RPG 공격도 버틸 수 있다. 차체 하부에는 대전차 지뢰 방호를 위해 강철판이 장착되었으며, 화생방 공격에 대한 방비도 되어 있다.

　주무장으로는 적 벙커나 가벼운 표적 제거를 목적으로 고폭발 파편탄(HE-FRAG) 및 M919 날개안정분리철갑탄(APFSDS)을 사용하는 25mm M242 부쉬마스터 기관포를 채택했으며, 분

토우(TOW) 대전차미사일을 발사하는 브래들리 장갑차

당 200~500발 발사가 가능하다. 또한 BGM-71 와이어 유도식 토우 대전차미사일 2기를 장착해 표적 전차를 최대 약 3.75km 밖에서 제거가 가능하다. 부무장으로는 분당 최대 950발 사격이 가능한 7.62mm 동축형 M240C 기관총을 채택해 보병 화력을 지원할 수 있다. 또한 팽창식 부력탱크를 설치해 도강(渡江)이 가능하며, 도강 시에는 캐터필러(caterpillar)를 회전시킨 추진력으로 이동한다. 초창기 모델에는 개폐식 5.56mm 총안구(銃眼口)를 만들어 탑승병력이 밖을 향해 사격할 수 있었으나, M2A2부터는 차체 측면에 반응장갑을 덧대는 것을 염두에 두면서 구멍을 없앴다.

운용 현황

미 육군은 1981년부터 M2 브래들리의 양산 계약을 체결하고 실전배치를 시작했다. 1983년 3월 22일부로 미 제2기갑사단 41기계화보병연대 1대대에 4대의 M2와 6대의 M3가 배치되면서 브래들리 시리즈가 처음으로 전력화되었고, 2000년을 기준으로 약 20년간 총 6,724대의 브래들리(4,641대의 M2와 2,083대의 M3)가 오로지 미 육군을 위해서만 양산되었다. 2000년을 기준으로 브래들리 사업에 소요된 비용은 57억 달러이며, 2006년 기준으로 M2A3 대당 가격은 약 164만 달러였다.

브래들리의 첫 실전 사례는 걸프전으로, 1991년 사막의 폭풍 작전(Operation Desert Storm) 당시 미군은 총 2,200대의 브래들리를 전개했으나 손실은 단 20대뿐이었고, 그중 17대가 우군 사격으로 피해를 입었기 때문에 실질적으로 적에게 격파당한 것은 3대에 불과했다. 전과 면에서도 걸프전 전체 기간을 통틀어 브래들리 시리즈가 격파한 적 기갑 자산이 M1 에이브럼스 전차가 격파한 수보다 많았다. 2000년대에 벌어진 이라크 전쟁에도 브래들리가 투입되었으나, 급조폭발물(IED)과 RPG 공격에 의외로 취약한 면을 보여 2006년까지 총 55대의 브래들리가 완파되고 700대 이상이 파손됨에 따라 결국 미군은 2007년부로 IED와 RPG에 취약한 브래들리 대신 특수지뢰방호 차량인 MRAP(Mine-Resistant Ambush Protected Vehicle)와 임무를 교대시켰

걸프전 동경 73도(73rd Easting) 전투에서 격파된 브래들리
〈출처: Public Domain〉

다. 하지만 승무원의 출입이 용이한 구조 덕분에 탑승인원의 생존성은 높은 편에 속했다. 미 육군은 2014년 이라크에서 철군을 시작할 때까지 대략 150대가량의 브래들리를 상실했다.

M2/M3 장갑차는 미국 외에 사우디아라비아에도 약 400대 이상이 판매되었다. 최근에는 후티(Houthis) 반군과의 전쟁이 길어지면서 사우디아라비아가 M2를 800대 규모로 도입하기를 희망하고 있으며, 신생 이라크군 역시 약 200대가량 구입을 희망하고 있는 상태다.

M2 브래들리는 운용 기간 36년이 넘었기 때문에 교체 사업의 필요성이 제기되는 상황이지만 대체 사업이 원활하게 진행되지 못하는 분위기다. 미 육군은 1999년 미래전투체계(FCS, Future Combat Systems) 사업을 발주해 총 180억 달러 이상 소요했으나 2008년에 취소했고, 후속 사업으로 지상전투차량(GCV, Ground Combat Vehicle) 사업을 추진했으나 이 또한 2014년에 취소했다. 최근 미 육군은 차세대 전투차량(NGCV, Next-Generation Combat Vehicle) 사업을 발주해 2022년까지 차기 장갑차량 시제품을 완성한 후 기존 장갑차를 업그레이드할지, 아니면 신규 차량으로 교체할지를 결정할 계획이다.

후티 반군에게 격파된 사우디아라비아군의 브래들리 〈출처: @Terror_Monitor / Twitter〉

파생형

● M2A1 브래들리 보병전투차: 1986년에 개발. 기본 승무원으로는 전차장, 포수, 운전병이 탑승하며 6명으로 구성된 1개 분대가 탑승 가능하다. 기본형 M2와 달리 NBC 방호장비가 탑재되었다.

● M2A2 브래들리 보병전투차: 1988년에 개발. 600마력(447kW) 엔진으로 교체되었으며, HMPT-500-3 유체역학식 변속기가 탑재되고 수동장갑과 장착형 반응장갑 설치가 가능해졌다. 또한 공간 라미네이트 장갑이 차체 후방 및 스커트, 차량 하부에 적용되었다. 반원형 방패를 상부 포탑(turret) 뒤에 설치해 공간장갑 역할을 하도록 설계했다. 장갑 추가로 인해 전체

차량 무게 또한 30,519kg로 증가했다.

● M2A2/M3A2 ODS(Operation Desert Storm): '사막의 폭풍' 작전 교훈을 반영해 업그레이드한 M2A2 사양. 첫 대규모 실전을 통해 누적된 경험과 실전에서 확인된 오차 등을 교정하고, 별도의 개발이 필요 없이 이미 현존하는 기술만을 토대로 브래들리의 보완작업을 실시했다. 레이저거리측정기에 GPS를 결합하고, 벤치를 설치해 승하차 속도를 높였으며, 전장전투 식별 시스템과 미사일 대응장비 등을 설치해 생존성을 높였다. 또한 지휘통제체계와 상황인지 시스템, 통신장비 등이 다각적으로 향상되었다.

M2A2/M3A2 ODS 〈출처: Staff Sgt. Shane A. Cuomo /미 공군〉

● M2A3 브래들리 보병전투차: 1995년에 개발되었으며 2000년부터 실전배치를 시작했다. 전 차량이 디지털화되었으며 표적획득, 화력통제, 항법, 상황인지능력이 전체적으로 모두 업그레이드되었다. 장갑 또한 강화됨에 따라 생존성이 크게 향상되었으며, 스스로의 위치와 표적 위치의 정확성을 높이기 위해 GPS, INS, 차량운동센서(MVS) 등이 탑재되었다.

M2A3 브래들리 보병전투차 〈출처: 미 육군〉

● M2 브래들리 BUSK(Bradley Urban Survival Kit): 시가전을 위해 M2 브래들리를 업그레이드한 사양. 더 밝은 스포트라이트를 설치하고, 전면 창에 철창을 달아 보호했으며, 비전도성 나일론 아치를 포탑 위로 설치해 혹시 전기줄 등이 끊어져 낙하하더라도 포탑 밖에 몸을 내놓고 있던 승무원들이 부상을 입지 않도록 했다. 또한 IED 방어를 위해 하부 장갑을 보강하고, 포탑 밖 지휘관 큐폴라(cupola) 주변에 투명 방탄판을 설치했다. BUSK 키트

M2 브래들리 BUSK 〈출처: Sgt. 1st Class Johancharles Van Boers / 미 육군〉

때문에 중량이 3kg가 증가해 별도의 업그레이드 작업이 실시되어 800마력 엔진과 구경이 커진 주포, 가벼워진 장갑, 센서, 360도 카메라, 소화장비를 설치했으나 차량이 지나치게 무거워진 데다 생존율이 떨어져 2012년부터 계획되었던 업그레이드는 취소되었다.

● M2 브래들리 BUSK III: BUSK의 효율성이 낮아 별도로 계획된 도시전투용 업그레이드 키트, 방폭처리된 연료탱크, 방폭처리된 운전석, 포탑 생존성 향상 시스템, 비상용 후방 해치 개폐장치 등이 설치되었다. 현재 BUSK III는 한국에 배치된 M2A3 브래들리 전차 236대에 적용되었으며, 향후 미 제4사단 보유 브래들리에도 적용될 예정이다.

M2 브래들리 BUSK III 〈출처: 미 육군〉

● M3 브래들리 기갑정찰전투차(Cavalry Fighting Vehicle): 정찰용 사양이며 M2와 동일한 차체를 사용한다. M2와 달리 승무원 외 2명의 정찰병력을 태울 수 있으며 무전장비와 추가 토우 미사일, 탄약, 포탄을 적재한다. M2 초창기 모델과 달리 M3는 처음부터 측면에 개폐식 총안구가 설치되어 있지 않았다.

M3 브래들리 기갑정찰전투차 〈출처: Staff Sgt. Shane A. Cuomo / 미 공군〉

● M4 C2V 전장지휘장갑차(Command and Control Vehicle): 기갑/기계화군단 및 사단급 제대에서 전술지휘소(TAC) 임무를 수행할 수 있도록 M2의 차체를 개조한 차량

● M6 라인배커(Linebacker): 단거리 방공용 장갑차 사양으로, 보잉(Boeing) 사가 개조했다. 토우 미사일 대신 4기의 스팅어(Stinger) 미사일을 장착해 주로 저고도로 비행하는 항공기, 헬기, 순항미사일이나 무인기를 제거할 목적으로 설계되었으며,

M4 C2V 전장지휘장갑차 〈출처: 미 육군〉

▲ M6 라인배커 〈출처: Public Domain〉
▼ M7 브래들리 화력지원장갑차 〈출처: BAE Systems〉

1997년부터 양산에 들어가 총 99대가 도입되었다. 2006년을 기점으로 스팅어 미사일 발사기를 전부 제거하고 브래들리 보병전투차 사양으로 전환했다.

● M7 브래들리 화력지원장갑차(B-FiST): M981 FIST-V 장갑차를 대체할 목적으로 도입되었으며, 우군에게 표적 정보를 제공하고 간접사격을 지원한다. 토우 미사일 대신 표적지시장비 및 ISU 사이트 유니트(Sight Unit)가 탑재되었다. 특히 관측 임무를 수행함에 있어 자신의 정확한 위치를 참조해야 하기 때문에 GPS/INS/추측항법장비가 모두 탑재되었다.

제원

생산업체	BAE 시스템즈(BAE Systems)
도입연도	1981년
중량	27.6톤
전장	6.55m
전폭	3.6m
전고	2.98m
장갑	공간 라미네이트 장갑/부착식 반응장갑
주무장	25mm M242 기관포, 토우(TOW) 대전차미사일
부무장	7.62mm M240C 기관총
엔진	Cummins VTA-903T 디젤 600마력(450kW)
추력대비중량	19.74마력/톤
서스펜션	토션 바(torsion bar)
항속거리	약 400km
최고속도	56km/h
대당 가격	1,639,344달러(2006년 기준)
양산대수	6,724대(2000년 기준)

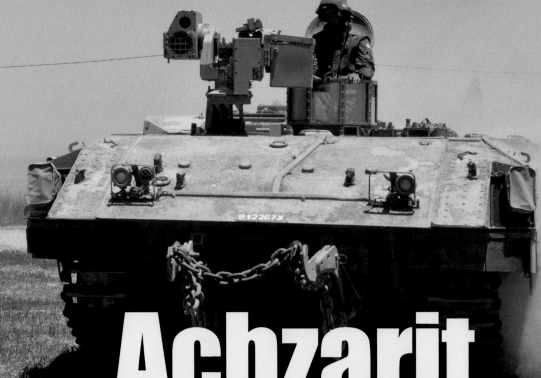

아크자리트 중장갑보병수송차

적 장비로 창조해낸
이스라엘 보병의 든든한 보호자

글 | 윤상용

Achzarit
Heavy Armored Personnel Carrier

개발의 역사

주변의 아랍국가 거의 전부를 상대로 기적의 신승을 수차례 거둔 이스라엘은 3차, 4차 중동전을 거치며 대량의 적 장비를 나포할 수 있었다. 이스라엘 방위군(IDF, Israel Defense Forces)은 전쟁 중 노획한 수백 대의 이집트군 T-54와 T-55 상당수를 개조해 이스라엘군의 환경에 맞는 티란(Tiran)-4와 티란-5을 만들어냈다. 이는 특히 1967년 3차 중동전쟁, 통칭 '6일 전쟁'을 겪으면서 기갑 자산의 부족으로 고생한 경험을 반영한 결과였다.

이스라엘은 우군 환경에 맞는 전차를 만들기 위해 노획한 T-54와 T-55의 내부를 재설계하고, T-54를 개조한 티란-4에는 100mm 주포를, T-55를 개조한 티란-5에는 105mm 주포를 장착했다. 하지만 현대 전장에서 사용하기에는 티란 전차가 적합하지 않다고 판단하고 T-54와 T-55의 개조를 중단했다. 완성된 티란은 대부분 예비군을 위한 예비 차량으로 비축했고, 나머지 손대지 않은 T-54와 T-55 노획 차량은 무기고에서 그대로 잠자게 되었다.

그러던 중 이스라엘이 다시 T-54와 T-55를 이용한 중장갑보병수송차(HAPC, Heavy Armored Personnel Carrier)의 개발에 관심을 갖게 된 것은 1970년대부터 시가전 양상이 두드러지기 시작하면서였다. 기동하기에 협소한 공간에서 적국이나 테러 단체들이 RPG(Rocket-

이스라엘 방위군은 노획한 T-55 전차를 개조하여 티란-5(사진)를 제작했으나, 현대전에 적합하지 않아 예비 차량으로 비축했다. 〈출처: Public Domain〉

1 이스라엘군은 M113 '젤다' 장갑차를 운용했으나, 장갑이 약해 4차 중동전에서 엄청난 피해를 입었다. 〈출처: Public Domain〉
2 이스라엘군은 노획한 적의 T-55 전차를 바탕으로 포탑을 떼어내고 내부를 개조하여 아크자리트 중장갑보병수송차를 만들었다. 사진은 이집트 육군의 T-55 전차다. 〈출처: 미 국방부〉

Propelled Grenade: 휴대용 대전차 유탄발사기) 등을 사용해 장갑차량을 공격하기 시작하자 M-113 등 기존의 장갑차로는 방어가 어려워졌기 때문이다. 알루미늄 장갑을 채택한 M-113 은 총알이나 포탄 파편 정도를 방어할 수 있고 상대적으로 가벼워 도강(渡江)이 가능하다는 장점은 있었으나, RPG나 대전차유도미사일에는 그대로 관통당한다는 단점을 보였다. '젤다 (Zelda)'라는 별명으로 불린 M113을 미군으로부터 총 6,000대 공여받았으나, 1973년 4차 중동전('욤 키푸르' 전쟁) 당시 상당수가 처참하게 격파당하는 비운을 겪었다.

이에 이스라엘은 세르비아가 운용하던 VIU-55 문자(Munja)나 러시아군의 BMTP에서 힌트를 얻어 방어력에 중점을 둔 보병수송차를 개발하기로 했으며, 1986년부터 이스라엘 병기단 (Israel Ordnance Corps)이 개발에 착수하여 1988년 시제차량이 나왔다. 이스라엘 병기단은 T-54와 T-55의 포탑을 제거하고 상부 차체를 완전히 드러낸 뒤 엔진 요동대(搖動臺), 서스펜션 베어링, 전기 배선을 새로 깔았다.

하지만 기존 T-54와 T-55의 가장 큰 문제는 내부 공간이 심각하게 좁다는 점인데, 이는 소련군이 징집병들을 체격 기준으로 세워 하위 5%의 인원을 전차병으로 배치했기 때문이었다. 이 문제를 해결하기 위해 기존 엔진보다 작고 강력한 540마력 엔진을 차체 후방 좌측 코너에 설치하고 내부 공간을 처음부터 다시 배열하면서 중앙에 병력 탑승 공간을 마련했다. 그리고 차량 우측에 출입구를 냈고, 차량 후미로 통하는 작은 통로 공간을 확보해 차량 뒷면에 클램쉘

3 아크자리트 중장갑보병수송차의 후방부. 병력이 타고 내리는 클램쉘 해치가 보인다. 〈출처: (cc) Anton Nossik at wikimedia.org〉

(clam-shell) 방식의 비상탈출구를 냈다. 차량 중앙에 공간을 마련하면서 총 7명의 완전 무장한 병력이 탑승할 수 있게 되었으며, 운전수, 기관총 사수와 전차장이 탑승할 수 있는 공간은 차량 전방부에 별도로 분리했고, 운전수 쪽 해치에는 전면부를 방호한 잠망경을 설치했다. 또한 화생방전에 대비해 화생방 방호 능력을 갖추고 야시경을 기본사양으로 채택해 야간에도 운용이 가능하도록 설계했다.

    이스라엘 방위군은 이렇게 등장한 '아크자리트(Achzarit)'(히브리어로 '잔인함'의 여성형)를 면밀히 시험평가한 후 실전배치 결정을 내렸으며, 총 250대의 차량이 양산에 들어가 1987년 시제차량이 출고되었다. 이스라엘 방위군은 1년간 면밀히 시험운행을 한 후 1988년부터 아크자리트를 실전배치하기 시작했으며, 주로 보병의 생존성이 극대화되어야 하는 전장 지역에 전개해왔다.

특징

아크자리트는 전 세계를 작전지역으로 삼는 미군과 달리 국지전이 분쟁의 대부분을 차지하고, 군의 교리 자체도 자국 영토 방어 중심인 이스라엘 방위군의 특성에 맞는 전형적인 '이스라엘형' 장갑차다. 즉, 제한적인 공간에서의 기동이 많으며 주요 중장비의 원거리 공수가 필요 없는 특성에 맞춘 중장갑보병수송차로, 주변 적국에 비해 인구가 적어 병력 생존성이 우선인 이스라엘의 방침을 살린 장갑차다. 현재 중장갑보병수송차를 운용 중인 국가는 전 세계에서 이스

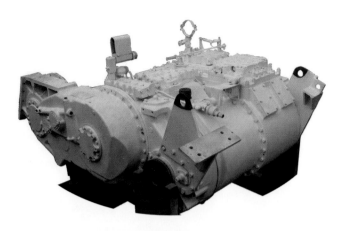

아크자리트 중장갑보병수송차의 트랜스미션 〈출처: NIMDA 사〉

라엘뿐이다.

아크자리트 Mk. I은 디트로이트(Detroit)의 8기통 수랭식 디젤 연료 방식의 650마력 엔진을 장착했으며, 이중 타이어를 씌운 차륜을 5개 달았고, 주행 스프로킷(sprocket)은 뒤편에, 유도륜은 앞쪽에 설치했다. 이들 차륜은 측면 스커트 장갑으로 보호되어 있으나, 전륜은 대부분 노출되어 있다. 아크자리트는 현대전 양상에 맞춰 차량 외부에 반응장갑을 설치했으며, 차량 상부에 7.62mm M240 중기관총 3정을 설치했다. 특히 이 중 하나는 라파엘(Rafael Advanced Defense Systems) 사에서 개발한 원격 무기거치대(OWS, Overhead Weapons Station)와 연동되어 있어 차량 내에서 사격이 가능하다.

운용 현황

아크자리트는 2004년 팔레스타인이 감행한 두 차례 테러로 M-113에 탑승 중이던 11명의 이스라엘 병사가 살해당하자 이에 대한 보복으로 단행된 레인보우 작전(Operation Rainbow)에 투입되어 라파(Rafah) 포위전에 참가했다. 또한 2008~2009년 가자(Gaza) 지역에서 발생한 가자 겨울전쟁[캐스트 리드 작전(Operation Cast Lead)] 때에도 투입되었는데, 하마스(Hamas) 반군이 도심지 내에서 RPG로 공격을 감행하자 장갑이 얇은 M-113은 그대로 관통당해 피해가 커진 반면, 아크자리트 중장갑보병수송차는 튼튼한 방호력으로 우군 피해를 경감시킬 수 있었다.

현재 운용 중인 아크자리트의 대부분은 이스라엘 방위군의 강습상륙부대인 '기바티(Givati)' 여단에 배치되어 있다. 현재까지 200대가량이 양산되었다.

일부 아크자리트 차량은 Mk. II 사양으로 업그레이드가 실시되어 7.62mm 대신 12.7mm 중기관총으로 교체되었고, 원격 무기거치대도 삼손 원격조종 무기거치대[Samson Remote

2005년 가자 지역에서 작전 중인 아크자리트 중장갑보병수송차의 모습 〈출처: 이스라엘 방위군〉

Controlled Weapon Station: 이스라엘 국내 제조명 '카틀라니트(Katlanit)']로 대체시켰다. 엔진 역시 기존의 650마력 엔진에서 디트로이트제 8V-92 TA 850마력 엔진으로 향상되었다. Mk. II의 후기 모델은 전차장석에 방탄유리창을 달아 전차장이 밖으로 몸을 노출시키지 않고 주변을 관측할 수 있도록 했다.

파생형

● 아크자리트 Mk. I: 1988년부터 양산된 기본형. 디트로이트(Detroit) 사의 650마력 8V-71 TTA 디젤 엔진이 설치되었다.

아크자리트 Mk. I 중장갑보병수송차 〈출처: (cc) gkirok at ikimedia.org〉

● 아크자리트 Mk. II: 엔진을 디트로이트제 850마력 엔진으로 교체한 형상으로, 출력 대비 중량이 높아지고 성능이 향상되었다.

● 아크자리트 지휘차: 아크자리트 중장갑보병수송차의 지휘관용 형상. 기본적인 사양은 아크자리트 중장갑보병수송차와 동일하나, 효과적인 전장 지휘를 위해 통신장비를 보강했다.

아크자리트 Mk. II 중장갑보병수송차 〈출처: (cc) Zachi Evenor at wikimedia.org〉

야드 라–시리욘(Yad la–Shiryon) 박물관에 전시된 아크자리트 중장갑보병수송차 〈출처: Public Domain〉

제원

제조사	이스라엘 병기단(Israel Ordnance Corps) / NIMDA
승무원	3명 / 무장 병력 7명 탑승 가능
중량	44톤
전장	6.2m
전폭	3.6m
전고	2m
장갑 두께	200mm
최고속도	55km/h(도로 주행 시)
항속거리	약 600km
엔진	디트로이트 650마력 8V–71 TTA 디젤 엔진 (Mk. I) / 디트로이트 850마력 8V–92 TA 엔진
무장	7.62 mm 중기관총 × 2, 7.62mm 라파엘 OWS(Overhead Weapon Station) 원격식 기관총 × 1
서스펜션	토션 바
등판력	60%
경사각	40%
도강 수심	1.4m
도강 한계	4m(도강장비 사용 시)
참호 극복 한계	2.7m
수직 등판 한계	0.8m
대당 가격	약 750,000(APC 사양)~1,200,000달러(라파엘 OWS 원격조종식 기관총 설치 사양)

M113
보병수송장갑차

전선의 택시

글 | 남도현

M113 APC

개발의 역사

제2차 세계대전의 경험은 전차가 보병과 떨어져 단독으로 전투를 벌이기에는 한계가 많다는 점을 가르쳐주었다. 결국 전차와 보조를 맞추어 보병이 함께 움직일 수 있는 새로운 수단이 필요했다. 처음에는 트럭 등이 이러한 역할을 담당했지만 외부의 공격에 상당히 취약했다. 이에 따라 탑승한 보병을 안전하게 보호하고 이동시킬 수 있는 보병수송장갑차(APC, Armored Personnel Carrier, 이하 APC)가 등장하게 되었다.

미국은 제2차 세계대전 말기에 M18 구축전차를 개조하여 24명의 보병이 탑승 가능한 M44를 만들어 가능성을 시험했고, 이를 기반으로 탄생한 M75가 1952년 한국전쟁에 투입되기도 했다. 하지만 아직은 APC에 대한 구체적인 개념이나 세부 사양이 정립되지 않은 상태였다. 1953년 FMC 사에서 개발한 M59는 M75보다 폭을 넓혀 주행 안전성이 높았고 수상 도하도 가능하여 일선에서 인기가 많았다.

그러나 수송기에 싣기에는 무게가 많이 나가 원거리를 신속히 이동 전개하여 싸운다는 미군의 새로운 전쟁 전략을 충족시킬 수 없었다. 이에 따라 미 육군이 새로운 APC 사업을 시작했는데, FMC 사는 알루미늄 합금으로 차체를 만든 T113과 철강재이지만 기존 장갑보다 얇은 새로운 강판으로 제작한 T117을 후보로 제안했다. 이 두 시제품은 M59의 장점은 그대로 따랐지만 무게를 감소시키기 위해 장갑 재질이나 두께를 바꾼 형태였다.

각종 시험 끝에 미군은 T113을 차세대 APC로 낙점하여 1956년 5월 FMC 사와 계약을 체결했다. 이후 개발이 완료되어 각종 테스트를 통과한 T113은 1959년 4월, M113이라는 정식 이름을 부여받고 1960년 1월부터 일선에 배치되었다. 이렇게 미 육군의 주력 APC가 된 M113은 이후 여러 나라에 대량 공급되었고 현재까지도 일선에서 여전히 중요한 역할을 담당하고 있다.

T113 시제차량
⟨출처: Public Domain⟩

특징

M113은 보병 탑승 공간을 최대한 확보하기 위해 차체를 박스형 구조로 만들었고, 전면에 파워팩(Powerpack)을 비롯한 기계 설비를 탑재했다. 또한 유압식으로 작동하는 램프 도어를 후방에 장착하여 보병들이 신속히 승하차할 수 있고 차체가 수밀식으로 제작되어 수상 도하도 가능하다. 그런데 이런 구조는 M113이 새롭게 채택한 것이 아니라 전작인 M59에서 따온 것으로, 현재 서방의 장갑차들이 보편적으로 따르는 방식이 되었다.

처음에는 가솔린 엔진을 장착했으나 연비가 나쁘고 피탄되었을 때 화재가 발생하는 문제 때문에 M113A1부터는 디젤 엔진으로 바뀌었다. 이후 보병전투차량(IFV, Infantry Fighting Vehicle, 이하 IFV)이 등장하면서 장갑차에 대한 개념과 역할이 바뀌어가는데, M113은 처음부터 보병 수송을 목적으로 개발되다 보니 기본형이 12.7mm 중기관총 1정을 장착했을 만큼 자체 화력이 미약했다.

무엇보다 M113의 가장 큰 특징은 알루미늄 합금으로 차체를 제작한 최초의 기갑차량이라는 점이다. M113은 알루미늄 합금을 사용함으로써 19.3톤이었던 전작 M59에 비해 무게를 12.3톤으로 줄일 수 있었다. 반면 RPG 같은 대전차 무기에 쉽게 격파될 만큼 방어력이 낮다는 평가를 받아 이후 다양한 부가장갑을 덧대어 방어력 향상을 꾀하고 있다. 하지만 M113의 역할과 크기를 고려한다면 설령 장갑을 철강재로 만들었다 해도 방어력에서 그다지 차이가 없었을 것이라는 게 중론이다.

사실 대전차 무기의 성능이 비약적으로 향상되면서 이제는 장갑차뿐만 아니라 최신 전차라

차체에 알루미늄 합금을 사용한 M113은 가벼워서 항공수송이 가능하다. 〈출처: Public Domain〉

도 안전을 장담하기는 힘들다. 반면 최초 개발 당시에 최우선 과제로 삼았던 중량 감소에 성공한 데다 현가장치(suspension)의 성능이 향상되어 야지에서의 기동성은 대폭 향상되었다. 또한 제작 기술의 발달과 생산성 향상으로 전작인 M59보다 저렴하게 만들 수 있었다. 덕분에 M113은 서방 세계 최대의 생산량을 자랑하는 기갑장비가 되었다.

운용 현황

M113은 양산 개시 직후인 1962년, 베트남 전쟁에 투입되면서 곧바로 실전에서 활약했다. 베트남 전쟁은 전선의 구분이 모호하여 교전 지역까지 이동 중에 매복한 적으로부터 공격을 받는 경우가 많았다. 적들이 대개 소화기로 공격을 가해왔기 때문에 M113은 보병들을 안전하게 보호하며 위험지대를 통과하는 데 적격이었다. 이 때문에 M113은 '전선의 택시(Battle Taxi)'라고 불리며 베트남 전쟁의 상징이 되었다.

M113은 오랫동안 미국의 주력 APC 역할을 담당했고 50여 개국에 공급되면서 중동전쟁, 걸프전을 비롯하여 다양한 전장에서 활약했다. 총 8만 대 이상이 생산되었는데, 비슷한 시기에 탄생하여 미군의 MBT로 활약한 M60 전차가 1만 5,000대가량이었고, 제2차 세계대전 당시 미군의 주력이었던 M4 전차가 약 5만 대 정도 생산되었던 점을 고려한다면 가히 대단한 물량이

1966년 베트남 전쟁 당시 M113. 적들이 대개 소화기로 공격을 가해왔기 때문에 M113은 보병들을 안전하게 보호하며 위험지대를 통과하는 데 적격이었다. 이 때문에 M113은 '전선의 택시'라고 불리며 베트남 전쟁의 상징이 되었다. 〈출처: Public Domain〉

라 할 수 있다. 1964년 디젤 엔진을 장착한 M113A1이 나온 이후, 1979년 성능을 강화한 M113A2가 출고되었으며, 전장 생존성을 높인 M113A3는 1987년부터 등장했다.

2,000대 이상을 도입한 나라만도 터키, 그리스, 이집트, 이탈리아 등이고 6,000여 대를 사용 중인 이스라엘은 현재 최대 운용국이다. 우리나라는 베트남 전쟁 참전 대가로 1965년 44대를 시작으로 모두 400여 대의 M113을 도입했다. 이를 바탕으로 본격적으로 기계화사단과 기갑여단을 운용할 수 있었으나 1980년대 초반부터 국산 K200 장갑차의 양산과 함께 현재 전량 퇴역했다.

미군은 1981년부터 M2 브래들리 IFV를 도입하면서 노후 M113을 즉시 도태시키려 했다. 그러나 기존에 사용 중인 물량이 워낙 많고 M2의 도입가가 비싸다 보니 대체 속도가 늦어져 2010년까지만 해도 미 육군이 6,300여 대의 M113을 여전히 보유하고 있었다. 비록 2선급 장비로 장기적으로는 도태될 예정이지만 M113은 여전히 중요한 역할을 담당하고 있으며, 특정 임무를 위해 개조된 장비들은 앞으로도 오랜 기간 동안 일선에서 사용될 것으로 전망되고 있다.

미군은 아직도 M113 장갑차를 사용하고 있다. 〈출처: Public Domain〉

이라크 전쟁 당시 부가장갑을 장착한 M113 〈출처: Public Domain〉

변형 및 파생형

M113은 실전 결과를 바탕으로 꾸준히 개량되었고 이와 더불어 다양한 변형 장비들의 플랫폼이 되었다. 미국에서 탄생한 개량형이나 파생형뿐만 아니라 사용국에서 자국 상황에 맞게 개조한 다양한 변형들이 존재해 일일이 거론할 수 없을 정도다.

● M106 자주박격포장갑차: 4.2인치 M30 박격포 장착

● M125 자주박격포장갑차: 81mm M29 박격포 장착

● M1064 자주박격포장갑차: 120mm M121 박격포 장착

● M132 화염방사장갑차: M10-8 화염방사기 장착

● M163 자주발칸포: VADS(Vulcan Air Defense System) 차량으로 M167 발칸포 장착

● M548 화물수송차: 병력수송칸을 화물트럭처럼 개방하여 만든 차량으로 현재는 스위스군만이 운용 중이다.

● M577 지휘장갑차: 지휘통제를 위해 승차칸의 차고를 높인 전술작전본부(Tactical Operation Center)용 차량으로, 무전기와 발전기를 추가로 장착한다. M577을 개량한 M1068 SICPS(Standard Integrated Command Post System)는 현재 미군에서 가장 진보한 지휘장갑차다.

● M579 구난수리차

● M901 토우대전차장갑차: 토우(TOW) 대전차미사일 2발 장착

● M981 FISTV: 포병관측반을 위한 장갑차로 지상/차량용 레이저조준장치(Ground/Vehicular Laser Locator Designator)를 장착하여 GPS 정보와 결합한 정확한 표적 정보를 획득할 수 있다. M901 토우대전차장갑차를 기반으로 개조했다.

1 M1064 120mm 자주박격포장갑차 | 2 M163 자주발칸포 |
3 M548 화물수송차 | 4 M577 지휘장갑차

5 M981 FISTV 장갑차(사진)는 M901 토우장갑차를 개조하여 외양이 거의 유사하다. | **6** M579 구난수리차

제원

생산업체	FMC(Food Machinery Corp)
도입연도	1960년
중량	12.3톤
전장	4.86m
전폭	2.69m
전고	2.5m
장갑	12~38mm 알루미늄 합금
무장	12.7mm M2 중기관총 × 1
엔진	디트로이트 디젤 6V53T, 2스트로크 V형 6기통 275마력(205kW)
추력대비중량	22.36마력/톤
서스펜션	토션 바
항속거리	약 480km
최고속도	67.6km/h, 5.8km/h(수상 도하)
대당 가격	30만 달러(M113A3 신조차량)
양산대수	80,000대 이상

아서
대포병 레이더

ARTHUR
Counter-battery radar

개발의 역사

전자기파가 물체에서 반사되는 것을 수신하여 거리, 방향, 고도 등을 알아내는 레이더는 현대전의 필수적 무기체계이다. 다양한 레이더가 존재하지만, 적이 발사한 포탄과 로켓탄에서 반사된 레이더 전파를 계산하여 발사 위치를 알아내고, 이를 아군 포대에 전달하여 제압 사격을 가능하게 해주는 대포병 레이더(Counter-Battery Radar 또는 Weapon Location System)는 지상군에서 필수적인 탐지자산이다. 대규모 정규전 외에도 이라크와 아프가니스탄에서 벌어지는 비정규전에서도 반군의 박격포 공격 탐지에 쓰이고 있다.

대포병 레이더는 제2차 세계대전이 한창이던 1943년, 영국이 박격포탄을 추적하는 레이더를 개발하면서 등장했다. 1944년부터 전장에서 시험 운용되었지만 실전에서 운용되지는 못했다. 이후로도 일부 국가에서 유사한 대포병 레이더가 개발되었지만, 기술의 한계로 탐지 능력은 제한되었다. 그러나 1980년대부터 레이더파 조사 방향을 기계적으로 바꾸지 않고, 방사 소자의 전파 위상을 통제하여 전자적으로 바꾸는 위상배열(phase array) 레이더 기술이 사용되면서 대포병 레이더도 비약적으로 발전하게 되었다.

스웨덴과 노르웨이 정부는 1994년대, 북유럽 환경에서 경보병여단을 지원할 대포병 레이더를 개발하여 공동구매하기로 했다. 스웨덴 전자통신기업 에릭손 마이크로웨이브 시스템즈(Erricson Microwave Systems, 이하 에릭손)이 레이더 개발을, 스웨덴 차량 제작업체 헤글룬스(Hägglunds, 현재 BAE 시스템즈 AB 자회사)가 탑재 차량을 담당하기로 했다.

이런 결정의 배경에는 스웨덴의 뛰어난 레이더 개발 능력이 있었다. 스웨덴은 1939년에 레이더 실험을 했고, 제2차 세계대전 동안 해군에서 사용할 레이더를 개발했다. 전쟁이 끝난 후 실험용 레이더를 수출하기도 했지만, 외국의 기술을 도입하여 발전시키는 데도 게을리하지 않았다. 이런 스웨덴의 레이더 개발을 이끈 기업이 에릭손이다.

JA37 비겐(Viggen) 전투기에 장착된 PS-46/A 레이더 등 다양한 레이더를 개발한 에릭손은 1968년부터 위상배열 레이더로도 불리는 전자식 주사 배열(ESA, Electronically Scanned Array) 안테나 개발 프로젝트에 참여했다. 에릭손은 이런 경험을 바탕으로 수동(passive) 위상

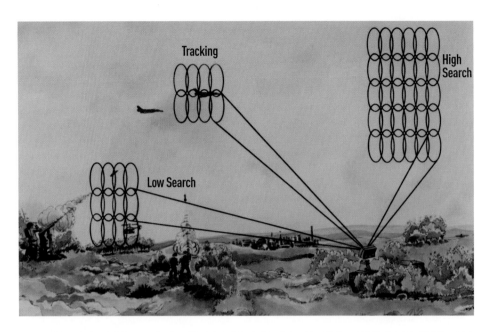

사브의 대공탐색 레이더 운용도. 스웨덴은 오랜 레이더 개발 역사를 가지고 있고 현재도 다양한 레이더를 생산하고 있다. 〈출처: 사브〉

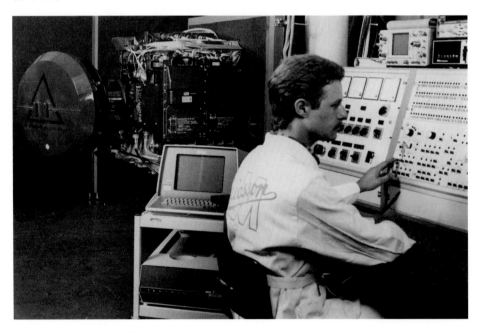

PS-46/A 레이더의 시험 장면 〈출처: 사브〉

배열 방식의 대포병 레이더를 개발했고, 헤글룬스의 Bv-206 전지형 차량의 후방 트레일러에 레이더와 통제장비 등을 통합했다. Artillery Hunting Radar의 약자를 따 아서(ARTHUR)로 불린 이 시스템은 1998년부터 스웨덴과 노르웨이 육군에 납품되기 시작했고, 1999년부터 운용되기 시작했다. 아서 대포병 레이더는 에릭손이 사브 그룹(Saab Group)에 매각된 2006년부터는 사브 마이크로웨이브 시스템즈(Saab Microwave Systems, 이하 사브)가 생산·판매하고 있다.

특징

아서 대포병 레이더는 군사용 주파수 가운데 G밴드(4~6GHz)와 H밴드(6~8GHz) 대역의 주파수를 사용하는 수동 위상배열 레이더다. 전자전 환경에서도 최적의 성능을 내도록 설계되었고, 분당 100개의 표적 위치를 추적할 수 있다. 레이더 안테나는 48개의 레이더 슬롯을 가지고 있어, 일부가 포탄 파편 등에 의해 피해를 입어도 나머지 슬롯으로 운용이 가능하다. 1면으로 된 레이더는 회전이 가능하지만 방향 지정을 위한 것이며, 수평 탐지 각도는 120도다. 레이더는 적 화력 발사 탐지·대포병 사격 통제·경보 모드로 운용된다.

아서 대포병 레이더는 최초 개발된 이후 꾸준하게 개량되었다. 최초 모델인 모드(Mod) A는 주로 박격포탄 탐지를 목적으로 했으며, 120mm 박격포탄을 30~35km에서 탐지할 수 있었다. 2002년 영국의 요구조건을 충족시키기 위해 개발된 모드 B는 레이더 출력이 커지면서 곡사포탄은 20~25km, 박격포탄은 35~40km에서 탐지가 가능해졌다. 표적 식별 능력, 탄도 계산 능력도 향상되었다.

▲ 아서 모드 A의 통제장비 〈출처 : 사브〉

▲ 체코 육군의 아서 모드 B 통제실 〈출처 : 체코 육군〉

2008년부터 생산된 모드 C는 이전 제품과 비교하여 레이더 안테나가 60cm가량 길어졌고, 탐지거리와 각도 분해능이 향상되어 최대 60km 거리에서 곡사포탄, 로켓탄 등을 탐지할 수 있

사브의 모드 C 기술시연장비 통제실 〈출처 : Chalmers University of Technology〉

게 되었다. 또한 산 뒷면에서 낮은 각도로 발사하거나 산을 배경으로 떨어지는 박격포탄 등의 탐지를 위해 업그레이드가 실시되었다. 모드 C는 다시 인크레먼트(Increment) I과 II로 나눌 수 있는데, II는 적이 발사한 로켓, 대포, 박격포를 방어하는 C-RAM(Counter Rocket, Artillery, and Mortar)용 센서로 사용할 수 있다.

레이더는 많은 열을 방출하기 때문에 냉각도 매우 중요한데, 아서 대포병 레이더는 초기에 는 공기 냉각(air-cooling) 방식을 채택했다. 그러나 더운 지방에서 충분한 냉각 효과를 거둘 수 없었고, 통기구를 통해 내부에 먼지가 쌓이는 문제도 발생했다. 모드 B부터는 냉각 성능 향상을 위해 폐쇄형 액체 냉각(closed-loop liquid cooling) 방식으로 변경했다.

아서 대포병 레이더는 다른 대포병 레이더보다 크기가 작다는 게 장점이다. 레이더, 발전기,

타트라 4×4 트럭에 탑재된 체코 육군형 아서 레이더 〈출처 : 체코 육군〉

통제소가 10피트(ft) 컨테이너 하나로 통합되었고, 중량도 4,500kg 정도로 차량에 탑재하거나 독립적으로 운용할 수 있다. 통합된 시스템이므로 주변 장비를 연결할 필요가 없어, 차량 정지 후 5분 이내에 작동할 수 있다.

운용 플랫폼은 BV-206, BVS-10 등의 전지형 차량 외에도 타트라(Tatra) 815, 유니모그(Unimog), K711A1 등 탑재량 5톤 이상인 군용 트럭에 탑재할 수 있다. 궤도식 장갑차를 플랫폼으로 택한 경우도 있는데, Bv-206 전지형 차량에 탑재된 아서 대포병 레이더를 운용하던 노르웨이는 2015년 중간수명연장(MLU, Mid-Life Upgrade) 계약을 체결하면서 M113F4 장갑차를 플랫폼으로 선정했다. 아서 대포병 레이더와 비교하여 미국제 AN/TPQ-36 대포병 레이더는 레이더 트레일러를 끄는 통제소 탑재 차량, 장비 트레일러 견인 차량, 보조발전기 견인 차량이 필요할 뿐만 아니라 운용 요원도 최소 6명이 필요하다.

운용 현황

아서 대포병 레이더는 프로젝트 발주국인 스웨덴과 노르웨이 외에 그리스, 덴마크, 스페인, 영국, 이탈리아, 체코, 말레이시아, 싱가포르, 태국, 대한민국이 구매했고, 캐나다는 이라크와 아프가니스탄에 사용하기 위해 임대한 적이 있다.

영국은 이라크 전쟁에서 사용하기 위해 항공 수송이 가능한 이동식 대포병 탐지 자산(MAMBA, Mobile Artillery Monitoring Battlefield Asset)을 위한 요구조건에 부합하는 시스템으로 아서 대포병 레이더를 선정하고, 2002년 에릭손에 성능개량형인 모드 B를 주문했다. 하지만 생산에 시간이 걸리기 때문에 노르웨이군으로부터 모드 A 레이더를 임대하여 운용했다가 반환한 적

영국군이 이라크에서 운용한 맘바 대포병 레이더 〈출처: (cc) Graeme Main at wikimedia.org〉

이 있으며, 성능에 만족한 후 Bv-206 전지형 차량에 탑재된 모델을 도입하여 운용하고 있다.

우리나라는 2006년부터 신형 대포병 레이더를 도입하는 WLR-X(Weapon Locating Radar-Next) 사업을 진행하여 아서 모드 C 레이더를 선정했다. 아서-K로 명명된 1차 사업 물량은 2007년 12월부터 사브에서 직도입했다. 아서-1K로 명명된 2차 사업은 2010년 12월부터 사브의 기술지원을 받아 LIG 넥스원에서 생산했고, 발전기와 쉘터를 국산화했다. 아서-K와 아서-1K 모두 K711A1 5톤 트럭에 탑재된다.

변형 및 파생형

- 모드 A: 최초 개발 모델
- 모드 B: 2000년대 초반 영국의 MAMBA 요구조건 충족을 위해 개량된 모델
- 모드 C: 2008년부터 생산된 레이더 면적이 커진 개량형

노르웨이가 도입할 M113F4 장갑차 탑재형 아서 모드 C 프로토타입 〈출처: tu.no〉

- 아서-K: 2007년 한국의 WRL-X 사업을 통해 도입된 모드 C 기반 모델, K711A1 5톤 트럭에 탑재
- 아서-1K: 2010년부터 아서-K를 사브의 기술지원을 받아 LIG 넥스원에서 기술협력 생산한 모델, 발전기와 쉘터를 국산화했고 K711A1 5톤 트럭에 탑재했다.

훈련에 동원된 아서 대포병 레이더 〈출처: (cc) Værnsfælles Forsvarskommando at wikimedia.org〉

제원

구분	대포병 레이더(Counter-Battery Radar)
개발사	사브 디펜스 일렉트로닉스
레이더 종류	수동 위상배열 도플러 레이더
레이더 주파수 대역	G밴드(4~6GHz)와 H밴드(6~8GHz)
탐지거리	곡사포탄 30km, 박격포탄 55km, 로켓탄 60km
표적추적능력	100개/분 이상
레이더 체계 중량	4,500kg
운용요원	4명
대당 가격	1,700만 달러

Bv-206 바이킹 전지형 차량에 탑재된 아서 레이더 〈출처: 사브〉

AS-90 자주포

K9에도 영향을 준
영국 육군의 주력 자주포

글 | 남도현

AS-90
Self-propelled artillery

개발의 역사

1973년 영국은 서독, 이탈리아와 함께 나토(NATO)의 주력으로 사용하기 위한 SP70으로 명명된 새로운 자주포 개발에 착수했다. 당시 영국군은 105mm 구경의 국산 FV433 애보트(Abbot) 자주포와 155mm 구경의 M109 자주포를 사용 중이었다. 그럭저럭 성능이 좋은 자주포들이기는 했지만, 1990년대부터 시작될 노후 물량을 순차적으로 대체하려면 이때부터 차근차근 준비를 해야 했다.

3국은 가장 중요한 포신을 자주포와 별개로 이미 공동개발 중에 있던 FH70 견인포가 채택한 39구경장 155mm으로 결정했다. 이는 지난 1963년에 나토 표준으로 정한 규격이었다. 하지만 참여국들의 세부적인 요구조건이 상이하여 수시로 의견충돌이 벌어지면서 개발에 난항을 겪었다. 우여곡절 끝에 1982년 12문의 시제품이 만들어져 1986년에 시험까지 진행했으나 결국 프로젝트는 취소되었다.

FH70 곡사포 〈출처: (cc) Hugh Llewelyn at wikimedia.org〉

이에 영국 국방부는 자주포 독자 개발 계획을 공표하고 업체들에게 참여를 요청했다. 그러면서 혹시 있을지 모를 실패와 이로 인한 전력 공백에 대비하여 미국에서 개량형 M109의 도입도 함께 고려했다. 그만큼 사정이 급했다. 바로 이때 VSEL(Vickers Shipbuilding and Engineering: 현재 BAE Systems)이 지난 1981년 독자 개발했으나 여러 이유로 양산에는 실패한 GBT155 포탑을 기반으로 한 신형 자주포 개발안을 내놓았다.

◀ 포신을 고각 발사 상태로 올린 AS-90 자주포 〈출처: (OGL) Sgt Si Longworth RLC (Phot) / UK MOD at wikimedia.org〉

VSEL이 처음부터 SP70이 실패할 것이라고 예상한 것은 아니었지만, 거의 비슷한 시기에 독자적인 대외 판매 등을 염두에 두고 자비로 자주포 관련 기술 습득을 위해 GBT 155를 개발했었다. FH70을 탑재한 GBT155는 포탄은 자동으로, 장약은 수동으로 장전하는 구조를 갖추었고, 뛰어난 사격통제장치를 장착하여 명중률이 높았다. 차체를 별도로 개발하지 않고 빅커스(Vickers) MBT Mk I, M60 같은 기존 MBT 차체에 탑재가 가능했다.

하지만 전용 차체를 개발하지 않다 보니 포탑 구동을 비롯한 거의 대부분의 주요 장치와 승무원 활동 공간이 포탑에 집중되면서 탄약과 장약의 탑재 여력이 부족했다. 한때 인도를 비롯한 일부 국가들이 관심을 보이기도 했으나 채택이 불발되면서 GBT155는 그렇게 사라질 뻔했다. 그러던 차에 공교롭게도 SP70이 실패하자 영국 내에서 당장 자주포 개발에 나설 수 있었던 업체는 VSEL이 유일했고 자연스럽게 대상자로 선정되었다.

GBT155의 문제점을 잘 알고 있던 VSEL은 내부 공간을 늘리기 위해 포탑을 전면 재설계하고 동력장치 등을 별도 제작한 차체에 설치했다. 이는 단지 포탄과 장약의 탑재량을 늘리는 것뿐 아니라 추후 개량이나 추가적인 장비의 장착도 용이하도록 만들었다. 이렇게 일사천리로 제작이 완료된 새로운 자주포는 1990년대 야포(Artillery System for the 1990s)라는 의미의 AS-90으로 명명되어 1992년부터 야전에 배치되었다.

특징

AS-90은 정비 및 확장의 편리를 위해 주요 부착 장비나 부품이 모듈식으로 제작되어서 유사시 4시간 내에 교환이 가능하다. 또한 처음부터 넉넉하게 설계되어 화력 강화를 위해 주포를 39구경장에서 52구경장으로 업그레이드할 때 특별히 리코일 시스템(recoil system)을 교체하지 않아도 되었다. 신속 정확한 사격을 위해 관련 시스템 대부분을 자동화했으나 유사시 수동으로도 충분히 작동할 수 있다.

개발 기간을 단축하기 위해서 안정성이 이미 검증된 미국 커민스(Cummins)

영국 윌트셔(Wiltshire) 주 더링턴(Durrington)에 위치한 라크힐(Larkhill) 기지에서 기동 훈련 중인 AS-90 〈출처: (cc) Andrew Smith at wikimedia.org 〉

의 VTA903T 엔진과 독일 렌크(Renk)의 ZFL-SG2000 변속기를 채용했다. 이것들은 차체 전방에 장착되어 후방 공간을 효과적으로 사용할 수 있고 야전에서도 1시간 내에 충분히 교환이 가능하다. 또한 보조동력장치(APU, Auxiliary Power Unit)를 장착하여 정지 상태에서 엔진 가동을 하지 않고도 충분한 전력을 공급해줄 수 있다.

차체와 포탑은 최대 17mm 장갑을 사용하여 동구권의 152mm 포탄에 피격당했을 경우 10m 범위 내에서 방어가 가능하며 NBC(Nuclear, Biological and Chemica: 화생방) 방호능력도 갖추었다. 사실 서방의 표준 곡사포를 채택했기에 여타 경쟁 자주포와 비교하여 공격력에서 유별나게 차이가 나는 것은 아니지만, 최초로 유기압식 현수장치를 채용하여 M109처럼 지지대를 설치하지 않고도 빠른 사격이 가능하게 되었고, 이는 국산 K9 자주포의 개발에 커다란 영향을 주었다.

운용 현황

AS-90의 개발이 완료된 때는 공교롭게도 소련이 해체되면서 냉전체제가 붕괴된 시기여서 국방 환경이 엄청나게 변화했고 자연스럽게 군비 축소가 시작되었다. 따라서 최초 영국 육군은 AS-90 229문을 획득할 예정이었으나 3억 파운드에 총 197문을 도입하는 것으로 수량이 감소

2008년 이라크 전쟁 당시 AS-90의 사격 모습 〈출처: Public Domain〉

되었다. 이처럼 도입 수량이 줄어들면서 대당 도입가가 30억 원(1992년 기준)으로 상승하게 되었는데, 이는 대외 판매에 애를 먹는 요인이 되었다.

현재 영국군만 운용 중으로 제1기병 포병연대, 제19포병연대, 제26포병연대가 장비하고 있다. 2003년에 발발한 이라크 전쟁에 참가하여 실전에서 활약하기도 했으나 국방비 절감을 위해 2008년부터 대대적인 성능 개량을 실시한 대신 2015년까지 보유 수량을 117문으로 감축했다. 비록 수량은 적지만 현재 K9, PzH2000, M109A6과 더불어 서방 측의 대표적인 자주포로 여전히 명성을 유지하고 있다.

변형 및 파생형

● AS-90 브레이브하트(Breveheart): 주포를 L7A1 52구경장 장포신으로 교체하고 새로운 데이터 통신이 가능한 최신 사격통제장치인 BMS(Battle Management System)를 장착하여 공격력을 강화한 개량형. 총 96문을 브레이브하트로 개량할 예정이었으나 국방예산 감축에 따라 취소되었다.

AS-90 브레이브하트 포탑에 K9 차체를 결합한 AHS 크랩 〈출처: (cc) Szczepan Głuszczak at wikimedia.org〉

● AS-90D: 사막지대 전투를 위해 승무원용 에어컨과 엔진, 전자장비 등의 냉각 기능을 강화하고 캐터필러를 교체한 개량형

● AHS '크랩(Krab)': AS-90 브레이브하트 포탑을 K9 차체에 결합한 자주포. 애당초 폴란드는 면허생산한 브레이브하트의 포탑을 자국 내 PT-91 전차 차체에 탑재하여 총 120문을 보유하려 했으나 문제가 많아 2016년부터 K9 차체를 직도입 및 면허생산하여 크랩(Krab)을 제작하고 있다.

스틸 세이버 훈련(Exercise Steel Sabre) 중 AS-90 자주포의 사격 장면 〈출처: (OGL) Sgt Si Longworth RLC (Phot) / UK MOD at wikimedia.org〉

제원

전장	9.07m
전고	3.0m
전폭	3.3m
중량	45톤
장갑	최대 17mm
주무장	155mm L31 39구경장 주포 1문(48발 탑재)
부무장	7.62mm L7 GPMG 1정
엔진	커민스 VTA903T 수랭식 4스트로크 V8 터보차지 디젤 엔진(660마력)
톤당 마력	14.66마력/톤
현가장치	하이드로뉴매틱 서스펜션
항속거리	370km(도로 주행)
최고속도	55km/h
사거리	24.9km
발사속도	10초당 3발(급속발사), 3분간 분당 6발(최대발사), 60분간 분당 2발(지속발사)
승무원	5명

M270 다연장 로켓 체계

전장을 초토화시키는 '강철비'

글 | 윤상용

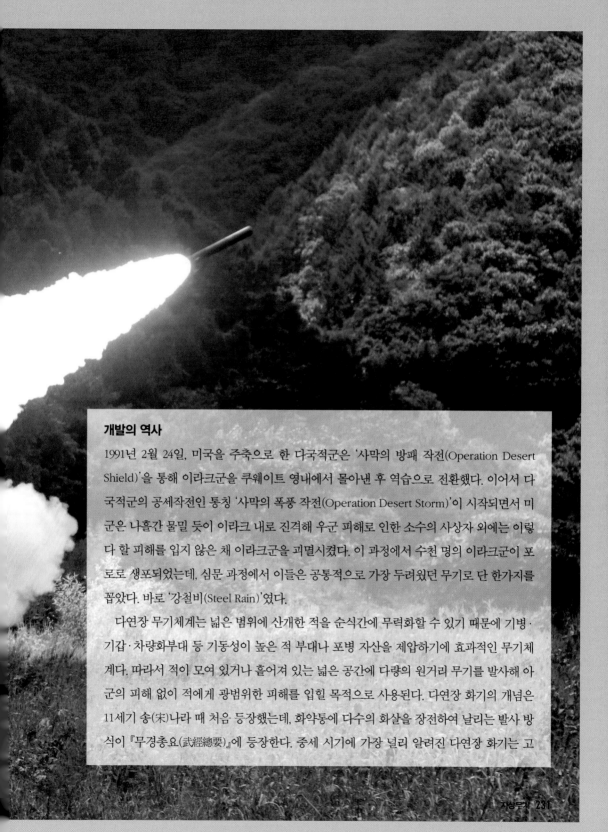

개발의 역사

1991년 2월 24일, 미국을 주축으로 한 다국적군은 '사막의 방패 작전(Operation Desert Shield)'을 통해 이라크군을 쿠웨이트 영내에서 몰아낸 후 역습으로 전환했다. 이어서 다국적군의 공세작전인 통칭 '사막의 폭풍 작전(Operation Desert Storm)'이 시작되면서 미군은 나흘간 물밀 듯이 이라크 내로 진격해 우군 피해로 인한 소수의 사상자 외에는 이렇다 할 피해를 입지 않은 채 이라크군을 괴멸시켰다. 이 과정에서 수천 명의 이라크군이 포로로 생포되었는데, 심문 과정에서 이들은 공통적으로 가장 두려웠던 무기로 단 한가지를 꼽았다. 바로 '강철비(Steel Rain)'였다.

다연장 무기체계는 넓은 범위에 산개한 적을 순식간에 무력화할 수 있기 때문에 기병·기갑·차량화부대 등 기동성이 높은 적 부대나 포병 자산을 제압하기에 효과적인 무기체계다. 따라서 적이 모여 있거나 흩어져 있는 넓은 공간에 다량의 원거리 무기를 발사해 아군의 피해 없이 적에게 광범위한 피해를 입힐 목적으로 사용된다. 다연장 화기의 개념은 11세기 송(宋)나라 때 처음 등장했는데, 화약통에 다수의 화살을 장전하여 날리는 발사 방식이 『무경총요(武經總要)』에 등장한다. 중세 시기에 가장 널리 알려진 다연장 화기는 고려시대 주화(走火)에서 발전된 조선시대의 신기전(神機箭)이었다. 몽골제국 역시 금(金)나라의 수도 카이펑(開封)을 공격하면서 동시에 100여 개의 화살을 날리는 다연장 개념의 무기를 사용했다는 기록이 등장한다. 현대에 등장한 대표적인 다연장 화기는 소련이 제2차 세계대전 중에 사용한 BM-13 카추샤(Katyusha) 로켓이다. 카추샤는 제2차 세계대전 후 소련 동맹국과 위성국에도 다량 수출되었기 때문에 이 또한 간접적으로 M270 MLRS(Multiple Launch Rocket System: 다연장 로켓 체계)의 개발에 영향을 끼쳤다. 독일군 또한 제2차 세계대전 동안 연합군으로부터 '소리 지르는 미미(Screaming Mimi)'라는 별칭을 얻은 다연장 무기인 네벨베르퍼(Nebelwerfer: 안개방사기라는 의미)를 운용했다. 네벨베르퍼의 경우는 애초에 독가스나 화학무기, 연막탄 살포용으로 개발되었으나, 전쟁 중에는 고폭탄 발사기로 주로 사용되었다. 미국이 개발한 최초의 다연장 로켓은 M4 셔먼(Sherman) 전차 위에 다수의 발사관을 설치한 후 로켓을 발사하는 방식인 T34 칼리오페(Calliope) 로켓 발사기로, 설계 자체는 카추샤와 유사한 부분이 많았다.

　오늘날 가장 화력이 센 다연장 무기인 미군의 M270 다연장 로켓 체계(MLRS)는 냉전이 한창 중이던 1975년 미 육군 항공 미사일 지휘과(AMCOM, Aviation and Missile Command Division)에서 야포(field artillery)와 함께 운용할 수 있는 로켓 무기 지원 체계의 필요성을 인식하게 되면서 등장했다. 미 육군은 이듬해인 1976년에 일반 지원 로켓 체계(GSRS, General

M270의 첫 시제품은 1980년 등장했다. 〈출처: 미 육군〉

M270은 걸프전에서 사상 최대의 야간 사격을 통해 강철비의 위력을 선보이며 이라크군을 공포에 떨게 했다. 〈출처: 미 육군〉

Support Rocket Systems) 사업이라는 이름으로 소요를 제기했으며, 해당 사업에는 링-템코-보우트(LTV, Ling-Tempco-Vought: 2000년 12월에 부도처리 후 미사일 사업부만 록히드 마틴이 인수) 사와 보잉(Boeing Aerospace) 사가 제안서를 제출했다. GSRS 사업의 핵심은 단시간 내에 다량의 로켓을 발사할 수 있는 단일 무기체계를 개발하는 것이었다. 미 국방장관은 1977년부로 GSRS의 개발을 승인했으며, 양사는 이때부터 시제품 테스트에 들어갔다. 시험평가 과정을 거친 미 국방부는 보우트(Vought) 사의 6발들이 로켓 발사대 방식 쪽이 실용성이 높다고 판단했으며, 여기에 나토(NATO) 가맹국인 독일, 프랑스, 영국이 공동개발을 타진해와 사업명을 MLRS로 변경하고 첫 시제품을 1980년에 출고했다.

미 육군은 1983년부터 MLRS를 실전배치하기 시작했으며, 컨소시엄을 구성했던 국가들도 순차 도입을 시작하면서 '강철비'가 본격적으로 운용되기 시작했다. 미군이 MLRS를 최초로 실전 투입한 전쟁은 1990년 페르시아 만 전쟁(혹은 '걸프전')이었으며, 해당 무기체계는 미 제18공정군단(US XVIII Airborne Corps) 군단포병대에 배치되어 '사막의 방패' 작전 간 사우디아라비아 방어에 큰 역할을 했다. '사막의 폭풍' 작전 중인 1991년 2월에는 MLRS 사상 최다 규모의 야간 사격을 실시해 단일 임무 간 총 312발의 로켓을 발사해 우군 전력을 지원했다. 미군은 2003년 이라크 자유작전(OIF, Operation Iraqi Freedom) 때에도 MLRS를 작전지역에 전개했으며,

2007년 아프가니스탄 항구적 자유 작전(OEF, Operation Enduring Freedom) 때에는 영국 왕립 포병이 MLRS를 처음으로 해외에서 운용했다.

대한민국 육군은 북한이 1960년대 소련에서 수입한 BM-21을 시작으로 240mm M1985와 M1991을 도입하면서 방사포 전력을 정비하자 이에 대한 대칭성을 맞추기 위해 본격적인 지역제압무기 개발과 도입을 추진하게 되었다. 이 과정에서 국방과학연구소(ADD, Agency for Defense Development)는 미국이 MLRS를 개발한 것과 유사한 시기에 독자적인 다연장 무기 개발을 시작했으나, 한국이 독자 개발을 시도한 다연장 체계와 미국의 다연장 체계는 구경과 설계 철학이 완전히 달랐으므로 미군은 한국의 독자 개발을 지원해주었을 뿐 아니라 미 서부 사막지대에서 시험사격까지 할 수 있도록 주선해주었다. 한국은 이렇게 탄생한 다연장 로켓인 '구룡(九龍)'을 개발하여 실전에 배치했으나, 북한 장사포에 대한 대화력전(對火力戰) 수행을 위해서는 구룡의 역할을 보완할 장거리 무기체계인 MGM-140 육군 전술지대지미사일 체계(ATACMS, Army TACtical Missile Systems: '에이태킴스'로 발음)의 도입이 필요했으므로 ATACMS의 투발체인 M270의 도입이 추진되었다. 구룡이 범용성 및 발사 속도, 확산 범위에 목적을 두어 단시간 내 화력을 쏟아 붓는데 중점을 두었다면, MLRS/ATACMS는 긴 사거리와 정밀도에 목적을 두고 있기 때문에 두 무기체계 간의 상호 보완성이 높았던 것이다. M270은 이후 오랫동안 '구룡'과 함께 대화력전 임무의 중심 자산으로 활용되어왔을 뿐 아니라, 앞으로 한동안은 구룡이 신형 무기체계인 '천무'와 단계적 교대를 실시한 후에도 북한의 도발 시 장사정포 사거리 밖에서 도발 원점을 타격할 수 있는 핵심 반격 자산으로 활약할 예정이다.

특징

다연장 로켓 발사 체계, 통칭 MLRS(Multiple Launched Rocket System)는 지대지 로켓이나 ATACMS를 발사하는 이동식 투발체 성격이다.

M270은 운전수와 사수, 반장으로 구성된 3인 1조가 한 팀으로 움직이며, 일반적인 운용 시에는 로켓 12발을 장착하여 발사한다. M270을 통해 발사될 로켓은 '컨테이너' 상태로 묶여 장전되며, 각각의 컨테이너에는 로켓 6발이 들어가 있다. 각 컨테이너는 사격 후 재장전을 위해 발사기에서 꺼낸 뒤 로켓이 장전된 새 컨테이너로 교체한다. MLRS는 1회 사격 시 2개의 컨테이너를 장전해 12발을 발사할 수 있다. 로켓의 발사 또한 선택이 가능하여 단발 사격, 2발 사격, 12발 전체 사격으로 선택할 수 있다.

발사가 시작되면 발사 때마다 목표물에 대한 재조준을 실시하므로 목표 명중률도 일정하게 유지되며, 화력통제장치는 지휘소와 연동시킬 수 있어 필요 시에는 지휘소에서 직접 표적 데

험지에서 기동 중인 주한미군 제210야포여단 370야포연대 6대대 소속 MLRS 〈출처: Sgt. Brandon A Bednarek / 미 육군〉

이터를 전송한 후 목표를 향한 사격이 가능하다. M270의 가장 기본적인 로켓은 227mm HE-FRAG 로켓으로, 길이는 3.96m, 중량은 307kg 수준이다. 또한 M270은 644개의 M77 자탄이 담긴 M26 이중목적고폭탄(DPICM, Dual Purpose Improved Conventional Munition)도 사용할 수 있어 발사 시에는 탄이 하늘에서 분산된 뒤 목표 지역에 뿌려지는 지역제압 임무를 수행한다. 한 대의 MLRS가 60초간 사격을 실시할 경우 공중에서 자유낙하로 떨어지는 약 8,000개의 자탄이 32km 범위 내에 뿌려지게 된다.

동일 플랫폼으로 사거리 연장(ER) 로켓을 발사할 경우 최대 45km 범위에 518발의 자탄을 살포하며, 사거리 내에 살포식 지뢰를 쏴 뿌릴 수도 있다. MGM-140 ATACMS 미사일은 역시 한 번 발사되면 야구공 사이즈로 이루어진 약 950개의 M74 자탄을 165km에서 300km까지 뿌릴 수 있다. 블록 1A형의 경우 자탄 중량을

M26 이중목적고폭탄에 탑재되는 M77 자탄은 공중에서 강철비로 바뀌어 기갑 표적까지 관통할 수 있다. 〈출처: 미 육군〉

왼쪽 미 육군 전술지대지미사일(ATACMS) 발사 모습 〈출처: 미 육군 획득지원본부〉
오른쪽 M270은 한 명의 병사로도 충분히 로켓의 설치 및 재장전이 가능하다. 〈출처: 권기현 상병 / 미 제210화력여단〉

줄임과 동시에 GPS 유도를 가능하게 하여 최대 300km까지 정밀하게 자탄을 살포할 수 있다. M270의 발사기는 컨테이너 단위로 장전하므로, 일반 로켓과 ATACMS를 혼용하여 6발의 로켓과 1발의 ATACMS를 장착할 수도 있다.

발사대는 M2 브래들리(Bradley) 보병전투차 차대 위에 얹혀 있으며, 재장전과 목표 조준은 전부 자동화되어 운용 인원이 차량 운전석에서 하차하지 않고 발사대의 조작과 발사가 가능하다. 브래들리 차대는 500마력급 커민스(Cummins)제 VTA-903T 디젤 엔진이 장착되어 있으며, 차체 둘레에는 가벼운 장갑을 덧씌워 적의 소화기 공격으로부터 승무원을 보호한다. 또한 차량부에는 NBC 방호 시스템이 탑재되어 적의 화생방 공격 상황에서도 정상 운용이 가능하다. M270에 장착된 화력통제 컴퓨터는 차량 운행뿐 아니라 로켓 발사와 관련된 통제까지 모두 하나로 통합하여 관리한다. 특히 한 명의 병사로도 충분히 발사기를 설치 및 재장전할 수 있으며, 필요에 따라 화력통제 시스템을 조작해 자동/수동으로 전환할 수도 있다. 통상 재장전에는 5분에서 10분가량이 소요되며, 재장전 작업은 M985 HEMTT 고기동 다목적 트럭으로 실시한다.

M270은 C-5 갤럭시(Galaxy)나 C-17 글로브마스터(Globemaster) III와 같은 수송기나 철도를 이용해 운송이 가능하며, 차량 자체도 시속 64km 속도로 최대 640km까지 주행할 수 있으므로 이동이 용이하다. M270은 궤도식 바퀴를 채택하여 험지 이동 능력이 좋고, 도로 주행 속도도 최고 시속 64km에 달해 원하는 위치에서 표적 지역에 공격을 가한 후 빠르게 위치를 바꿔

C-17 수송기에 탑재되는 M270 〈출처: 1Lt. Raymond Ramos / 미 육군〉

이동할 수 있다.

록히드 마틴은 2005년경 업그레이드를 실시하면서 GPS/INS 유도가 가능한 로켓탄인 GMLRS(Guided Multiple Launch Rocket System)를 운용할 수 있는 M270A1형을 도입했다. A1형은 화력통제장치와 발사장치 설계를 향상시켜 재장전 시간이 45%가량 획기적으로 줄어들었으며, 사거리와 정밀도도 우수하다. 이 사업에는 영국, 미국뿐 아니라 이탈리아, 프랑스, 독일이 공동으로 참여해 딜(Diehl), MBDA, 피아트(Fiat Avio) 등이 참여했다.

GMLRS탄은 2002년 개발을 완료한 후 2003년 4월부터 저율초도생산(LRP, Low-Rate initial Production)에 들어갔으며, 2005년 5월까지 LRIP 1차 계약으로 156발, 2005년 2월 LRIP 2차 계약으로 1,014발이 생산되었다. 초도작전능력(IOC, Initial Operating Capability)은 2006년에 선언했지만, 실제 운용은 이미 2005년 9월부터 이라크 자유 작전 때 시작했다. 영국 왕립 포병대 또한 2007년부터 아프가니스탄에서 GMLRS를 운용해 뉴캐슬(Newcastle)에 사령부를 둔 제39 왕립근위포병연대가 헬만드(Helmand) 주에서 GMLRS를 운용했다.

GMLRS 로켓탄의 발사 장면. 자탄형인 M30과 단일고폭탄형인 M31이 있다. 〈출처: 미 육군〉

운용 현황

미 육군은 M270을 총 840대가량을 도입했으며, M270A1은 총 151대가량 도입했으나 M270의 220대 이상을 A1 형상으로 업그레이드해 도합 371대의 A1 형상을 보유하고 있다. 미군은 M270을 다양한 별명으로 부르는데, 대표적인 별명으로는 '지휘관의 개인용 샷건', '전장 위의 산탄총', '70km 저격총(M270A1형)' 등이 있고, 유명한 '강철비'라는 별칭은 걸프전 당시 MLRS의 M77 자탄에 붙었던 별명이다. 영국군의 경우 최초 사업명인 GSRS 약자에 맞춰 '격자 방안(格子方眼) 삭제기(Grid-square Removal System: 표적을 좌표상의 현 위치에서 지워버린다는 뜻)'라 부른다.

M270은 전 세계로 수출된 모든 수량을 합쳐 1,600대 이상이 생산되었으며, 이 중에는 이집트 48대, 바레인 9대, 네덜란드와 덴마크(두 나라 다 전량 2004년에 퇴역 후 핀란드에 판매), 핀란드 34대(네덜란드에서 수입, 명칭을 298 RsRakH로 재지정), 프랑스 44대, 독일 50대[명칭을 MARS(MittleresArtillerieRaketen System)로 재부여], 그리스 36대, 이스라엘 48대['메나테츠(Menatetz)'로 명칭 부여], 이탈리아 22대, 일본 99대(면허생산), 터키 12대, 노르웨이 12대(2005년에 전량 퇴역), 영국 42대, 사우디아라비아 250대가 포함된다. M270의 생산 라인은 2003년에 폐쇄되었으며, 최종으로 출고된 차량은 이집트군에 인도되었다. 대한민국 육군도 M270 및

주한미군 제210화력여단 소속의 MLRS 〈출처: 권기현 상병 / 미 제210화력여단〉

대한민국 육군이 운용 중인 MLRS 〈출처: 대한민국 국방부〉

M270A1두 형상을 모두 운용 중이며, 두 형상을 합쳐 약 58~68대를 운용 중인 것으로 알려져
있다. 국군은 MLRS 플랫폼을 이용해 ATACMS도 운용하고 있다. 로켓은 한화에서 면허생산을
실시 중이다.

미 육군은 브래들리 장갑차의 차대를 사용해 덩치가 큰 M270보다 수송과 전개가 간편한 경량형 다연장포인 M142 HIMARS를 도입했으며, 주로 경무장 상태로 공중강습이나 강습상륙작전을 실시해야 하는 공정·공중강습부대나 해병대 위주로 보급하고 있다. HIMARS 또한 MLRS와 동일한 로켓과 미사일을 사용하나 발사기가 경량화되어 컨테이너가 1개만 탑재되고, 차체 또한 동일하게 작아져 C17 글로브마스터 III보다 작은 C130으로도 수송이 가능해졌다. HIMARS는 2005년 5월 미 제18공정군단(XVIII Airborne Corps, XVIII ABC) 예하 27야전포병연대 3대대부터 보급을 시작하여 현재까지 미 육군과 해병대에서 약 400대가량 운용 중이다. 뿐만 아니라 해외 수출도 이루어져 요르단 왕국, 싱가포르, 아랍에미리트(UAE) 등에도 판매가 이루어졌다.

파생형

● M270: MLRS 기본 모델. 6발 로켓들이 컨테이너 2개를 장착할 수 있어 최대 12발의 로켓을 쏠 수 있으며, 브래들리 장갑차의 차대를 사용했다.

M270 MLRS 〈출처: 미 육군〉

● M270 IPDS(Improved Positioning and Determining System): M270A1의 실전배치 수량이 충족될 때까지 잠정적으로 운용한 형상으로, 사거리가 늘어나고 GPS를 운용하는 ATACMS 블록 IA 및 블록 II 발사를 위해 설계되었다.

M270A1 〈출처: Sgt. Michelle Blesam / 미 육군〉

● M270A1: 2005년 M270 업그레이드를 통해 나온 형상. 발사기는 M270과 동일하나 화력통제
장치(FCS)와 향상된 발사기 기계 시스템(ILMS)이 개선되었다. 이를 통해 발사 속도가 빨라졌
을 뿐 아니라 GPS 유도 로켓을 비롯한 신형 탄종을 발사할 수 있게 되었다.

● M270B1: 영국군이 실시한 업그레이드 형상. A1과 상당 부분 유사하나 장갑이 강화되었으며,
특히 차체 하부면 장갑을 보강해 급조폭발물(IED, Improvised Explosive Device) 공격에 대한
승무원 보호 능력이 향상되었다.

M270B1 〈출처: Cpl. Ian Houlding / 영국 왕립 육군〉

대한민국 육군 제5포병여단의 MLRS 전투사격훈련 〈출처: 임상욱 소령 / 대한민국 육군〉

미 육군 제210화력여단 MLRS 부대의 TOT 사격 장면 〈출처: Sgt. Michelle U. Blesam / 미 육군〉

제원

제조사	링-템코-보우트(LTV, 1980~2000) / 록히드 마틴(Lockheed Martin), 딜(Diehl), BGT 디펜스(Defence), 아에로스파시알(Aerospatiale)(2000~)
승무원	3명
중량	24,950kg
전장	6.85m
전고	2.57m(발사대를 접었을 경우)
전폭	2.97m
주무장	M269 발사대 / 급탄기 모듈(Launcher Loader Module)
발사속도	로켓 - 40초당 12발 / 미사일 - 10초당 2발
재장전시간	약 4분(M270) / 3분(M270A1)
유효사거리	M26 - 32km M26A1/A2 - 45km M30/31 - 84km GMLRS+ - 120km
최대사거리	육군 전술지대지미사일(ATACMS) - 300km
발사 가능 탄종	M26(32km), M27, M28, XM29, M30(GMLRS용), MGM-140(ATACMS), XM135
발사 가능 로켓	구경 227mm, 길이 3.94m, 고체연료 로켓 방식
엔진	터보차지(turbo-charge)식 V8 커민스(Cummins) VTA 903 500마력(368kW)급 디젤 엔진
최고속도	64.3km/h(도로 주행)
항속거리	640km
양산 기간	1980~2003년
대당 가격	230만 달러(2013년 기준)

AAVP7A1
상륙돌격장갑차

해병대의 상징

글 | 남도현

AAAVP7A1
Assault Amphibious Vehicle

개발의 역사

상륙작전은 고대 기록에도 흔하게 등장할 만큼 오래된 전술이다. 하지만 조기경보체계와 저지 수단이 발달한 현대에 와서는 상당히 위험한 작전이 되었다. 특히 안전하게 확보된 교두보가 아닌 적진 한가운데 혹은 사정권 내에서 벌이는 상륙은 엄청난 희생을 각오해야 할 정도다. 사전에 구축한 진지나 참호를 이용할 수 있는 방어군과 달리 이제 막 상륙한 공격군은 이용할 수 있는 보호물이 없다시피 하기 때문이다.

미군이 태평양 전쟁 초기에 사용하던 주정(舟艇)은 상륙 지역이 제한을 받는 데다가 병력이 하선할 출구가 전방에 설치되어 적의 반격에 노출되는 경우가 많아 고민이 컸다. 지리적 한계를 극복하고 경우에 따라 상륙 직후 곧바로 내륙까지 병력을 안전하게 보호하며 신속히 이동시킬 수 있는 수륙양용차가 절실히 요구되었다. 이에 따라 1941년 구난용 민간 장비를 개량한 LVT(Landing Vehicle Tracked)가 등장했다.

탄생 직후부터 LVT는 해병대의 필수장비임이 입증되었고 이후 꾸준한 실전 경험을 바탕으로 계속 개량이 이루어져 베트남 전쟁에서는 수송 능력이 보다 확대된 LVT-5가 활약을 펼쳤다. LVT-5는 미 육군이 1960년부터 도입한 M113 APC(병력수송장갑차)의 개발에도 상당한 영향을 주었을 만큼 신뢰도가 높았다. 이런 활약에 고무된 미 해병대는 1970년대에 순차적으로 노후 장비를 대체할 예정으로 1964년 후속 LVT 사업을 실시했다.

개발자로 선정된 FMC(현 BAE Systems Land and Armaments)는 시간과 비용을 절약하기 위해 LVT-5의 단점을 개량하는 방식으로 제작에 나섰다. 베트남 전쟁 초기에 많은 일선 지휘관들이 LVT-5를 기갑전투장비로 오해하여 최전선에 투입하고는 했는데, 장갑이 최대 16mm에 불과하여 공용화기의 공격에도 격파가 잘 되었다. 또한 LV-1790-1 가솔린 엔진을 사용하여 피탄 시 화재가 쉽게 발생하고 연비도 좋지 않았다.

1956년부터 도입된 LVT-5. 승무원을 제외하고 중무장한 34명의 상륙 병력이 탑승할 수 있을 만큼 크기가 크다. 〈출처: (cc) Dsdugan at wikimedia.org〉

　이런 점을 참고하여 새롭게 개발된 LVTP-7은 장갑을 45mm로 늘렸으나 사실 이 정도도 안전한 수준이라고 할 수는 없다. 이후 걸프전, 이라크 침공전 등에서 미 해병대가 마치 APC처럼 병력을 내륙 깊숙한 곳까지 이동시키는 임무에 투입하기도 했지만, LVT의 가장 중요한 목적은 병력을 상륙시키는 것이다. 따라서 반드시 수상 주행 능력을 염두에 둬야 하므로 무턱대고 방어력을 강화하기는 어려울 수밖에 없다.

　LVTP-7은 탑승 인원이 35명에서 21명으로 줄었지만 그만큼 차체가 작아져 상륙함에 탑재가 편리해지고 야지 및 수상 주행 능력도 향상되었다. 또한 디젤 엔진을 탑재하여 연비와 안정성이 좋아졌다. LVTP-7은 각종 실험을 일사천리로 통과한 후 1971년 3월부터 일선에 공급되었다. 그런데 해병대가 내륙 깊숙한 곳까지 진격하여 작전을 펼쳐야 할 상황을 염두에 둘 만큼 작전 환경의 변화가 있자 이에 맞도록 개량이 이뤄져야 할 필요가 생겼다.

　1977년 개발이 시작된 LVTP-7A1의 핵심은 방어력과 공격력을 증가시키는 것이었다. 방어력 증가로 인해 무게가 늘어나자 전고를 낮추고 이후에는 증가장갑인 EAAK(Enhanced Applique Armor Kits)를 부착했다. Mk.19 고속유탄발사기와 야시 장치를 장착하고 각종 지원 장비의 성능을 업그레이드하여 공격력을 강화했다. 또한 엔진을 커민스(Cummins) VTA-525로 교체해 주행 성능도 향상시켰다. 이런 환골탈태는 육군의 M2 보병전투차 개발에도 영향을 주었을 정

아르헨티나군 소속 LVTP-7. 포클랜드 전쟁에 투입된 초기 양산형이다. 〈출처: (cc) Martín Otero at wikimedia.org〉

EAAK 장갑 키트를 부착하여 방어력을 향상한 AAVP7A1가 브라이트 스타(Bright Star) 2009 훈련에서 기동 중이다.
〈출처: Spc. Lindsey M. Frazier / 미 육군〉

도다.

1985년 미군은 제식부호를 AAV(Assault Amphibian Vehicle)로 변경했고, 이때부터 LVTP-7A1은 AAVP7A1(또는 AAV-P7/A1)으로 명기되고 있다. 미군은 1990년대 중반부터 2010년대 배치를 목표로 수륙양용 및 보병전투가 가능한 차세대 LVT인 EFV(Expeditionary Fighting Vehicle) 개발을 진행했지만 2011년 취소했다. 대신 AAVP7A1을 개량하여 2030년까지 사용할 계획이어서 앞으로도 오랫동안 활약하는 모습을 볼 수 있을 것으로 예상된다.

특징

AAVP7A1은 앞서 언급한 것처럼 수상 주행이 반드시 전제되어야 하니 당연히 이에 맞도록 설계가 이루어졌다. 우선 축류 분사식 워터 제트 추진 장치가 탑재되어 수상에서 13.2km/h의 속도를 낼 수 있고, 고장이 나더라도 트랙의 회전만으로도 7.2km/h의 속도로 나아갈 수 있다. 최대 72km 정도 항해가 가능하고 파고가 2.5~4m에 이르는 해상 상태(sea state) 5급에서도 생존을 담보할 수 있다.

수상 주행 중인 모습. AAV에 있어 가장 중요한 기능이다. 〈출처: 미 해군〉

AAVP7A1은 가장 중요한 용도가 탑승한 병사들을 안전하게 해안이나 강안에 상륙시키는 것이니 원칙적으로 APC나 IFV(보병전투차)와는 사용 목적이 다르다. 앞서 언급한 것처럼 수상 주행 때문에 방어력이 약하므로 해안이나 강안에 도착하면 탑승한 병력이 최대한 빨리 신속히 하차하여 전투에 돌입해야 하는 것이 원칙이다. 하지만 걸프전, 이라크전을 통해 해병대의 작전 범위가 확대되면서 변화가 생겼다.

EFV가 취소되면서 IFV에 필적할 만큼 성능을 향상시키기 위한 업그레이드가 실시 중이다. 특히 비정규전 임무 투입도 가능하도록 최신 복합장갑 소재를 이용하여 중량 증가를 최대한 억제하면서 MRAP와 동등한 수준으로 방어력을 향상시킬 예정이다. 또한 보다 강력해진 엔진과 서스펜션을 장착하여 주행력도 향상시킬 예정이다. 반면 공격력이 강화된 동구권 기갑차량과 달리 화력은 현재의 수준을 유지할 예정이다.

미 해병대는 IFV 역할도 일부 수행할 수 있을 정도로 AAVP7A1을 개량하여 2030년까지 사용할 예정이다. 〈출처: Pfc. Mark Stroud / 미 해병대〉

운용 현황

AAVP7A1는 현재 미국을 비롯하여 10개국에서 운용 중이다. 상당 수준의 해병대를 보유한 우리나라는 미국과 비슷한 시기인 1970년 초반에 LVTP-7을 도입한 후 현재까지 미국 다음으로 많이 운용 중인 주요 사용국이다. 초기 도입 물량은 노후가 심각하여 현재 모두 도태되었고 1998년부터 AAVP7A1을 삼성테크윈(현 한화지상방산)에서 KAAV7A1이라는 제식명으로 면허생산해서 사용하고 있다.

현재 대한민국 해병대가 사용 중인 KAAV7A1 〈출처: 국방부〉

　최초의 실전 투입은 1982년 아르헨티나군이 포클랜드 기습 점령 시 병력 상륙에 사용한 것이었으나 별다른 교전은 없었다. 영국 방어 병력이 무의미한 수준이어서 곧바로 항복했기 때문이었다. 이후 미군이 1982년 레바논 주둔 평화유지군 활동 지원 당시 기습공격을 받고 소소한 피해를 입었으나 AAVP7A1을 이용한 교전으로 보기는 힘들다. 1983년 그레나다 침공전에서도 별다른 전과는 없었다.

　1991년 걸프전과 2003년 이라크 침공전이 사실상 최초의 교전 사례라 할 수 있다. 상륙전이 아니라 해병대를 내륙 깊숙이 전진시키는 용도로 사용되었는데 적의 공격에 상당히 취약한 면모를 보여주었다. 이때의 결과와 앞으로의 투입될 전장 상황을 바탕으로 방어력을 향상하기 위한 개량 사업이 시작되었다. 하지만 방어력 강화만큼은 상륙돌격장갑차로서는 쉽게 해결하기 힘든 난제라 할 수 있을지 모른다.

왼쪽 2003년 이라크 나시리야(Nasiriyah) 인근에서 격파된 AAVP7A1 〈출처: MSgt. Edward D. Kniery / 미 해병대〉
오른쪽 2004년 이라크 팔루자(Fallujah) 시내에서 교전 중인 미 해병대의 AAVP7A1 〈출처: Lance Cpl. Ryan L. Jones / 미 해병대〉

2012년 초, 한일 간에 군사정보비밀보호협정(GSOMIA)과 상호군수지원협정(ACSA)이 추진되면서 협력 분위기가 조성되었을 당시에 수류기동단을 창설한 일본은 대한민국으로부터 KAAV7A1의 도입을 추진했었다. 그러나 2012년 이명박 대통령의 독도 방문 이후 도입선을 BAE 시스템즈의 AAVP7A1로 바꾸었다. 초기에는 미 해병대용 치

일본 육상자위대가 도입한 AAVP7A1 장갑차 〈출처: 일본 방위성〉

장물자 개수분을 도입하다가 이제는 미쓰비시 중공업이 신형 엔진을 장착한 MAV(Mitsubishi Amphibious Vehicle)를 개발 중이다.

변형 및 파생형

● LVTP-7: 최초 양산형

미국과 거의 비슷한 시기에 도입하여 대한민국 해병대가 사용한 LVTP-7 〈출처: 유용원의 군사세계〉

- LVTP-7A1(AAVP7A1): 업그레이드 양산형
- AAVP7A1: 병력수송용
- AAVC7A1: 지휘용
- AAVR7A1: 구난형

강습상륙함 침수갑판(well deck)에서 투하되는 AAVR7A1 〈출처: Seaman J. J. Hewitt / 미 해군〉

- KAAV7A1: 한국 면허생산형

삼성테크윈(현 한화지상방산)에서 면허생산한 대한민국 해병대 소속 KAAV7A1 〈출처: James E. Lotz / 미 공군〉

제원

생산업체	BAE Systems Land and Armaments
도입연도	1972년
중량	29.1톤
전장	7.94m
전폭	3.27m
전고	3.26m
장갑	알루미늄 합금, 복합장갑
무장	40mm Mk.19 고속유탄발사기 × 1 12.7mm M2HB 기관포 × 1
엔진	커민스 VTA-525 디젤 엔진, 400마력(300kW)
추력대비중량	18마력/톤
서스펜션	토션 바(torsion bar)
항속거리	약 483km(지상), 72km(수상)
최고속도	72km/h(도로), 24~32km/h(야지), 13.2km/h(수상)
대당 가격	미화 220만~250만 달러
양산대수	1,600대 이상

AAVP7A1 장갑차 〈출처: Sgt. Alex C. Sauceda / 미 해병대〉

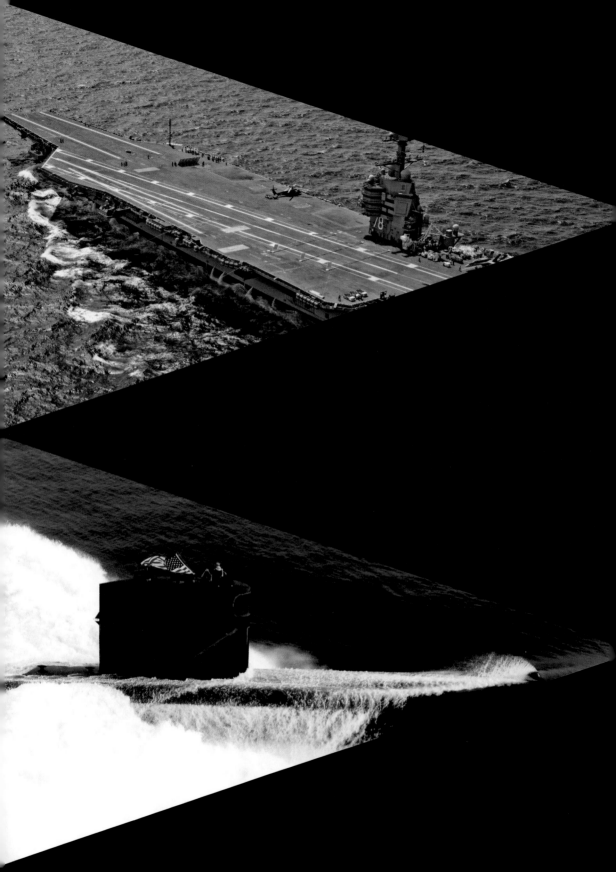

해상무기

제럴드 R. 포드급 항공모함

21세기 전 세계 해양을 장악할
미 해군의 3세대 핵항모

글 | 양욱

개발의 역사

현재 미 해군 항공모함 전력의 주력은 역시 니미츠(Nimitz)급이다. 니미츠급은 1975년 초도함 CVN-69 니미츠가 취역하면서 등장했다. 무려 10척이나 생산되면서 명실공히 미국 최고의 항공모함으로 자리 잡아왔다. 만재배수량이 10만 톤이 넘어 미군이 보유한 함정 가운데 최대 규모를 자랑하는 니미츠급은 웨스팅하우스(Westinghouse)의 A4W 원자로 2기를 장착하여 각각 100MW의 출력을 낼 수 있다. 미국의 원자력 추진 항공모함 가운데 1세대는 처음 만들어진 CVN-65 엔터프라이즈(Enterprise) 항공모함으로, 니미츠는 엔터프라이즈의 장단점을 바탕으로 만든 2세대 양산형 항공모함이었다. 니미츠급은 현재 미군의 주력함으로서 걸프전은 물론이고 아프가니스탄전, 이라크전 등에 투입되면서 움직이는 해상항공기지로서의 역할을 톡톡히 수행해왔다.

미국은 니미츠급 이후에 3세대 항공모함으로 배를 만들 것인가 고민에 빠졌다. 미 해군이 구상한 차세대 항공모함은 CVN(X) 또는 CVN-21이라고 불리었다. 차기 항공모함은 2002년 당시 해군참모총장(CNO)인 번 클라크(Vernon E. Clark) 제독이 제시한 "해양력 21(Sea Power 21)"이라는 21세기 해군력 발전 방향의 영향을 받았다. 해양력 21은 해양타격(Sea Strike), 해양방위(Sea Shield), 해양기지(Sea Basing)라는 세 가지 개념으로 압축할 수 있다.

여태까지 미 항모의 주력은 니미츠급으로 42년간 새로운 급의 항모가 개발되지 않았다. 〈출처: 미 해군〉

니미츠급을 대체할 21세기의 새로운 항공모함으로 CVN-21이 준비되었고, 이후 포드급이 되었다. 〈출처: 미 해군〉

즉, 우선 미 해군은 정보력을 바탕으로 해군-해병대 상륙작전을 수행하고 육·공군과 합동으로 지속적이고도 공세적인 정밀공격 능력을 펼쳐야 한다. 둘째 해양통제와 전진배치를 계속함으로써 미 본토를 방어하고 분쟁 지역의 해역 방어로 전 지구적 방어 능력을 확보함과 동시에 적국에 대한 진격 능력을 갖춤으로써 지상전에까지 영향을 미쳐야만 한다. 마지막으로 해양작전 기동 능력을 확보하여 공격과 방어가 자유자재로 가능한 해양기지를 구축함으로써 전 세계 어느 곳이라도 전개하여 합동군으로서 전투할 수 있는 능력을 갖추어야 한다는 것이다.

이런 야심 찬 계획에 따라 수많은 차세대 해군 무기체계들이 구상되고 도입되었다. 우선 해양타격을 위해서 UCAS-D 함재용 무인전투기와 함께 F-35B/C형이 채용되었고, 호크아이(Hawkeye) 레이더 개선사업이나 P-8A 포세이돈(Poseidon) 대잠초계기나 MQ-4C 트리톤(Triton) 고고도무인정찰기 등 정보감시정찰(ISR) 능력을 강화하는 노력도 계속되었다. 전투함에서는 LCS(Littoral Combat Ship)처럼 상륙지원 임무에 특화된 함정부터 자동화로 인력을 획기적으로 줄인 DDG-1000 줌왈트(Zumwalt)급 구축함 등이 차세대 무기체계의 주력이 되었다.

그리고 미 해군력의 핵심이자 상징인 항공모함으로서 CVN-21이 자리 잡고 있다. 즉, CVN-21이 해양타격의 중핵으로 스텔스기나 무인전투기를 포함한 다양한 함재기를 운용하여 하루 최대 1,080여 개 목표지점을 타격할 수 있는 능력을 갖추게 하고, E-2D 조기경보기 등 다양한 자산과 방어 시스템으로 함대 전력을 보호하며, 유연한 해상전진기지로서 미 해군에게 막강한 억제력과 전투 능력을 부여하도록 하겠다는 것이다.

특히 CVN-21은 부시(George W. Bush) 행정부 시절의 럼스펠드(Donald Rumsfeld) 국방장관이 추진하던 국방개혁과 연계되면서 최신예 기술을 적용하여 적은 인력으로 더욱 뛰어난 성능을 낼 수 있는 미래적인 무기체계의 상징으로 떠받들어지게 되었다. CVN-21은 니미츠급 마지막 항공모함인 CVN-77 '조지 H. W. 부시(George H. W. Bush)'에 이어 CVN-78 '제럴드 R. 포드(Gerald R. Ford)'로 명명되었고, 2008년부터 예산이 할당되어 2009년부터 건조되기 시작했다.

새로운 항공모함의 초도함에는 해군 장교 출신이자 미국 제38대 대통령인 제럴드 R. 포드(Gerald R. Ford)의 이름이 붙었다. 〈출처: 미 해군〉

포드급은 2015년 취역을 목표로 건조되었으나 실제로는 2017년이 되어서야 취역했다. 〈출처: 뉴포트뉴스 조선〉

제럴드 R. 포드급(이하 '포드급')에는 신형 레이더, 전자기식 항공기 사출장치, 신형 원자로 등 다섯 가지 신기술이 적용되었다. 그러나 신기술을 함정과 접목하는 데 필요한 시간을 감안하지 않아 건조비가 급격히 상승했다. 예산 집행을 승인하기 전인 2007년 의회 추산으로 포드급은 105억 달러면 건조가 가능한 것으로 평가되었지만, 건조 완료 목표 연도였던 2015년에는 무려 129억 달러까지 건조비가 상승했으며 심지어 그해에 건조가 완료되지도 못했다. 포드급은 결국 예정보다 2년이 늦은 2017년 7월 22일 취역했다.

특징

항공모함은 말 그대로 항공기의 기지가 되는 배를 가리킨다. 항공모함의 능력은 소티 생성률, 즉 얼마만큼 전투기를 많이 뜨고 내리게 할 수 있는가에 달려 있다고 할 수 있다. 니미츠급 항공모함은 전쟁 시 24시간 가동하는 집중임무(surge sortie) 시에 하루 최대 200소티를 기록할 수 있으며, 2004년 미 해군은 집중임무 시 최대 230소티로 4일간 지속할 수 있다고 밝힌 바 있다. 현재 니미츠급의 소티 생성률은 12시간 작전 시 120회, 24시간 작전 시 240회로 설정되어 있다. 그런데 포드급 항공모함은 12시간 작전 시에는 160회, 24시간 작전 시에는 무려 270회를 목표로 하고 있다.

하루 최대 270회의 작전이라면 슈퍼 호넷(Super Hornet) 기준으로 통상 JDAM 2발을 장착하고 임무를 수행할 때 약 500개 이상의 표적을 제거할 수 있다는 말이 된다. 니미츠급에 비

포드급은 EMALS와 AAG 등 새로운 이착륙 시스템으로 함재기의 출격 횟수를 늘렸다. 사진은 지상에서 EMALS 시스템을 슈퍼 호넷 함재전투기로 시험 중인 장면이다. 〈출처: 미 해군〉

해 상당히 발전한 능력이다. 그런데 포드급은 전장 333m, 전폭 78m, 흘수 12m에 만재배수량은 101,600톤 규모로 선체 자체도 니미츠급의 것을 그대로 활용하고 있다. 니미츠급과 차이가 거의 없는 포드급이 이러한 성능을 내기 위해서는 혁신이 필요했다. 그래서 등장한 것이 EMALS와 AAG다.

보통 F-16 전투기가 이륙하는 데 필요한 최소거리는 약 450m, 착륙에는 약 910m가 필요하다. 그러나 니미츠급 항공모함에서는 99m 이내에 이륙하고, 98m 이내에 착륙해야 한다. 이를 위해서 이륙에는 사출장치인 캐터펄트(catapult)가, 착륙에는 강제착함장치가 필요하다. 그래서 미 해군의 항공모함은 증기 사출장치를 사용한다. 원자로의 터빈을 돌리는 증기를 이용하여 항공기를 사출시킨다. 문제는 어쩌다 한 번씩 증기압력이 부족한 채로 캐터펄트가 작동하기도 하는데, 이때 함재기에 충분한 추력을 주지 못하게 되어 항공기가 뜨지 못하고 물로 추락하게 된다. 니미츠급이 사용하는 Mk 13 캐터펄트는 증기를 담기 위한 탱크 등 함내 차지하는 체적이 엄청날 뿐만 아니라 시스템 중량만 해도 1,500톤에 이르며, 캐터펄트 운용요원만 해도 100명이 넘는다.

포드급은 전자기식 사출장치(EMALS, Electro-Magnetic Aircraft Launching System)를 채용하고 있다. 즉, 증기가 아니라 강력한 전자기력을 사용하는 방식이다. 손쉽게 설명하자면 마치 자기부상열차처럼 자기력으로 항공기를 밀어내는 것이다. EMALS를 채용하면 구조가 단순하

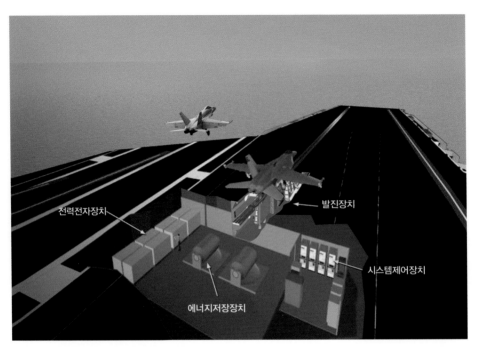

EMALS 시스템은 자기부상열차처럼 자기의 힘으로 항공기를 밀어내는 장치다. 〈출처: 제너럴 아토믹스(General Atomics)〉

고 정비가 간편하여 유지보수가 쉬울 뿐만 아니라 부피와 무게도 엄청나게 줄어든다는 장점이 있다. 이에 따라 포드급에는 모두 4개의 EMALS가 장착된다. 무엇보다도 출력이 기존의 증기 사출장치는 95MJ인 데 비해, EMALS는 무려 122MJ을 기록하여 사출장치의 일대 혁신을 일으키고 있다.

그러나 2014 회계연도 시험평가 도중에 미 해군은 EMALS의 결함을 발견했다. 강한 추진력으로 인해 슈퍼 호넷(Super Hornet)이나 그라울러(Growler)의 경우 480갤론 외부연료탱크를 장착할 경우 기체피로가 생긴다는 점이다. 이에 따라 문제가 해결될 때까지 포드급에서 이들 기체의 이착륙은 금지된 상태다. 신뢰성도 문제가 되어 애초 ROC(작전요구성능)가 제시하는 주요 고장간 평균 횟수(MCBCF, Mean Cycles Between Critical Failure)가 4,166회였던 데 반해, 2016년 12월 시험 결과는 340회에 그쳐 매우 낮은 신뢰성을 보여주었다. 이외에도 EMALS는 전기를 사용한다는 점에서 적의 EMP 공격 시 무력화될 수 있다는 단점이 지적되었다.

이륙만큼이나 중요한 것이 착륙이다. 기존의 니미츠급에서는 Mk7 유압식 강제착륙 시스템을 채용했지만, 포드급에서는 최신형 강제착륙장치(AAG, Advanced Arresting Gear)를 채용하고 있다. 프레데터(Predator)와 리퍼(Reaper) 무인기로 유명한 제너럴 아토믹스(General

포드급의 갑판 위에 내린 미 대통령 전용헬기 '마린 원(Marine One)'의 모습. 트럼프 대통령은 2017년 3월 포드급 항공모함을 방문하여 빠른 실전배치를 독려한 바 있다. 〈출처: 미 백악관〉

Atomics) 사가 미 해군과 함께 만든 AAG는 워터터빈으로 에너지를 흡수하여 착함시키는 방식이다. AAG는 현재 주력인 F/A-18E/F 슈퍼 호넷 전투기나 F-35C 라이트닝(Lightning) II 스텔스 전투기는 물론이고, X-47 등 무인기의 이착륙을 모두 소화할 수 있는 시스템이다. AAG는 원래 2009년까지 개발을 완료하기로 되어 있었으나, 2018년에나 완성될 예정이다. 이에 따라 AAG는 개발 기간이 2.5배, 개발 비용이 7배 상승하는 등 그러지 않아도 비용 상승과 늦은 실전배치로 고전하고 있는 포드급의 발목을 잡았다.

포드급에서 독특한 점은 바로 아일랜드(island)에 있다. 아일랜드, 즉 항모의 함교는 과거 직사각형의 빌딩 같던 구조에서 스텔스성을 고려하여 경사지게 설계되었다. 함교는 크기가 작아지고 길이는 짧아진 대신 높이는 6m 정도 높아졌다. 함교 내부도 니미츠급에 비해 다소 좁아졌지만, 더욱 효율적인 관제 시스템이 채용되어 여유는 충분한 편이다. 효율적인 항공작전을 위해 함교는 니미츠급보다도 더 뒤로 배치했다. 이로써 비행갑판 공간이 니미츠급보다 더 넓게 확보되었을 뿐만 아니라 항공기를 최대한 적게 이동시키면서 갑판 중간에서 연료 재보급이나 재무장을 쉽게 할 수 있게 하는 등 작업 동선을 더 효율적으로 재배치하여 더 높은 출격률을 기대할 수 있게 되었다.

이런 과정에서 항공기용 엘리베이터는 4개에서 3개로 줄어들었다. 대신 함교에 미 항공모함 최초로 위상배열 레이더인 듀얼밴드 레이더(DBR, Dual-Band Radar)를 탑재하고 있다. DBR은 SPY-3 X밴드 다기능 레이더(MFR, Multi-fuction Radar)와 SPY-4 S밴드 광역수색 레이더(VSR, Volume Search Radar)를 한데 묶어 각각 위상배열 안테나 3개면으로 구성한 레이더 시스템이다. 특히 SPY-3 MFR은 펜슬빔(pencil beam)으로 저고도 표적까지 정확히 식별해낼 수 있어, 줌왈트급 구축함에도 채용되었다. DBR은 중거리 방어용인 ESSM(Evolved Sea Sparrow Missile)이나 근접방어용인 RAM(Rolling Airframe Missile)이나 CIWS(Close-In Weapon System) 등으로 구성되는 함정자체방어 시스템(SSDS, Ship Self-Defense System)과 연동되어 항공모함의 방어 임무를 수행한다.

포드급은 니미츠급보다 간소화하고 스텔스성을 감안한 아일랜드가 특징이다. 특히 포드급의 아일랜드에는 SPY-3 DBR이 장착되어 뛰어난 탐지 성능을 자랑한다. 〈출처: 미 해군〉

문제는 장거리 목표를 탐지하는 SPY-4 VSR이다. 우선 카터(Ashton Carter) 장관은 실전배치 시기를 맞추기 위해 줌왈트급에 SPY-4를 장착하기로 한 것을 취소해버렸고, 결국 줌왈트급 건조사업에서 해결하기로 되어 있었던 SPY-3와 SPY-4의 연동 문제를 포드급에서 해결해야만 하는 상황이 되어버렸다. 특히 개발 초기에 기술적으로 성숙하지 못한 VSR로 인해 항공관제 레이더와의 간섭현상 등의 문제점들이 발견됨에 따라 SPY-3와 SPY-4의 동시운용이 어려운 점 등이 지적되고 있다. 결국 미 해군은 초도함인 제럴드 R. 포드 함에만 DBR을 장착하기로 하고 후속함부터는 EASR(Enterprise Air Surveillance Radar)을 장착하기로 했고, 이에 따라 추가적으로 1억 8,000만 달러를 절감하게 되었다고 한다.

포드급은 여전히 원자력 추진이지만 원자로 방식이 다르다. 기존의 가압경수로 방식인 A4W 계열을 대신하여 A1B 원자로를 채용하고 있다. 벡텔(Bechtel) 사에서 1998년 개발한 A1B는 더욱 단순하고도 효율적인 설계를 채용하여 크기를 줄였을 뿐만 아니라, 본격적인 전자제어감시 기술을 채용하여 관리도 편해졌다. 무엇보다도 연료봉 교체는 20년에 한 번만 해도 되어 연료 재보급을 위해 항공모함을 쓸 수 없게 되는 일이 줄어들게 되었다. 게다가 A1B는 니미츠급의 A4W와 비교하면 전체 출력은 25%가 향상되었고, 전기출력은 원자로 1기당 무려 300MW로 무려 3배나 증가했다. 사실 이런 충분한 출력 덕분에 EMALS나 AAG 또는 DBR 같은 신형 장비들을 운용할 수 있는 것이다. 또한 추후에 자유전자 레이저(FEL, Free Electron Laser)와 같은 레이저 무기도 장착할 예정인데, 이 역시 출력이 충분하기에 가능한 것이다.

포드급에는 신형 원자로인 A1B가 장착되어 무려 20년간 연료 교체 없이 활용할 수 있게 되었다. 〈출처: 미 해군〉

운용 현황

미국은 지난 2012년 엔터프라이즈 항공모함(USS Enterprise, CVN-65)을 퇴역시키면서 10척의 니미츠급 항공모함들만 2017년 중반까지 운용해왔다. 원래 미 의회가 정해놓은 11척의 항공모함 쿼터를 채우지 못하고 있는 상황이다. 11척 쿼터를 채우기 위해서 미국은 어느 때보다도 빨리 포드급을 배치해야만 했다.

애초에 포드급을 전력화하기로 한 것은 2015년 9월 30일이었다. 그러나 신형 장비들의 성능 검증이 완료되지 못하자, 전력화 시기를 2016년 8~9월경으로 연기했고, 이마저도 탑재장비에 대한 평가가 89%에 그쳐 전력화 시기가 또 2017년으로 연기되었다. 이 와중에도 포드급의 후속함은 꾸준히 건조가 계획되고 있어, 이미 2번함 CVN-79 '존 F 케네디(John F. Kennedy)'는 2015년부터 건조에 돌입했고, 3번함 CVN-80 '엔터프라이즈'는 2018년에 건조될 계획이다. 총 10척이 건조되어 2050년까지 니미츠급을 대체하게 된다. 초도함인 CVN-78 제럴드 R. 포드 함을 과연 제 시기에 전력화할 수 있을지를 놓고 미 정부와 의회는 큰 고민에 빠졌었다.

초도함의 건조사업은 어느 나라건 많은 문제를 동반하기 마련이다. 그러나 포드급의 문제는 이보다는 좀 더 복잡했다. 가장 큰 문제는 동시진행(concurrency)이다. 이전까지 한 번도 검증된 바 없는 최신 기술로 최초의 무기체계를 만들면서 컴퓨터 시뮬레이션과 사후 보정만으로 가능하다는 가정에 문제가 있다. 여기에 해당하는 가장 대표적인 예가 F-35다. 비용을 아끼겠다고 개발과 생산을 동시에 진행하고 있지만, 오히려 비용은 증가하고 리스크만 커졌다. 2010년 즈음에는 아예 사업 자체가 좌초될 뻔했다. 똑같은 실수가 포드급에서 반복되었다.

해군은 포드급에 너무 많은 신기술을 한꺼번에 다 밀어넣으려고 했다. EMALS, AAG, DBR 등 이전에 다른 함정에서 한 번도 실험해본 적이 없는 기술들을 10만 톤짜리 초대형 항공모함에 우겨넣으려다 보니 무려 13년의 시간에다가 60억 달러나 비용을 초과해버렸다. 2008년 예상으로 105억 달러였던 초도함 건조 비용은 건조 완료 시점에는 135억 달러까지 무려 30억 달러나 상승했다. 미 상원 군사위원장인 존 매케인(John Sidney McCain III) 의원은 포드급의 문제를 지적하기

존 매케인 상원 군사위원장은 포드급을 놓고 '미국 최고의 돈 낭비'라는 보고서를 내놓기도 했다. 〈출처: 존 매케인 의원실〉

포드급 취역식에 참석한 트럼프 대통령은 신형 항모가 "전 세계를 향한 10만 톤짜리 메시지"라면서 아메리카 퍼스트와 아메리카 베스트가 해군에서도 계속될 것임을 다짐했다. 〈출처: 미 해군〉

위해 '미국 최고의 돈 낭비(America's Most Wasted)'라는 제목의 보고서까지 발간하기도 했다.

결국 포드급은 2017년 7월 22일 버지니아주 노퍽(Norfolk) 해군기지에서 취역했다. 취역식에 참석한 트럼프(Donald Trump) 미 대통령은 "미국의 철강과 미국인의 손으로 전 세계를 향한 10만 톤짜리 메시지를 만들었다"면서 "이 항공모함이 수평선을 가르며 나아갈 때면 모두가 미국이 오고 있다는 것을 알게 돼 우리의 동맹은 한숨을 돌리고 적은 두려움에 떨 것"이라고 평가했다. 그러나 제럴드 R. 포드 함이 당장 전력으로 투입되는 것은 아니며, 아직 초도작전능력(IOC) 검증 등의 절차가 남아 있다. 현재 제럴드 R. 포드 항공모함은 2021년까지 태평양 작전 해역에 배치될 계획이다.

제원

제작	뉴포트뉴스(Newport News) 조선소
취역	2017년 7월 22일
전장	333m
전고	76m
전폭	78m
흘수	12m
갑판	25층
만재배수량	112,000톤
추진	A1B 원자로×2, 4축 추진
속력	30노트 이상
승무원	4,660명
항속거리	무제한
무장	• 대공미사일: RIM−162 ESSM 발사기×2, RIM−116 RAM 발사기×2 • 화포: 20mm 페일랭스(Phalanx) CIWS×2, M2 .50구경 기관총×4
센서	AN/SPY−3 듀얼밴드 레이더(S밴드/X밴드), EASR 장거리 감시 레이더,
함재기	75대 이상

미 해군의 3세대 항공모함인 포드급은 초도작전능력(IOC) 검증 이후 2021년경에야 태평양함대에 배치될 전망이다.
〈출처: 미 해군〉

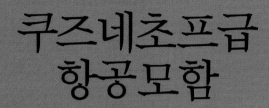

쿠즈네초프급
항공모함

러시아 해군의 자존심

글 | 남도현

Kuznetsov-class
aircraft carrier

개발의 역사

소련은 엄청난 국토를 가졌지만 해양으로의 진출이 쉽지 않은 지리적 구조로 인해 오랫동안 해군력 구축에 상대적으로 뒤져왔다. 그래서 냉전 시기에 개별 전투함의 공격력을 강화하고 잠수함 전력을 확장하는 방식으로 대응했다. 하지만 전 지구를 작전 구역으로 상정했기에 본토에서 멀리 떨어진 원양에서 충돌 가능성도 있었다. 당연히 항공모함에 대한 필요성도 제기되었다.

소련은 냉전이 절정으로 치닫던 1960년대에 항공모함 개발을 시작했으나 거의 백지 상태였다. 그때까지 항공모함을 운용한 나라들 모두가 예외 없이 적성국이어서 기술을 습득할 방법이 없었기 때문이었다. 이런 어려움을 겪으며 1975년부터 배수량 42,000톤 규모의 키예프(Kiev)급 항공모함 4척이 완공되어 순차적으로 도입되었다. 하지만 수직이착륙 방식의 Yak-38 함재기를 탑재한 형태여서 작전 능력이 기대에 못 미쳤다.

절반의 성공으로 끝난 키예프급 항공모함의 운용 경험을 토대로 소련은 1981년 미국에 필적할 만한 정규 항공모함인 '프로젝트 1143.5'를 야심차게 추진했다. 미국의 F-14, F/A-18 같은 고성능 함재기를 운용할 정도가 되어야 항공모함이 전략적 이동 기지로서의 기능을 발휘할 수 있을 것으로 판단한 소련은, 최소 만재배수량 6만 톤, 갑판 길이 300m의 대형 항공모함 4척을 건조하기로 결정했다.

초도함은 직전 공산당 서기장이었던 브레즈네프(Leonid Brezhnev)의 이름으로 명명될 예정이었지만, 중간에 트빌리시(Tbilisi)로 바뀌어 1985년 12월 5일 진수되었다. 하지만 70여 년간 쌓여온 공산주의 체제의 모순으로 경제적 어려움이 가중되면서 단 한 척의 취역조차 장담하기 힘든 지경에 이르렀다. 1988년에 인도와 매각 협상을 벌이기도 할 정도로 소련 해군의 염원은 순식간에 애물단지로 전락했다.

이러한 우여곡절 끝에 1990년 12월 25일, 제2차 세계대전 당시 활약한 쿠즈네초프(Nikolay Kuznetsov) 제독을 기려 어드미럴 쿠즈네초프(Admiral Kuznetsov, 이하 쿠즈네초프)로 또다시 함명이 변경되어 간신히 취역이 이루어졌다. 그런데 1년 후인 12월 26일 소련이 해체되는 거대한 격변이 벌어지면서 소련 해군의 대부분을 승계한 러시아 해군에 인도되어 현재까지 운용 중이다.

제2차 세계대전의 영웅 니콜라이 쿠즈네초프 해군 대원수
〈출처: Public Domain〉

1991년 12월 13일 북해를 항해하는 쿠즈네초프 항공모함(뒤)과 감시 중인 미 해군 구축함 데요(USS Deyo)(앞) 〈출처: Public Domain〉

특징

건조 당시 첩보위성이 촬영한 사진을 보고 미국은 원자력 추진 항공모함으로 추정했지만, 쿠즈네초프는 재래식 동력함이어서 작전 중 지속적 보급이 필요하다. 항공모함이라기보다 항공순양함으로 분류된 이전 키예프급처럼 자체 무장이 상당한 수준이다. 8문의 카쉬탄(Kashtan) CIWS 외에도 6문의 AK-630 CIWS와 24개 VLS에 장착한 총 128발의 대공미사일은 미국보다 호위 전력이 뒤진 소련(러시아)의 입장을 고려하면 어느 정도 이해할 수 있다.

하지만 사거리가 600km가 넘는 P-700 대함미사일을 12발이나 장착한 것은 너무 과한 수준이라 평가될 정도다. 이것은 함재기의 작전 능력이 뒤지기 때문에 선택한 고육책이라 볼 수도 있다. 애초 소련 시절에 예정한 함재기는 초음속 비행이 가능한 수직이착륙기인 YAK-141이었지만 쿠즈네초프의 크기를 고려할 때 군이 작전 능력에 제한이 많은 수직이착륙기보다 통상적인 함재기가 낫다고 판단했다.

이에 소련 전투기의 역사를 새롭게 쓴 Su-27을 개량한 Su-33이 함재기로 채택되었다. 하지만 사출기 관련 기술력이 부족하고 함에 엄청난 자체 무장을 장착하면서 스키점프대를 이용하여 이함하는 방식을 택했다. 어쩔 수 없이 함재기의 무장 장착에 제한이 있게 되었고 이는 작전 능력을 저하시켰다. 그래서 항공모함임에도 공격력을 강화하기 위해 많은 대함미사일을 장착하게 되었다.

갑판에 주기된 Su-33 함재기. 현재는 MiG-29K와 함께 운용되고 있다. 〈출처: 미 해군〉

조기경보 임무를 담당하는 Ka-27 헬기 〈출처: 러시아 해군 북해함대〉

거기에 더해 조기경보 임무를 Ka-27 헬기가 담당하고 별도의 전자전기가 없어서 전반적인 작전 능력이 떨어질 수밖에 없다. 하지만 이것도 미국의 항공모함과 비교했을 때나 그렇다는 것이지, 종합적인 전투 능력을 고려한다면 현재 프랑스의 샤를 드골(Charles de Gaulle) 항공모함과 더불어 2위권 수준으로 평가되고 있다. 사실 함재기를 제외하고도 자체 무장이 워낙 대단하여 단독으로도 상당한 공격력을 갖춘 플랫폼이라 할 수 있다.

운용 현황

쿠즈네초프는 함대를 이끌고 대양에서 미국 함대와 대적하기 위한 목적으로 제작되었지만, 취역 당시에 워낙 상황이 좋지 않아 모항 인근의 북해 일대에서 간단한 훈련만 벌이는 처지였다. 미국이나 나토(NATO)가 그다지 위협적인 전력으로 취급하지 않았을 정도였고, 1998년에는 수리를 명분으로 현역에서 물러나기도 했다. 그러다가 2000년대 들어 러시아의 경제가 호전되자 대대적인 개수를 거쳐 다시 현역으로 복귀했다.

이때부터 북해를 벗어나 지중해에 종종 원정을 나갔다. 러시아가 시리아 내전에 깊숙이 개입하자 2016년 11월부터 폭격작전을 펼치기도 했다. 그런데 실제로 항공모함에서 발진한 회수는 극히 제한적이며, 함재기의 상당수가 러시아 공군이 주둔한 현지 지상 항공기지에서 발진했다. 또한 2016년 11월 14일에는 MiG-29KUBR이, 12월 5일에는 Su-33이 추락하는 등 운용 과정에서 문제점도 여실히 드러났다.

무르만스크에 정박 중인 모습 〈출처: (cc) Art Navsegda at wikimedia.org〉

사실 이는 쿠즈네초프보다는 함재기의 성능 부족이 더 큰 원인이지만 샤를 드골과 비교해도 전반적인 능력이 결코 만족스러운 수준이라고 할 수는 없다. 하지만 제정 러시아 이래 최초로 그나마 대외 원정이 가능한 최소한의 해상 항공력 운용 플랫폼이라는 사실이 입증되었다는 점만은 러시아 해군을 크게 고무시켰다. 이에 수명을 25년 정도 연장할 목적으로 2017년부터 개수에 착수했다.

쿠즈네초프 항공모함에 배치된 MiG-29K 함상전투기 〈출처: 러시아 해군〉

변형 및 파생형

최초 쿠즈네초프는 자매함 바랴크(Varyag)와 동시에 건조하기 시작했다. 하지만 소련 말기의 격변기에 바랴크는 70% 정도 공정이 진행된 상태에서 제작이 중단되었다. 그렇게 한동안 방치되다가 1998년 3월 마카오의 한 무역회사에 팔렸고, 2001년 선상 카지노와 호텔로 개조한다는 명분으로 중국의 다롄(大連)에 위치한 조선소로 보내졌다. 하지만 처음부터 이를 곧이곧대로 믿은 사람은 없었다.

　중국은 단지 선체만 확보한 상황이었지만, 이를 철저히 분석하여 건조를 재개했다. 이렇게 해서 2012년 9월 25일, 쿠즈네초프급 2번함은 중국 최초의 항공모함 랴오닝(遼寧)으로 변신하여 취역했다. 중국에서는 선체를 제외하고 모든 시설이나 장비가 중국제이므로 전혀 다른 항공모함이라고 주장한다. 하지만 쿠즈네초프급 항공모함이 러시아와 중국 해군에게 새로운 세계를 열어준 길라잡이가 되었음은 부인할 수 없는 사실이다.

다롄 조선소에서 건조 중이던 랴오닝 함 〈출처: (cc) Yhz1221 at wikimedia.org〉

제원

제작	니콜라예프(Nikolayev) 조선소
기공	1982년 4월 1일
진수	1985년 12월 6일
취역	1990년 12월 25일
경하배수량	43,000톤
만재배수량	55,200톤
최대배수량	61,390톤
전장	305m
선폭	72m
흘수	10m
추진기관	증기 터빈, 터보 압축 보일러 8대, 4축, 200,000마력(150MW) 50,000마력(37MW) 터빈 × 4 2,011마력(1,500kW) 터보발전기 × 9 2,011마력(1,500 kW) 디젤 발전기 × 6 프로펠러 × 4
속력	29노트
항속거리	8,500해리
무장	AK-630 대공포 × 6 CADS-N-1 CIWS × 8 8셀 3K95 수직발사관 (192 함대공미사일) × 4 P-700 대함미사일 × 12 RBU-12000 UDAV-1 대잠로켓발사관
함재기	Su-33 전투기(현재) × 12 MiG-29K/KUB 전투기(향후) × 20 Su-25UTG/UBP 훈련기 × 4 Ka-27LD32 헬기 × 4 Ka-27PL 헬기 × 18 Ka-27PS 헬기 × 2

함재기를 이륙시키는 쿠즈네초프 항공모함 〈출처: 러시아 해군〉

랴오닝 항공모함

중국 최초의 항공모함

글 | 남도현

Chinese aircraft carrier
Liaoning(CV-16)

개발의 역사

중국은 세계 4위의 엄청난 영토를 가졌지만 이에 비하면 상대적으로 영해가 작은 나라다. 국제적으로 통용되는 배타적 경제 수역(EEZ, Exclusive Economic Zone)을 기준으로 할 때 일본의 5분의 1 수준이고 우리나라(남한)의 2배에도 미치지 못한다. 이 때문에 오랫동안 중국 해군은 전형적인 연안 해군에 머물러 있었다. 하지만 원해서 그런 것이 아니라 해군력 구축에 필요한 국력과 기술력이 부족하여 못했던 것뿐이었다.

중국은 이미 1947년에 인근 국가와의 마찰도 불사한 채, 이른바 구단선(九段線)을 일방적으로 선포하며 남중국해를 자신의 영해라고 주장했을 만큼 대외 팽창 의지가 강했다. 본격적으로 개방에 나선 1980년대 이후 경제력이 급성장하자 마침내 대양해군으로의 변신을 모색했다. 당시 이를 앞장서서 이끈 류화칭(劉華淸) 해군사령원은 작전 권역을 이른바 제2도련선(島鍊線)으로 규정한 서태평양 일대까지 확장시켰다.

도련선은 일종의 확장된 방어선 개념이지만, 2016년 초 관영 매체가 "중국군의 규모가 커졌기에 활동 영역의 확대를 피할 수 없다"고 강변했던 것처럼 중국은 오래전부터 활동 영역을 대외로 확장하고자 했다. 이를 위해 중국은 1990년대 이후 대대적으로 건함에 나서 신예 구축함, 잠수함 등을 대량 도입했고 그러한 과정에서 군비 확장의 완성을 항공모함이라 생각했다. 원양에서 미국, 일본에 대항하려면 항공력의 지원이 절대 필요하다고 본 것이었다.

그런데 항공모함은 오스트레일리아, 캐나다, 네덜란드, 아르헨티나, 브라질, 인도 등의 사례에서 보듯이 외국에서 도입할 수 있는 무기다. 하지만 군사전략상 중국이 서방의 무기를 획득하는 것은 불가능에 가까웠고 그나마 유일한 공급선인 소련과의 교류도 1960년대 중소분쟁 이

현재 중국 선전(深圳)에 테마 공원으로 운영 중인 소련 항공모함 민스크(Minsk). 중국은 퇴역 항공모함 민스크를 고철용으로 사들였으나, 항공모함에 대한 기초 자료를 얻기 위해 샅샅이 조사했다. 〈출처: (cc) Sudip2118 at wikimedia.org〉

2001년 11월 예인선에 끌려 이스탄불 인근을 지나가는 바랴크. 이동을 막은 터키에 엄청난 대가를 지불하고 간신히 보스포러스 해협을 통해 흑해를 빠져나올 수 있었다. 〈출처: Public Domain〉

후 막힌 상태였다. 한때 러시아와 프랑스로부터 구형 항공모함의 도입 협상을 벌인 적도 있었으나 기술이전 등의 문제 때문에 불발로 끝났다.

결국 중국은 자력 개발에 나서야 했다. 고철로 쓰겠다는 명분으로 호주 해군이 운용하다 1980~1990년대에 폐기한 영국산 항공모함인 멜버른(Melbourne)과 소련의 키예프(Kiev)급 항공순양함 선체를 입수하여 개념 연구를 했으나 기술력의 부족 등으로 자체 건조에는 어려움이 많았다. 그러던 차에 우크라이나 니콜라예프(Nikolaev) 조선소에 70% 정도 건조되었으나 소련이 해체되면서 방치되어 있던 쿠즈네초프(Kuznetsov)급 2번함인 바랴크(Varyag) 함이 눈에 들어왔다.

바랴크 함은 항공모함의 제작과 운용에 많은 어려움을 겪은 소련이 그동안의 경험을 바탕으로 설계한 최초의 본격 항공모함이었다. 중국은 홍콩에 설립한 위장 회사를 내세워 해상 카지노로 사용하겠다는 명분으로 10년 가까이 방치되어 녹슬어가던 바랴크 함을 구매했고 우여곡절 끝에 예인선들이 선체를 이끌고 흑해를 빠져나온 후 희망봉을 돌아서 2002년 중국의 다롄(大連)에 위치한 조선소까지 가져오는 데 성공했다.

이후 철저히 분석을 마치고 2000년대 후반부터 본격적인 건조를 재개했다. 처음에는 이런 사실을 밝히지 않고 은밀히 진행했으나 2010년 이후 들어 조만간 항공모함 획득이 이루어질

다롄 조선소에서 건조 중인 모습 〈출처: Public Domain〉

것이라는 사실을 공공연히 밝혔고 진행 상황을 노골적으로 공개하기도 했다. 그리고 마침내 2012년 9월 25일 중국 권력층이 대거 참석한 가운데 '랴오닝(遼寧)'이라는 함명으로 취역식을 갖고 실전배치했다.

특징

랴오닝 항공모함은 태생적으로 쿠즈네초프와 외형과 갑판의 배치가 같을 수밖에 없다. 함재기를 스키점프대로 이함시키고 어레스팅 후크(arresting hook)와 케이블을 이용하여 착함하는 방식으로 운용하는데, 함재기인 J-15도 소련(러시아)의 Su-33의 불법 복제판일 정도다. 거기에다가 선체 도입 시 우크라이나에서 설계도와 관련 자료도 함께 입수한 것으로 알려졌기에 중국에서 건조를 재개했을 때 대부분 그대로 따라 했을 것으로 추측된다.

하지만 오랫동안 방치되었고 중요 설비가 제거된 상태로 인수했기 때문에 대대적인 개수가 이루어졌다. 특히 엔진이나 각종 전자장비 같은 핵심 부분은 대부분 중국에서 새롭게 제작한 것이다. 때문에 단지 뿌리가 같고 겉모습만 비슷할 뿐이지, 쿠즈네초프와 다른 별개의 항공모함이라 할 수 있다. 거기에다가 운용과 관련한 많은 부분은 시행착오를 겪으며 중국 스스로 터득해야 했다.

중국으로 가기 위해 흑해 연안을 항해하는 바랴크 함. 공정이 70% 가까이 진행된 상태여서 외형상으로 쿠즈네초프와 차이가 없다. 〈출처: Public Domain〉

최초 건조 중단부터 완공까지 거의 20년의 공백이 있었고 중국의 기술력 등을 고려했을 때 원조인 쿠즈네초프보다 전반적인 성능이 떨어질 것으로 추정된다. 그래서인지 중국도 랴오닝 항공모함이 최초이자 현재 유일한 항공모함이지만, 운용 노하우를 습득하고 각종 데이터를 얻기 위한 실험함 정도로 취급하고 있다. 2017년 현재 건조 중인 2척의 항공모함 제작에 많은 참고가 되었을 것이 틀림없다.

운용 현황

처음에 랴오닝은 완공된 다롄을 기반으로 활동할 것으로 예상되었으나, 북해함대의 모항인 칭다오(青島)에 배치가 이루어졌다. 하지만 육상에 기반을 두고 있는 전투기가 충분히 작전을 펼칠 수 있을 만큼 서해가 그다지 크지 않아서 단지 거점일 뿐이고 실제로 활동은 일본, 대만, 베트남, 필리핀, 말레이시아, 인도네시아, 브루나이 등이 서로 영유권을 주장하며 대립하는 남중국해 일대에서 하고 있다.

2016년에는 대규모 함대를 구성하여 대만 동쪽의 이른바 제2도련선 밖까지 진출하기도 했다. 실전 투입은 없었지만 무력시위 수단으로 유효적절하게 사용하고 있으며 공해상에서 미국 해군을 견제하기도 했다. 하지만 작전 능력이나 함재기의 성능 등을 고려할 때 미국 해군이나 일본 해상자위대는 우려는 하지만 아직까지 랴오닝을 심각한 위협으로 받아들이지는 않고 있다.

남중국해에서 함대를 형성하여 작전을 펼치는 모습 〈출처: (cc) AFP 통신 at wikimedia.org〉

랴오닝 항공모함에서 운용되는 함재전투기 J-15 〈출처: (cc) Garudtejas7 at wikimedia.org〉

변형 및 파생형

●원형 어드미럴 쿠즈네초프 함(Admiral Flota Sovetskogo Soyuza Kuznetsov): 현존 유일의
러시아 항공모함으로, P-700 대함미사일처럼 강력한 대함 공격 능력을 보유하고 있다.

원형인 어드미럴 쿠즈네초프 함 〈출처: (cc) Ministry of Defence at wikimedia.org〉

제원

제작	니콜라예프(Nikolayev) 조선소, 다롄(大連) 조선소
기공	1985년 12월 6일
진수	1988년 12월 4일
취역	2012년 12월 25일
경하배수량	43,000톤
만재배수량	55,200톤
최대배수량	61,390톤
전장	304.5m
선폭	70.5m
흘수	10.5m
추진기관	증기 터빈, 터보 압축 보일러 8대, 4축, 200,000마력(150MW) 50,000마력(37MW) 터빈 × 4 2,011마력(1,500kW) 터보발전기 × 9 2,011마력(1,500kW) 디젤발전기 × 6 프로펠러 × 4
속력	32노트
항속거리	8,000해리(18노트), 3,850해리(29노트)
무장	HQ-10 18셀 미사일발사관 × 3 H/PJ-11 CIWS × 3 RBU-12000 UDAV-1 대잠로켓발사관 × 2
함재기	J-15 전투기(현재) × 24 Z-18F 대잠헬기 × 8 Z-18J 조기경보헬기 × 4 Z-9C 헬기 × 4

2016년 12월 25일 원양 훈련을 위해 일본 오키나와(沖縄)와 미야코지마(宮古島) 사이를 통과하는 랴오닝 함(CV-16)
〈출처: (cc) 日本防衛省・統合幕僚監部 at wikimedia.org〉

아메리카급 강습상륙함

강력하고 빠른 미 해병
해상 원정기동작전의 중추

글 | 윤상용

America-class
amphibious assault ship

개발의 역사

강습상륙함은 유사시 상황에 적의 해안에 해병 원정부대가 전개할 수 있도록 지원하고, 해병대가 상륙에 성공하여 해두보(海頭堡)를 확보하면 적을 칠 수 있는 충분한 전투력을 적 해안가에 빠르게 구축하는 임무를 수행한다. 또한 탑재 비행 자산이 많고, 다량의 물자와 다수의 병력을 짧은 시간 안에 수송할 수 있는 강습상륙함의 특성 때문에 인도적 지원작전이나 긴급 우발 상황에도 자주 투입된다. 이런 목적으로 건조된 미 해군 최대 규모의 강습상륙함인 와스프(Wasp)급 강습상륙함은 1989년 7월에 취역한 선두함 와스프(LHD-1 USS Wasp)를 필두로 하여 미 해군 및 해병대와 함께해왔다.

하지만 미 해병대가 합동공격기(JSF, Joint Strike Fighter) 사업을 통해 F-35B 및 MV-22 오스프리(Osprey) 수직이착륙기를 도입하게 되자, 해병대의 미래 항공 전력과 발맞추기 위해 넓은 갑판을 갖추고 탑재 항공기의 정비 수납 및 여유 공간이 크며 강력하면서도 유연한 지휘통제 임무를 수행할 수 있는 강습상륙함의 필요성이 대두되었고, 이에 따라 건조한 것이 아메리카(America)급 강습상륙함이다.

특히 아메리카급은 해병대의 '바다에서부터의 작전적 기동(OMFTS, Operational Maneuver from the Sea)' 및 '군함에서 목표로의 기동(STOM, Ship to Objective Maneuver)' 교리를 지원하는 데 초점을 맞추고 있다. 아메리카급 강습상륙함은 미 해군의 타라와(Tarawa) 강습상륙함을 대체하며, AV-8B 해리어(Harrier) II+, F-35B 라이트닝(Lightning) II, MV-22 오스프리(Osprey) 틸트로터 항공기 등을 이용해 미 해병 기동원정부대(MEU, Marine Expeditionary Unit)의 해안 상륙작전을 지원하는 임무를 수행한다.

아메리카급 강습상륙함은 와스프급 마지막 함인 '메이킨 아일랜드(USS Makin Island, LHD-8, 2009년 12월 취역)' 함에 기반하여 2001년 7월부터 설계가 시작되었다. 본격적인 개발은 2005년 10월부터 착수하여 2008년 12월부터 선두함인 LHA-6 '아메리카' 함의 건조가 시작되었다. 최초 계획은 총 11척의 아메리카급을 건조해 펠릴리우 함(USS Peleliu, LHA-5)을 비롯한 타라와(Tarawa)급 강습상륙함을 대체하는 것이었으나, 리먼 브라더스(Lehman Brothers) 사태를 시작으로 촉발된 경제위기와 시퀘스터(sequestration: 연방정부 예산 자동 삭감)의 여파로 수차례 사업 일정이 지연 및 축소되다가 우선 '아메리카' 함이 2014년 10월 11일자로 별도 취역식 행사 없이 실전배치되었다. 현재에도 계획했던 총 11척의 아메리카급 강습상륙함

아메리카 함에 착함 중인 MV-22 오스프리 〈출처: Mass Communication Specialist 2nd Class Ryan Riley / 미 해군〉

아메리카 함의 함명식 장면. 왼쪽부터 제임스 아모스(James F. Amos) 해병대 사령관, 아메리카 함 함장에 내정된 로버트 홀(Robert Hall, Jr.) 대령, 그리고 스폰서인 린 페이스 여사. 〈출처: 미 해군-Huntington Ingalls Shipbuilding〉

을 모두 건조할 가능성은 낮으나, 미 해군은 2012년 4월부로 LHA-7번함부터 10번함에 대한 건조 계약을 헌팅턴 인걸즈(Huntington Ingalls) 조선소와 체결했다.

2번함인 '트리폴리 함(USS Tripoli)'은 2012년 레이 메이버스(Ray Mabus) 해군장관에 의해 명명된 후 메이버스 장관의 부인인 린 메이버스(Lynne Mabus) 여사와 스티브 셍크(Steve Senk) 예비역 소령을 스폰서로 하여 2014년 6월 21일에 용골(龍骨) 거치식 행사를 가졌다. 트리폴리 함은 2014년 6

갑판실 조립 작업 중인 LHA-7 트리폴리 함 〈출처: Lance Davis/HII〉

월 20일부터 건조에 들어가 2017년 5월 1일에 진수식을 가졌으며 2018년까지 해군에 인도될 예정이다. '부겐빌(USS Bougainville)'로 명명된 LHA-8 함은 2016년 6월 30일자로 미 해군과 헌팅턴 인걸즈 조선소[Huntington Ingalls Industry, 구(舊) 노스럽-그러먼 조선소]가 건조 계약을 체결했으며, 2024년까지 완성하여 미 해군에 인도할 예정이다.

LHA-6 함은 '아메리카'라는 이름을 승계한 네 번째 군함이자 두 번째 항모[앞서 키티호크(Kitty Hawk)급의 CV-66이 있었다]이고, 미 해병대가 1805년 바바리(Barbary) 해적을 상대로 승리한 트리폴리의 데르나(Derna) 전투를 기념하여 명명된 LHA-7 함은 '트리폴리' 이름을 승계한 세 번째 군함이다. 제2차 세계대전 중 미 해병대가 남태평양에서 일본군을 상대로 승리한 부겐빌(Bougainville) 전투를 기념한 LHA-8 함은 해당 이름을 승계한 두 번째 군함이다.

특징

아메리카급의 설계상 특징은 메이킨 아일랜드 함의 설계를 45% 이상 차용해서 썼다는 점으로, 기본적으로 오스프리나 F-35B의 효과적인 운용을 염두에 두고 설계되었기 때문에 탑재 항공기 지원 능력에 중점을 두었다. 따라서 '플라이트 0(Flight 0)' 사양의 선두함 2척(아메리카 함/트리폴리 함)은 상륙부양정(LCAC) 운용을 위한 후미의 침수갑판(well deck)을 설계에서 제외시켰으며, 이를 통해 확보된 추가 공간은 항공기 수납 공간, 항공기 정비 시설 공간 등으로 확보되었다. 그 외에도 아메리카급은 추가 연료 적재 공간이 마련되어 있으며, 전기식으로 설정 변경이 가능한 C4ISR 시설이 설치되어 있는 점이 와스프급과 다른 점이다. 하지만 '플라이트 1(Flight 1)' 사양의 부겐빌 함을 비롯한 후속함에는 다시 침수갑판을 설치해 상륙부양정 탑재 및 출입 공간을 확보할 예정이다.

와스프급의 키어사지 함(USS Kearsarge, LHD-3)(위)과 아메리카 함의 침수갑판 모습(아래) 〈출처: (위) 미 해병대 | (아래) Staff Sgt. Danielle Bacon / 미 해군〉

운용 현황

기본적으로 강습상륙함은 양륙준비단(ARG, Amphibious Ready Group) 및 원정타격단(ESG, Expeditionary Strike Group)의 중심 역할을 하는 핵심 자산이다. 최근에는 초음속 대함미사일의 개발과 장폭량이 큰 장거리 전략폭격기의 개발로 항모나 강습상륙함의 중요성이 크게 퇴색하고 있으며, 기동성은 낮은 반면 선체가 커 레이더반사면적(RCS)은 크고 항공기 이착함에 방해가 될 수 있어 무장에도 제한이 큰 특성 때문에 일각에서는 항모나 강습상륙함의 미래 가

강습상륙함은 필요에 따라 빠른 해외 전개와 전투력 투사가 가능하다는 점이 장점이다. 〈출처: Mass Communication Specialist 1st Class Demetrius Kenon / 미 해군〉

치를 낮게 평가하기도 한다. 하지만 항모나 강습상륙함은 전술 용도 이상의 가치를 갖는다. 이들 항모 및 강습상륙함은 전개 자체만으로도 위압감을 주어 강력한 전투력을 투사할 수 있는 자산이며, 우방국 항구의 친선 방문이나 재난 상황에 대한 인도적 구호 작전을 실시해 동맹국들에 대한 지원과 외교적 효과를 이끌어낼 수도 있다. 뿐만 아니라 동맹국의 위기상황 시 이들 항모는 공해 상에만 전개해도 충분한 전투력이 투사되므로 주둔지, 공항, 항만 시설을 별도로 마련해야 하고 주둔국 지위협정(SOFA)을 비롯한 법적 조치가 필요한 타 군보다 신속하게 전개가 가능하며, 외교적 문제도 최소화하여 전개가 가능하다.

현재 미 해군은 해병대 지원을 위한 강습상륙함으로 총 8척의 와스프급 강습상륙함과 1척의 아메리카급 강습상륙함을 운용 중이며, 2012년 5월 31일자로 미 해군과 헌팅턴 인걸즈가 LHA-7 트리폴리 함에 대한 상세 설계 및 건조 계약을 체결했다. 트리폴리 함은 2013년 7월 15일부터 치장 작업에 들어갔으며, 3번함인 LHA-8 부겐빌 함은 회계연도로 2017년 중에 상세 설계 및 건조 계약을 체결하기로 했다.

총 1,800명의 수병과 2,600명의 해병이 소속된 아메리카 상륙준비단(ARG, America Amphibious Ready Group)은 샌디에이고(San Diego)를 모항으로 삼은 미 제3함대 및 미 해군 해상전력사령부 소속이며, 2017년 6월 현재 아메리카 함, 양륙 수송 도크함 샌디에이고 함(USS San Diego, LPD-22), 양륙 도크 상륙함 펄 하버 함(USS Pearl Harbor, LSD-52)이 아메리카 상륙준비단에 포함되어 있다.

아메리카급 강습상륙함에서는 F-35B의 운용이 가능하다. 〈출처: 미 해군〉

동급함

● LHA-6 아메리카 함(USS America): 아메리카급 강습상륙함의 선두함. 2012년 6월 4일에 진수식을 거친 후 2014년 10월 11일에 취역했다. 모토는 "Bello vel pace paratus"로, "전쟁 혹은 평화를 준비하라"는 의미다. 해병대 출신으로 첫 미 합동참모본부 의장을 지낸 피터 페이스(Peter Pace) 장군(2005~2007)의 부인인 린 페이스(Lynne Pace) 여사가 스폰서가 되었다.

아메리카급 강습상륙함 선두함인 아메리카 함 〈출처: 미 해군〉

● LHA-7 트리폴리 함(USS Tripoli): 아메리카 함의 자매함. 2014년 7월 22일에 용골거치식을 거쳐 2017년 5월 1일자로 진수했다. 현재 시험항해 중이다.

● LHA-8 부겐빌 함(USS Bougainville): 아메리카급의 3번함. 2017년부터 설계에 들어갔으며, 2024년 실전배치를 목표로 잡고 있다. 부겐빌 함부터 다시 후미에 침수갑판이 설치된 설계가 반영될 예정이다.

시험운항을 마친 후 헌팅턴 인걸즈 조선소로 돌아오고 있는 아메리카 함 〈출처: 미 해군〉

제원

제조사	헌팅턴 인걸즈(Huntington Ingalls)
취역	2014년 4월 10일 (해군 인도)
길이	257m
폭	32.3m
흘수	7.9m
만재배수량	44,449톤
최고속도	22노트(41km/h)
승조원	1,204명(장교 102명 / 수병 1,102명)
기타 탑승인원	1,687명 이상 탑승 가능 / 인도적 지원 작전 시 민간인 1,800명 수용 가능
추진체계	선박용 가스터빈 × 2, 70,000 제동마력 샤프트 × 2, 5,000 마력 보조추진모터 × 2
센서 및 레이더	AN/SPQ-9B 화력통제 시스템, AN/SPS-48E 항공탐색 레이더, AN/SLQ-32B(V)2 전자전체계
무장 및 디코이	RAM 발사기 × 2, 나토(NATO) 시 스패로우 미사일(Evolved Sea Sparrow, ESSM) 발사기 × 2, 함대공 RAM(Rolling Airframe Missile) 발사기 × 2, 200mm 페일랭스(Phalanx) 근접방어체계(CIWS) × 2, 0.5 구경 쌍열포 × 2, MK-53 NULKA 디코이 발사기 × 2
탑재 가능 항공기	AV-8B 해리어 II+, F-35B 라이트닝 II STOVL(Short Take-Off and Vertical Landing) 사양 / MV-22 오스프리 VTOL 틸트로터 항공기 / CH-53K 시 스탤리언(Sea Stallion) 헬리콥터 / UH-1Y 베놈(Venom) 헬리콥터 / AH-1Z 바이퍼(Viper) 헬리콥터 / MH-60S 시 호크(Sea Hawk) 헬리콥터
도입 가격	34억 달러

오션급 강습상륙함

무(無)항모시대의 왕립 해군을
떠받친 대들보

글 | 윤상용

Ocean-class
amphibious assault ship

개발 배경

1992년 2월, 영국 국방부는 왕립 해군용 헬기수송모함(LPH, Landing Platform Helicopter) 도입 사업 입찰을 실시했으나, 1년 뒤인 1993년 2월 국방예산 문제로 사업이 중단되었다. 하지만 유고 내전에 비행교육함 아거스 함(RFA Argus, A-135)을 상륙수송함으로 전개했던 왕립 해군 지원단(RNA, Royal Navy Auxiliary)은 대규모 상륙 전력 수송용 특수함이 필요하다는 판단을 내렸고, 이에 따라 1993년 3월부로 영국 국방부는 다시 헬기수송모함 건조를 재개한다고 발표했다.

이렇게 진행된 왕립 해군 헬기수송모함사업은 여러 의미에서 논란이 많았던 사업이다. 입찰이 중단과 재개를 반복한 점도 그렇지만, 군과 민간 조선소가 합작으로 작업을 하는 등 건조 방식에서도 파격적인 시도가 적용되었기 때문이다. 하지만 이는 의도한 바가 아니라 주로 예산 제약에 기인하는 바가 크다. 영국은 1980년대에 한 번 헬기수송모함사업 입찰을 실시했으나 1억 5,000만 파운드라는 비현실적인 예산 때문에 건조 계획을 한 번 폐기했다가 1991년에 다시 입찰을 계획하면서 예산 수준을 높였다. 해당 사업은 몇 번의 수정을 거쳐 '완성된 선박의 획득(off-the-shelf)' 방식으로 변경되었다. 이로 인해 입찰에 참여를 원하는 업체들은 설계부터 건조뿐 아니라 함에 탑재시킬 무장과 각종 장비까지 함께 고려해야 했다. 처음에는 7개 업체가 사업 참여 의사를 보였으나 1992년 10월 실제 입찰에는 비커스 조선소[Vickers Shipbuilding Ltd.: 현재 BAE 시스템즈 마린(BAE Systems Marine)]와 스완 헌터(Swan Hunter) 2개 업체만이 참여해 제안서를 냈다.

영국 국방부는 1993년 5월 11일 1억 3,950만 파운드를 적어낸 비커스를 선택했다. 그런데 차점자인 스완 헌터 측이 2억 1,060만 파운드를 써내 두 입찰가격 차이가 7,110만 파운드나 되자 영국 국립 감사실(National Audit Office)은 공정거래상 문제가 있다고 판단하고 조사에 들어갔다. 이미 1992년 말에 비커스 측 설계를 염두에 두고 영국 국방부가 정보를 흘린 것 아니냐는 의혹이 있었으나, 국립 감사실은 국방부가 사전에 업체를 선정하고 정보를 흘렸다는 별다른 증거를 발견하지 못했다. 사실 비커스 측은 회사의 준비금을 일부 사용한 데다 상선 설계를 기본으로 하여 설계를 변경하고 무장을 장착하는 개념으로 접근했기 때문에 글래스고(Glasgow)에 위치한 크베어너 고반(Kvaerner Govan) 조선소 등에 하도급을 줘 입찰가격을 최대한 낮출 수 있었다. 반면 스완 헌터 측은 간접비가 상승한 데다 처음부터 왕립 해군의 요구도를 전부 맞추기 위해 기본부터 군함으로 설계했기 때문에 7,100만 파운드의 금액 차이가 났던 것이다.

L12로 함번이 붙은 헬기수송모함은 1994년 5월 용골 거치 행사를 가졌고, 1995년 10월 진수식을 거쳐 1998년 2월 20일 스폰서인 엘리자베스 2세(Elizabeth II) 여왕에 의해 왕립 해군이 전

오션 함의 진수 장면 〈출처: 영국 국방부(UK MOD)〉

통적으로 승계해온 이름인 '오션(Ocean)'으로 명명되었다. 오션 함(HMS Ocean)은 1998년 9월 플리머스(Plymouth) 대본포트(Devonport)에서 취역했으며 2015년 6월부터는 강습상륙함으로는 세 번째로 왕립 해군의 기함(旗艦, flagship)으로 지정되었다. 오션 함의 별칭은 '마이티 오(Mighty-O)'이며, 부대 모토는 "Ex undis surgit Victoria(파도처럼 승리가 솟아오른다)"다.

특징

오션 함은 비커스가 건조한 인빈서블(Invincible)급 항공모함 설계에 기반하고 있다. 오션 함의 임무는 강습상륙 전력이 헬기와 상륙부양정을 이용해 최대한 빠르게 상륙을 실시하도록 지원하는 것이다.

2만 3,700톤을 자랑하는 오션 함은 연료와 식량을 최대로 적재한 상태로 항속거리가 약 7,000해리에 달하며, 건조 당시 기준으로 최첨단 시스템과 센서가 장착되어 주변의 위협에 효과적으로 대처할 수 있도록 설계되었다. 특히 997 아티산(Artisan) 3D 레이더를 통해 완전한 상황인지 능력을 갖추고 효과적인 항해 정보 수집과 표적 지시가 가능하다. 또한 BAE 시스템즈가 설계한 ADWS 2000 전투 데이터 시스템, Link 11·14·16 통신체계, 아스트리움[Astrium: 구(舊) 마트라 마르코니(Matra Marconi)]의 SATCOM 1D 위성통신체계와 멀린(Merlin) 컴퓨터 링크가 탑

램프를 전부 개방하고 상륙 대기태세를 갖춘 오션 함 〈출처: 영국 국방부(UK MOD)〉

재되어 있으며, ADWS 2000은 왕립 해군의 전투함들과 연동된다.

탑재 항공기의 이착륙과 탑재 병력의 상륙작전을 지원하는 것이 주 임무인 만큼 공격용 무장은 적은 편이다. 하지만 오션 함에는 오리콘(Oerlikon)/BAE 사의 30mm DS30M Mk. Ⅱ 기관포 4문이 설치되어 있고, 적의 근접공격을 방어하기 위한 근접무기체계(CIWS, Close-In Weapon Systems)로 제너럴 다이내믹스(General Dynamics)/레이시온(Raytheon) 사의 20mm 페일랭스(Phalanx) 3문이 설치되어 미사일 등 근접해오는 위협요소를 상대로 총알의 '커튼'을 친다. 또한 4문의 미니건, 8문의 7.62mm 다목적 기관총(GPMG, General Purpose Machine Guns)이 설치되어 적 항공기의 접근이나 미사일 위협, 어뢰 위협, 혹은 자살 보트의 충돌 시도 등을 저지할 수 있다.

오션 함에는 길이 170m에 폭 32.6m인 비행갑판과 엘리베이터 2대가 갖추어져 있어 최대 18대의 회전익 항공기가 탑재 가능하며, 시 킹(Sea King), 링스(Lynx), 와일드캣(Wildcat), 멀린(Merlin) 같은 중형 헬기뿐 아니라 CH-47 치누크(Chinook) 같은 대형 수송헬기도 수용이 가능하다. 비록 중량이 무거운 전차류를 수용하기는 어려우나, 동시에 40대의 장갑차와 4대의 상륙주정(LCVP, Landing craft vehicle personnel) Mk. 5를 탑재할 수 있다.

오션 함에는 오리콘 30mm 감보(Gambo) 기관포(사진) 등 근접방어용 무장이 장되어 있다.
〈출처: 영국 왕립 해군〉

오션 함에는 CH-47 치누크 같은 대형 수송헬기는 물론 MV-22 오스프리 틸트로터 항공기도 이착함이 가능하다. 〈출처: 영국 왕립 해군〉

운용 현황

오션 함은 세계 최초로 해상에서 아파치(Apache) 헬기를 시험운용했으며, 다양한 환경에서 750회가 넘는 이착함 시험을 실시한 후 총 8대의 아파치 롱보우(Apache Longbow)를 탑재했다.

오션 함은 건조 직후인 1998년 말 허리케인 미치(Mitch)가 온두라스와 니카라과 해안을 강타하자 인도적 구호작전에 투입되었다. 2000년 5월에는 시에라리온(Sierra Leone)에서 혁명통일전선(RUF, Revolutionary United Front)이 수도 프리타운(Freetown)을 점령하면서 내전이 발생하자 영국이 자국민 탈출 지원과 사태 수습을 위해 팔리서 작전(Operation Palliser)을 실시하면서 오션 함도 일러스트리어스(HMS Illustrious, R06) 항공모함과 함께 전개되었다. 2002년에는 다소 황당한 사건이 발생했는데, 2월 17일경 오션 함에 승선 중이던 왕립 해병대가 영국령 지브롤터(Gibraltar)에 상륙하려고 하다가 실수로 스페인 산펠리페(San Felipe) 해안의 항구도시인 라리네아(La Linea)에 상륙하는 일이 벌어져 이 사건을 두고 당시 일부 언론사가 이를 영국의 '스페인 침공'으로 오보를 내면서 작은 외교 마찰이 발생하기도 했었다. 2000년대 초반에는 영국이 9·11 테러 직후 이라크 자유 작전(OIF, Operation Iraqi Freedom)에 참전하면서 제2차 세계대전 이후 영국군 최대 규모의 상륙작전인 '텔릭 작전(Operation Telic)'을 실시하자 오션 함 역시 이에 투입되어 왕립 해병대의 상륙을 지원했다.

나토의 쿠거(Cougar) 훈련에 참가한 오션 함 〈출처: 영국 왕립 해군〉

2011년 리비아 내전 당시 엘라미 작전을 수행 중인 오션 함 〈출처: 영국 왕립 해군〉

오션 함은 2007년부터 정기 수리 점검에 들어가 경항모 아크 로열(HMS Ark Royal, R07)과 임무를 교대했으며, 완료 후인 2010년 아이슬란드 에이야프야틀라이외쿠틀(Eyjafjallajökull) 화산이 폭발해 항공기 운항이 불가능해지자 고든 브라운(Gordon Brown) 총리의 명령으로 아이슬란드에 전개해 발이 묶여 있던 관광객들을 퇴거시키는 임무를 수행했다. 2011년에는 카다피(Muammar Gaddafi, 1942~2011) 사후 리비아에서 내전이 발생하자 국제연합(UN) 안전보장이사회 결의안 1970/1973에 의거해 '유니파이드 프로텍터 작전(Operation Unified Protector)'[영국 측의 작전명은 '엘라미(Ellamy)']에 참가했으며, 프랑스 해군의 강습상륙함 '토네르(Tonnerre)'와 함께 공격헬기를 탑재하고 리비아에 급파되었다.

영국 왕립 해군은 2010년 일러스트리어스 함이 탑재 기종을 AV-8 해리어(Harrier)에서 헬기로 전량 교체하면서부터 제트기를 운용하지 않는 해군 신세로 전락했다. 왕립 해군은 항공모함 부족 현상으로 원정작전 능력까지 제약을 받게 되어 포클랜드 방어마저 차질이 예상되었지만, 2017년 말 퀸 엘리자베스 함(HMS Queen Elizabeth)과 2020년 자매함 프린스 오브 웨일즈

함(HMS Prince of Wales)이 곧 취역할 예정이어서 항공모함 운용에 숨통이 트였으나 상대적으로 오션 함의 활용 가치는 낮아졌다. 영국 국방부는 오션 함을 대체함 없이 2018년에 퇴역시키겠다고 발표했으나, 중고 상태의 함정을 구매할 국가가 있을 경우 판매를 우선하겠다는 방침이다. 심지어 가격도 중고 강습상륙함치고는 저렴한 가격인 7,500만 달러로 책정했다. 일단 현재까지 가장 관심을 보이는 잠재 구매 국가는 브라질로, 2000년경 프랑스에서 구입한 항공모함인 상파울루 함(NAe Sao Paulo)이 퇴역함에 따라 대양 작전에 차질이 예상되는 상황이기 때문에 오션 함에 관심이 큰 것으로 알려져 있다. 하지만 2018년 퇴역 일정까지 구매 계약이 이루어지지 않는다면 폐기할 가능성이 높아 오션 함의 운명은 조금 더 지켜봐야 할 것 같다.

동급함

● L12 오션: 인빈서블(Invincible)급 설계에 기반하여 제작되었으며, 1994년 5월 30일에 건조를 시작해 1995년 10월 11일에 진수했고, 1998년 9월 30일에 취역했다. 함정의 스폰서는 영국의 엘리자베스 2세 여왕이 직접 맡았다. 처음에는 2척을 건조할 계획이었으나 건조가 시작되는 시점에 사업이 축소되어 1척만 건조되었다.

L12 오션 〈출처: 영국 왕립 해군〉

아덴 만에서 작전 중인 L12 오션 함(맨 아래). 오션 함의 옆에는 미 해군의 T-AO-194 존 에릭슨(John Ericsson) 급유지원함(중간)과 영국 왕립 해군의 알비온(Albion)급 상륙공격함 L15 불워크(Bulwark)(맨 위)가 보인다. 〈출처: 미군 해상수송사령부〉

제원

건조사	비커스 조선소(Vickers Shipbuilding and Engineering Ltd.)
함종	헬기수송모함
진수일	1995년 10월 11일
취역일	1998년 9월 30일
모항	영국 플리머스 대본포트
승조원	승조원 285명, 해군항공대 180명
경하배수량	21,500톤
전장	203.4m
전폭	35m
흘수	6.5m
추진체계	크로슬리 피엘스틱(Crossley Pielstick) V12 디젤 엔진 × 2
최고속도	18노트(33km/h)
항속거리	12,875km
상륙 자산	퍼시픽(Pacific) 22 Mk. 2 × 1, LCVP Mk5B × 4
항공기 탑재 수량	헬기 최대 18대(AW-159 와일드캣, 멀린, CH-47 치누크, WAH-64 아파치 롱보우)
최대탑재량 / 탑승 병력	장갑차 40대 / 왕립해병대원 830명
레이더	997식 아티산(Artisan) 3D 레이더, 1008식 항해용 레이더, 1007식 항공기 통제 레이더 × 2
전자전 자산	UAT 전자지원체계(ESM), DLH 디코이(decoy) 발사기, 수상함 어뢰 방어체계(SSTD)
무장	30mm DS30M Mk. 2 기관총 × 4, 페일랭스(Phalanx) 근접방어체계(CIWS) × 3, 미니건 × 4, 기관총 × 8
가격	2억 100만 파운드(한화 약 2,912억 원)

프리덤급 연안전투함

박이부정(博而不精)을 지향한
'테러와의 전쟁'의 선봉

글 | 윤상용

Freedom-class
littoral combat ship

개발 배경

2001년 9월 11일, 오사마 빈 라덴(Osama bin Laden)이 이끄는 테러 조직 '알 카에다(Al-Qaeda)'는 민간 여객기를 납치해 뉴욕 세계무역센터와 국방부 펜타곤 건물에 충돌시키는 사상 초유의 테러를 자행했다. 통칭 '9·11 테러'로 불리는 이 사건은 단순한 테러 행위가 아니라, 2000년대 전쟁 양상과 국제관계 구도를 규정하게 될 '테러와의 전쟁(Global War on Terrorism)'의 시작을 알리는 사건이었다. 미국은 이 사건을 통해 더 이상 전쟁이라는 것이 국가 대 국가 구도로만 한정되지 않으며, 앞으로는 전방과 후방의 구분이 없는 전장에서 전 세계 단위로 소수의 테러리스트들과 싸우는 힘겹고도 긴 전쟁을 치르게 될 것임을 희미하게나마 깨닫게 되었다.

이에 따라 전 미군과 미국의 노력은 '테러와의 전쟁'에 집중되었고, 미 해군 또한 기존의 전쟁 개념을 다시 판단해야 하는 상황이 되었다. 해전이 더 이상 국가 대 국가, 해군 대 해군이 싸우는 양상으로 전개되지 않을 것임을 깨닫게 된 것이다. 이에 따라 2003년 고든 잉글랜드(Gordon R. England) 미 해군장관이 "더 작고, 더 빠르고, 기동성이 높으며, 구축함 종류 중에서 상대적으로 단가가 낮은" 군함의 도입 필요성을 제기하자, 미 해군은 대잠전(對潛戰)·소해(掃海) 임무·대함전(大艦戰)·정보수집·정찰·감시·해상 차단·특수전 지원·후방 작전·군수 지원 임무를 필요에 따라 신속하게 전환하면서 수행할 수 있고, 미래전을 고려해 네트워크화되어 있으며, 기동성이 높고, 스텔스 설계가 반영되어 있으며, 연안·근해에서 반(反)접근(Anti-Access) 및 비대칭 위협에 대응할 수 있는 고기동성 군함을 목표로 개발에 착수했다. 쉽게 말해 '무엇이든지 할 줄 알지만 뚜렷한 전문 분야는 없는 박이부정(博而不精: jack of all trades, master of none)한 군함'을 지향한 것이다.

이렇게 시작된 연안전투함(LCS, Littoral Combat Ship) 개발은 2000년대 초반부터 시작되었으며, 2004년 록히드 마틴(Lockheed Martin) 주도로 깁스 앤 콕스(Gibbs & Cox), 마리넷 마린(Marinette Marine), 볼링거(Bollinger) 조선소 등이 참여한 컨소시엄이 2척의 연안전투함(LCS) 건조 계약을 따냈고, 미 해군은 오스탈(Austal) USA 사가 설계한 2척의 연안전투함과 비교한 뒤 총 55척 물량을 나누기로 결정했다. 하지만 실질적으로 계약에 들어가면서 도입 예정 숫자는 크게 줄어들었다.

록히드 마틴 LCS 컨소시엄은 2005년 6월 마리넷 마린 사가 용골(龍骨)을 거치하면서 본격적인 연안전투함 건조에 들어갔으며, 1번함이 2006년 9월에 LCS-1 '프리덤(Freedom)'으로 함명을 부여받고 2008년 9월에 진수되었다. 프리덤 함은 2008년 11월에 미 해군에 인도되었고, 오스탈 사의 LCS-2 '인디펜던스(Independence)' 함이 2010월 1월에, 프리덤급 2번함인 LCS-3 포트 워스(Fort Worth)가 2012년 9월에 취역하면서 연안전투함의 본격적인 실전배치가 시작되어

2006년 9월 23일 선두함인 LCS-1 프리덤 함이 진수되고 있다. 〈출처: 미 해군〉

배수량이 더 큰 올리버 해저드 페리(Oliver Hazard Perry)급 호위함(frigate)과 교대했다. LCS-1 프리덤 함의 모토는 "빠르고, 집중하고, 용감하라(Fast, Focused, Fearless)"이며, 모항은 태평양에 연한 샌디에이고(San Diego) 항이다. 동형함인 포트 워스와 인디펜던스급의 인디펜던스, 코로나도(Coronado), 잭슨(Jackson), 몽고메리(Montgomery), 가브리엘 기퍼즈(Gabrielle Giffords) 함 또한 샌디에이고 항이 모항이며, 프리덤급의 밀워키(Milwaukee)와 디트로이트(Detroit) 함만 대서양을 작전지역으로 하는 제4함대에 소속되어 모항을 메이포트(Mayport) 항으로 삼고 있다.

특징

프리덤급 연안전투함은 준(準)플레이닝(planing) 타입의 단선체선(monohull) 알루미늄 상부구조로 설계되었으며, 후미에 비행갑판을 설치하여 MH-60R, MH-60S 같은 해상용 헬기나 MQ-8 파이어 스카웃(Fire Scout) 같은 무인항공기를 운용할 수 있다. 비행갑판에는 삼각 트래버스 견인 시스템을 설치해 강한 풍랑에도 문제없이 항공기를 수납할 수 있게 했으며, 3축형 크레인도 설치해 갑판에 무거운 물체를 옮기거나 내릴 수 있다. 그리고 800킬로와트급 핀칸티

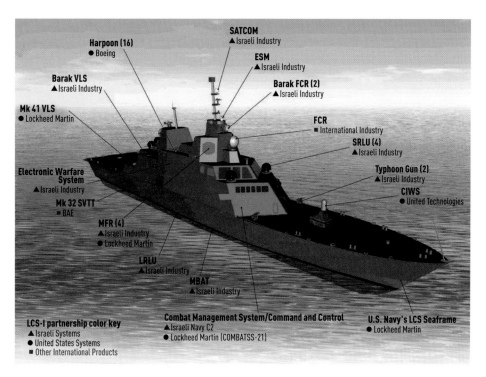

프리덤급 연안전투함은 미 해군의 21세기 해양전략에 따라 연안작전에 특화된 함정으로 개발되었다. 〈출처: 미 해군〉

에리-이조타-프라스키니(Fincantieri-Isotta-Fraschini) 디젤 발전기 4기를 탑재해 3,500톤의 중량에도 불구하고 최대 시속 87km까지 항해가 가능해 높은 기동성을 자랑한다. 3번함인 밀워키 함은 공동 현상(cavitation)을 활용한 워터 제트(water jet)를 탑재해 소음을 줄이는 대신 에너지 효율성을 10%가량 향상시켰다.

무장으로는 BAE 시스템즈가 제작한 Mk110 57mm 함포가 설치되어 있으며, 평상시 총 400발의 포탄을 적재하는 것이 가능하다. 또한 30mm Mk. 44 부쉬매스터(Bushmaster) II 기관포 2문과 12.7mm 기관총 4정이 탑재되어 있으며, 총 24기의 AGM-114L 헬파이어(Hellfire) 미사일과 RIM-116 RAM(Rolling Airframe Missile) 미사일이 Mk. 49 발사기를 통해 발사가 가능하다. 물론 임무에 따라 무장을 변경할 수 있는 것이 연안전투함의 특징인 만큼 필요에 따라 하푼(Harpoon) 대함미사일이나 SM-2, 혹은 ESSM 함대함미사일을 탑재할 수도 있다.

탐지 체계로는 에어버스(Airbus) 사의 능동형 전자주사식 레이더(AESA, Active Electronically-Scanned Array Radar)인 TRS-4D가 장착되어 있으며, 록히드 마틴의 전투관리 시스템인 COMBATSS-21과 AN/SQR-20 예인 음탐기가 탑재되어 있다.

프리덤급은 Mk110 57mm 함포와 하푼 대함미사일 등을 장착하고 있으나, 상대적으로 화력이 약하다는 지적을 받고 있다.
〈출처: 미 해군〉

프리덤 함이 헬파이어 미사일을 발사하고 있다. 〈출처: 미 해군〉

이러한 장점에도 불구하고 연안전투함은 근거리 연안용 함정으로 설계되었기 때문에 원거리 적함에 대한 대응 능력이 약하고 탑재 화력도 약하다는 지적이 제기되고 있다. 보유 무기 중 사거리 250km 미만의 AGM-84 하푼(Harpoon)을 제외하고는 탑재 무장의 사거리가 짧은 데다가 화력도 약해 원거리 적에 대한 대응 능력이 현저하게 떨어지기 때문이다. 또한 자동화 설계를 통해 40~50명의 필수 승조원만으로도 항해가 가능하도록 설계한 것은 장점이기는 하지만, 역설적이게도 이로 인해 소수 인원에게 과도한 업무량이 부여된다는 문제점도 제기되고 있다. 프리덤급 연안전투함에는 총 115명이 탑승하며, 필수 항해 요원을 제외한 약 75명은 임무 요원이나 탑재 항공기 운용 요원이다.

운용 현황

연안전투함은 총 27척이 건조 혹은 건조 계약된 상태이며, 현재 총 9척이 취역 후 실전배치된 상태다.

최첨단 기술과 설계가 총동원된 신개념의 전투함인 연안전투함은 안타깝게도 명성에 비해 결함과 고장이 지속적으로 발생해왔기 때문에 그 효용성을 의심받아왔다. 우선 연안전투함은 경량급인 데다가 작전지역을 연안지역으로 한정하고 있고, 공격력이 낮으면서 방어력도 그다

연안전투함은 현재까지 총 9척이 실전배치되었다. 〈출처: 미 해군〉

지 높지 않아 생존성에 문제가 있다는 지적이 이어져왔다. 심지어 미 상원 군사위원회의 존 매케인(John McCain: 애리조나 주/공화당) 의원은 연안전투함을 가리켜 "군함이라고 주장하는" 배라고 혹평했다. 미 회계감사원(GAO, The Government Accountability Office) 또한 연안전투함이 개발 비용 초과, 사업 관리의 미숙함, 설계·건조 등에 있어 문제가 계속 쏟아져나오고 있으므로 연안전투함 개발사업 자체를 중단하는 것이 옳다고 미 상원에 권고했을 정도다. 국방부 무기체계 시험실 또한 상원에 보고하면서 연안전투함이 다른 군함들이 견딜 수 있는 보편적인 수준의 피해를 감당하지 못하므로 고강도 전투 상황에서는 전투에 기여하기가 어렵다는 평가를 내놓았다. 또한 동일한 군함을 2개의 다른 설계(프리덤급/인디펜던스급)로 진행시킨 점도 지적을 받았다. 프리덤급은 단선체선(單船體船)에 알루미늄 상부구조 설계를, 인디펜던스급은 3동선(胴船)에 알루미늄 상부구조 설계를 채택했기 때문에 두 종류의 함선 간 부품이나 임무 장비 교환 등이 불가능하다.

현재까지 총 4대 취역한 프리덤급 연안전투함 중 3척이 엔진 관련 문제가 발생했다. 우선 2015년 12월, 밀워키 함(LCS-5)이 대서양 항해 중 엔진 고장을 일으켜 인근 군항까지 예인해온 사례가 있었다. 밀워키 함의 엔진을 조사한 결과 필터 시스템에 금속 조각이 들어갔던 것으

프리덤급에는 롤스로이스 사의 MT-30 엔진이 2기 장착된다. 〈출처: 미 해군〉

로 확인되었는데, 이는 가스터빈과 디젤 엔진 사이의 클러치(clutch) 때문인 것으로 밝혀졌다. 추진체계가 변경될 때 클러치가 한쪽 체계에서 빠지도록 설계했으나 제때 변환되지 않으면서 부품이 깨졌던 것이다. 2016년 1월에는 포트 워스 함(LCS-3)이 태평양 항해 중 유사한 고장을 일으켜 항해를 중단했고, 같은 해 7월에는 프리덤 함이 디젤 추진체계에 해수가 유입되는 바람에 항해를 중단하고 긴급 제염 작업을 실시하기도 했다. 이후에는 4번함인 코로나도 함까지 남중국해 출항 중 고장을 일으켜 하와이로 회항하자, 결국 미 해군은 2016년 9월경 프리덤급 연안전투함 중 프리덤(LCS-1), 코로나도(LCS-4), 포트 워스(LCS-3), 밀워키 함(LCS-5)에 대한 운항 중지를 결정하고 일괄 수리에 들어갔다. 인디펜던스급 연안전투함 또한 사정이 크게 다르지 않아 8번함인 몽고메리 함(LCS-8)이 취역 직후 해수가 유압 냉각 시스템 안으로 유입되어 가스터빈 엔진 하나가 고장 나는 사고가 발생했고, 몇 개월 후에는 같은 함정이 모항인 샌디에이고에서 파나마 운하를 통과하던 중 선체에 약 46cm 길이의 금이 간 것이 발견되어 수리에 들어갔다.

미 해군은 현재 기 계획된 27척 도입으로 연안전투함 건조를 중단할 예정이며, 후속함으로는 차기 다목적 유도탄호위함[FFX(X)]을 도입할 계획이다. 미 해군은 2017년 7월 10일자로 관심 업체에 정보제안서(RFI, Request for Information)를 발행한 상태이며, 본 계약은 2020년경에 체결해 총 20척을 도입하는 것을 목표로 삼고 있다. 특히 차기 유도탄호위함은 연안전투함의 실패를 통한 교훈을 반영하여 항공모함과 병진 항해가 가능하고, 수평선 밖 원거리 적을 상대할 화력을 갖추며, 전자전 능력을 강화할 예정이다.

동종함

프리덤급 연안전투함

프리덤급에는 대부분 인구 80만 명 이하의 중소도시 이름이 명명되고 있으며, 선두함인 '프리덤' 함만 전통적인 승계 함명을 붙였다. 유일하게 전통적인 승계 함명을 부여받은 LCS-1은 '프리덤'이라는 이름을 승계한 미 해군의 세 번째 군함이다.

프리덤급 연안전투함 목록
- LCS-1 프리덤(USS Freedom): 2008년 11월 8일 취역
- LCS-3 포트 워스(USS Freedom): 2012년 9월 22일 취역
- LCS-5 밀워키(USS Milwaukee): 2015년 11월 21일 취역
- LCS-7 디트로이트(USS Detroit): 2016년 10월 22일 취역

프리덤급 연안전투함 〈출처: 미 해군〉

- LCS-9 리틀 록(USS Little Rock): 2015년 7월 18일 진수
- LCS-11 수 시티(USS Sioux City): 2016년 1월 30일 진수
- LCS-13 위치타(USS Wichita): 2016년 9월 17일 진수
- LCS-15 빌링스(USS Billings): 2017년 7월 1일 진수
- LCS-17 인디애나폴리스(USS Indianapolis): 2016년 7월 18일 용골(龍骨) 거치
- LCS-19 세인트루이스(USS St. Louis): 2017년 5월 17일 용골 거치
- LCS-21 미네아폴리스/세인트폴(USS Minneapolis/St. Paul): 건조 예정
- LCS-23 쿠퍼스타운(USS Cooperstown): 건조 예정
- LCS-25 마리넷(USS Marinette): 주문 중

인디펜던스급 연안전투함

미국 오스탈(Austal) 사가 건조한다. 인디펜던스급도 선두함인 인디펜던스 함만이 유일하게 전통적인 함명을 부여받았고 대부분의 나머지 함들은 통상 인구 80만 이하의 중소도시 이름 위주로 함명이 부여되고 있으나 LCS-10 '가브리엘 기퍼즈(Gabrielle Giffords)' 함에만 인물 이름이 붙었다. 민주당 출신의 여성 의원인 기퍼즈 의원은 2011년 지역구인 투손(Tucson)에서 지역구 유권자들과 면담 중 그녀를 노린 총기 테러를 당해 관자놀이에 총격을 입고 실려갔었다. 하지만 그녀는 수술 끝에 기적적으로 살아나면서 테러에 대한 불굴의 상징으로 자리잡았기 때문에 미 의회에서 LCS-10번 함에 그녀의 이름을 헌정하기로 결정했다.

인디펜던스급 연안전투함 목록

- LCS-2 인디펜던스(USS Independence): 2010년 1월 16일 취역

- LCS-4 코로나도(USS Coronado): 2014년 4월 5일 취역

- LCS-6 잭슨(USS Jackson): 2015년 12월 5일 취역

- LCS-8 몽고메리(USS Montgomery): 2016년 9월 10일 취역

- LCS-10 가브리엘 기퍼즈(USS Gabrielle Giffords): 2017년 6월 10일 취역

- LCS-11 오마하(USS Omaha): 2015년 11월 20일 진수

- LCS-13 맨체스터(USS Manchester): 2016년 5월 12일 진수

- LCS-16 털사(USS Tulsa): 2017년 3월 16일 진수

- LCS-18 찰스턴(USS Charlestown): 2016년 6월 28일 용골 거치

- LCS-20 신시내티(USS Cincinnati): 2017년 4월 10일 용골 거치

- LCS-22 캔자스시티(USS Kansas City): 건조 예정

- LCS-24 오클랜드(USS Oakland): 건조 예정

- LCS-26 모빌(USS Mobile): 주문 중

- LCS-28: 함명 미부여 주문 중

인디펜던스급 연안전투함 〈출처: 미 해군〉

LCS-1 프리덤 연안전투함 〈출처: 미 해군〉

왼쪽 LCS-3 포트 워스 연안전투함 〈출처: 미 해군〉 | 오른쪽 LCS-9 리틀 록 연안전투함 〈출처: 미 해군〉

제원

건조사	록히드 마틴(Lockheed Martin) / 마리넷 마린(Marinette Marine)
전장	118.1m
전폭	17.6m
흘수	4.3m
만재배수량	3,500톤
기준배수량	3,100톤
속도	47노트(87km/h)
항속거리	시속 33km 항해 시 6,500km
작전한계시간	21일(336시간)
추진체계	롤스-로이스(Rolls-Royce) MT-30 36mW 가스터빈 엔진 × 2, 콜트-피엘스틱(Colt-Pielstick) 디젤 엔진 × 2, 롤스-로이스 워터 제트 엔진 × 4
상륙 자산	11m RHIB, 12m 고속정
탑승인원	핵심 운항 인원 50명, 임무 인원 65명
센서/처리 체계	EADS 노스 아메리카 TRS-3D 방공/수상 수색 레이더
전자전 체계	TRS-4D 해상 레이더(AESA), COMBATSS-21 전투관리체계, AN/SQR-20 예인 음탐기
무장	57mm 기관포 × 1, 30mm 기관포 × 2, AGM-114L 헬파이어(Hellfire) 미사일 × 24, RIM-116 방공미사일 × 21
탑재 항공기	MH-60R/S 시호크(Seahawk) × 1 혹은 MQ-8B 파이어 스카웃(Fire Scout) 무인헬기 × 2 혹은 MQ-8C 파이어 스카웃
함정당 가격	3억 6,200만 달러(2015년 기준)

아스튜트급 공격원잠

영국 왕립 해군 잠수함대의 중추

글 | 최현호

Astute class submarines

개발의 역사

섬나라인 영국은 오랫동안 잠수함을 핵심 전력으로 운용했다. 냉전이 시작되면서 소련의 위협이 본격화되자, 영국은 대서양과 북해에서 장거리 작전이 가능한 원자력 추진 잠수함 개발에 나서게 되었고, 미국, 소련에 이어 세 번째로 원자력 추진 잠수함 운용국이 되었다.

영국 왕립 해군(Royal Navy)은 1960년 S101 HMS 드레드노트(Dreadnought) 취역을 시작으로 밸리언트(Valiant)급, 처칠(Churchill)급, 스위프트슈어(Swiftsure)급, 트라팔가(Trafalgar)급 함대 잠수함(Fleet Submarine)과 레졸루션(Resolution)급과 뱅가드(Vanguard)급 탄도미사일 잠수함(Ballistic Missile Submarine)을 취역시켰다. 일반적인 잠수함 구분법에 의하면, 함대 잠수함은 '공격원잠(SSN)'에 속하며, 탄도미사일 잠수함은 '전략원잠(SSBN)'에 속한다.

영국 왕립 해군은 1980년대, 당시 소련 잠수함보다 뛰어난 성능을 지닌 차세대 잠수함으로 1970년대 취역한 스위프트슈어급과 트라팔가급 공격원잠을 대체하기 위한 'SSN20 프로젝트'를 시작했다. 세계 최고 수준의 잠수함을 만들려던 SSN20 프로젝트는 새로운 설계, 강력한 원자로, 정교한 소나(SONAR: 음파탐지기) 그리고 신형 전투 시스템 등으로 인해 엄청난 비용이 들 것으로 예상되면서 난관에 빠졌다. 그러던 중 1990년 베를린 장벽 붕괴를 시작으로 동서 냉전 구도가 해체되자 SSN20 프로젝트는 중단되고 말았다.

하지만 운용 수명이 다해가는 스위프트슈어급 공격원잠의 대체가 계속 요구되자, 트라팔가급 공격원잠의 설계를 기반으로 비용 통제에 중점을 둔 '배치 2 트라팔가급(B2TC, Batch 2

아스튜트급으로 대체될 트라팔가급 공격원잠 〈출처: 영국 왕립 해군〉

4번함 HMS 오데이셔스(Audacious) 진수식. 대형 측면 배열 소나를 볼 수 있다. 〈출처: BAE 시스템즈〉

Trafalgar Class)' 계획이 1991년 6월 영국 국방성으로부터 연구 프로그램 승인을 받았다. 영국 국방성은 2년간의 연구 끝에 건조를 시작하기로 결정하고 1993년 10월 입찰 계획을 발표하고, 1994년 7월에 최종 입찰 참가를 공고했다.

입찰에는 GEC-마르코니(Marconi)/BMT와 VSEL/롤스로이스(Rolls-Royce) 컨소시엄이 경쟁했고, 1995년 12월에 GEC-마르코니/BMT 컨소시엄이 우선협상대상자로 선정되었다. GEC-마르코니는 당시 혁신적이었던 3D CAD 소프트웨어를 사용한 설계와 모듈식 건조 방식을 제안했다. 이후 오랜 협상 끝에 첫 3척을 24억 파운드에 건조하기로 합의했다.

기존의 B2TC는 트라팔가급 설계를 활용하기로 했지만, GEC-마르코니는 새로운 설계를 채용하기로 하면서 '아스튜트(Astute) 프로그램'으로 이름이 바뀌었고, 1997년 3월 14일 계약이 체결되었다. 새로운 설계는 롤스로이스가 개발한 PWR2 가압형 원자로를 장착하기 위해 선체가 더욱 커졌고, 음향 신호 억제 능력이 더욱 향상되었다.

1999년 11월, 영국 방산업체인 브리티쉬 에어로스페이스(British Aerospace)가 GEC-마르코니를 합병하여 'BAE 시스템즈(Systems)'로 통합되었고, 아스튜트급 공격원잠 개발 책임도 이어받게 되었다. 하지만 인력 부족, 3D CAD 소프트웨어 사용 경험 미비로 인한 지연 등이 발생하면서 원래 예정했던 비용 절감 노력은 어려움에 빠졌다. 이런 어려움 속에서도 2001년 1월

31일 1번함의 건조 시작을 알리는 용골 거치식이 열렸다.

하지만 BAE 시스템즈와 영국 국방성은 프로그램의 기술적 문제와 비용으로 인한 문제를 심각하게 여기고 다시 협상을 시작하여 2003년 12월 수정된 계약 조건에 서명했다. 영국 국방성은 처음 시도하는 3D CAD와 모듈식 건조 기법의 기술적 문제 해결을 위해서 원자력 추진 잠수함 설계 경험이 많은 미국의 제너럴 다이내믹스 일렉트릭 보트(General Dynamics Electric Boat)로부터 기술 자문을 받았다.

오랜 지연 끝에 2007년 6월 8일 첫 함선인 아스튜트 함(HMS Astute)이 진수했고, 이어서 2번함과 3번함의 건조가 시작되었다. 2009년 감사를 통해 아스튜트급 공격원잠 첫 3척을 건조하는 계획이 57개월의 지연과 초기 예상했던 39억 파운드보다 13억 5,000만 파운드의 추가 비용이 발생하면서 53%의 비용 증가가 확인되었다.

특징

아스튜트급 공격원잠의 선체는 전반적으로 영국 왕립 해군 잠수함에서 볼 수 있는 고래형 선체이며, 함수 상단에 외부로 돌출된 잠항타를 갖추고 있다. 외형으로만 본다면 1990년대 건조된 영국 왕립 해군의 탄도미사일 잠수함인 뱅가드(Vanguard)급 전략원잠과 닮았다.

아스튜트급 공격원잠과 비슷한 외형을 지닌 뱅가드급 전략원잠(SSBN) 〈출처: 영국 왕립 해군〉

아스튜트급 공격원잠은 만들어질 때부터 3D CAD 등 각종 신기술이 동원돼 많은 관심을 받았다. 승조원 수를 줄이기 위해 높은 수준의 자동화 설비를 도입했는데, 제작사에 따르면 아스튜트급 한 척에 사용된 케이블과 파이프의 총 길이가 약 110km에 달한다고 한다. 이와 같은 높은 수준의 자동화 덕분에 아스튜트급 공격원잠의 승조원 수는 비슷한 크기인 미 해군 로스앤젤레스(Los Angeles)급 공격원잠(SSN)의 75% 수준인 98명밖에 되지 않는다.

아스튜트급 공격원잠에는 첨단 기술이 많이 사용되었는데, 먼저 전자광학 비관통식 잠망경을 들 수 있다. 아스튜트급 공격원잠은 전통적으로 잠수함들이 사용하던 선체 관통형 잠망경 대신 사령탑에 설치된 카메라가 영상을 광섬유를 통해 사령실의 스크린 등으로 전달하는 CM010 비관통식 전자광학(Electronic Optical) 마스트를 채용했다. 전자광학 비관통식 잠망경은 360도 관측을 빠른 속도로 할 수 있고, 촬영과 동시에 녹화하여 잠망경의 수면 노출 시간을 줄일 수 있다.

전투관리 시스템은 영국 왕립 해군 잠수함에 사용된 '잠수함 지휘 시스템(SCM, Submarine Command Systems)'을 아스튜트급에 맞도록 개량한 '아스튜트 전투관리 시스템(ACMS, Astute Combat Management System)'을 사용하고 있다. ACMS는 소나와 다른 센서가 입수한 정보를 첨단 알고리즘과 데이터 처리를 거쳐 지휘 콘솔에 실시간으로 나타낸다.

아스튜트급 공격원잠의 전투관리 시스템 〈출처: BAE 시스템즈〉

수중에서 잠수함의 눈과 귀 역할을 하는 소나도 최첨단으로, 탈레스 언더워터 시스템즈(Thales Underwater Systems)가 납품한 함수 소나, 측면 소나, 함미의 선배열 예인 소나로 구성된 '2076 통합 능/수동 수색 공격 소나 시스템'을 사용하고 있다. 2076 소나 시스템은 세계 최고 수준의 잠수함용 소나 시스템으로 불리고 있다.

함수에는 무장 운용을 위한 533mm 어뢰발사관 6개가 있으며, 어뢰와 미사일 등을 합쳐 38발을 탑재한다. 탑재 어뢰는 BAE 시스템즈가 개발한 스피어피쉬(Speardfish) 중어뢰로, 유선 또는 무선 유도가 가능하다. 영국 왕립 해군과 BAE 시스템즈는 현재 스피어피쉬 중어뢰의 유도부, 탄두, 전술체계 등을 성능 개량하고 있어 공격 능력이 크게 향상될 것으로 보인다. 스피어피쉬 중어뢰는 길이 6m, 중량 1,850kg이며, 가스터빈으로 움직이고, 사거리 65km, 최고속도 60노트(Knot)다.

주요 무장 중 하나인 스피어피쉬 중어뢰 〈출처: BAE 시스템즈〉

탑재 미사일로는 UGM-84 하푼(Harpoon) 잠대함미사일과 함께 지상을 공격할 수 있는 사정거리 1,600km의 토마호크 지상공격 순항미사일(TLAM, Tomahawk Land Attack Missile)도 운용하고 있다. 일부에서는 TLAM 운용 능력 때문에 순항미사일 원잠(SSGN)으로 분류하기도 한다. 적의 공격에 대한 대응 시스템으로는 어뢰기만기와 적 통신이나 레이더를 탐지하는 전자전지원장비(ESM, Electronic Support Measure)를 갖추고 있다.

동력원은 롤스로이스가 개발한 가압형 원자로 PWR(Pressurised Water Reactor)2로 코어(Core) H라는 고농축 연료 시스템을 사용하여 잠수함 운용 수명인 25년 동안 연료 재장전이 필요 없도록 설계되었다. PWR2는 1990년대부터 건조된 뱅가드(Vangurad)급 전략원잠에 설치되어 안정성이 입증되었다. 원자로와 연결되는 증기터빈은 2기가 장착되었고, 원자로에 문제가 생길 때를 대비하여 디젤 발전기 2기도 설치되었다. 추진은 롤스로이스가 제작한 가변 피치 프로펠러(controllable pitch propeller)와 이를 감싸는 덕트(duct)로 구성된 펌프 제트(pump jet) 방식으로 이루어진다. 펌프 제트 덕트 바로 앞쪽에 잠항타가 십자(十)형으로 배치되어 있다.

운용 현황

영국 왕립 해군은 아스튜트급 공격원잠을 총 7척 도입할 예정이다. 1차로 계약한 첫 3척은 모두 취역했고, 2024년까지 7척 모두 취역할 예정이다. 아스튜트급 공격원잠이 취역하면서 2009년부터 퇴역을 시작한 트라팔가급 공격원잠의 임무를 이어받고 있다.

아스튜트급 공격원잠의 함명은 영국 왕립 해군의 전통을 따라 이전에 운용된 함정의 이름을 이어받고 있다. 첫 3척은 1945년부터 운용되어 1974년 퇴역한 암피온(Amphion)급 디젤-전기 추진 잠수함 중 일부의 함명을 이어받았다. 나머지 4척도 이전의 영국 왕립 해군 함정의 이름을 이어받았다.

최근, 아스튜트급 공격원잠의 사령탑 후방에 특수작전용 다이버 출입장치가 장착된 것이 목격되면서 연안침투작전 지원에도 이용되는 것으로 추정된다.

특수작전용 다이버 출입장치가 장착된 아스튜트 함(HMS Astute) 〈출처: 영국 왕립 해군〉

동종함

● S119 아스튜트(HMS Astute): 2001년 1월 31일 착공, 2007년 6월 8일 진수, 2010년 8월 27일 취역

● S120 앰부쉬(HMS Ambush): 2003년 10월 22일 착공, 2011년 1월 6일 진수, 2013년 3월 1일 취역

● S121 아트풀(HMS Artful): 2005년 3월 11일 착공, 2014년 5월 17일 진수, 2016년 3월 18일 취역

● S122 오데이셔스(HMS Audacious): 2009년 3월 24일 착공, 2017년 4월 28일 진수, 2018년 취역 예정

● S123 앤슨(HMS Anson): 2011년 10월 13일 착공, 2020년 취역 예정

● S124 아가멤논(HMS Agamemnon): 2013년 7월 18일 착공, 2022년 취역 예정

● S125 아약스(HMS Ajax): 2024년 취역 예정

아스튜트급 공격원잠 앰부쉬 함(HMS Ambush)의 항행 장면 〈출처: 영국 왕립 해군〉

제원

제조사	BAE 시스템즈 매리타임-서브마린스(BAE Systems Maritime-Submarines)
종류	공격원잠(SSN)
승조원	98명(장교 12명 + 수병 86명) / 최대 109명
전장	97m
전폭	11.3m
흘수선	10m
배수량	7,000톤(부상 시) / 7,400톤(잠항 시)
추진체계	롤스로이스 PWR2 27,500마력 × 1, MTU 디젤 발전기 × 2 , 샤프트 × 1
최고속도	30노트(54km/h)
항속거리	25년마다 연료 교체
작전한계일	90일
잠항심도	300m(시험심도)
센서 및 처리체계	BAE 시스템즈 ACMS, 탈레스 소나 2076, 탈레스 CM010 전자광학 마스트
무장	533mm 어뢰발사관 × 6 총 38발 어뢰(스피어피쉬 중어뢰, UGM-84하푼(Harpoon) 잠대함미사일 토마호크 지상공격 순항미사일(TLAM)
대당 가격	대당 13억 7,000만 파운드(2015년 기준)

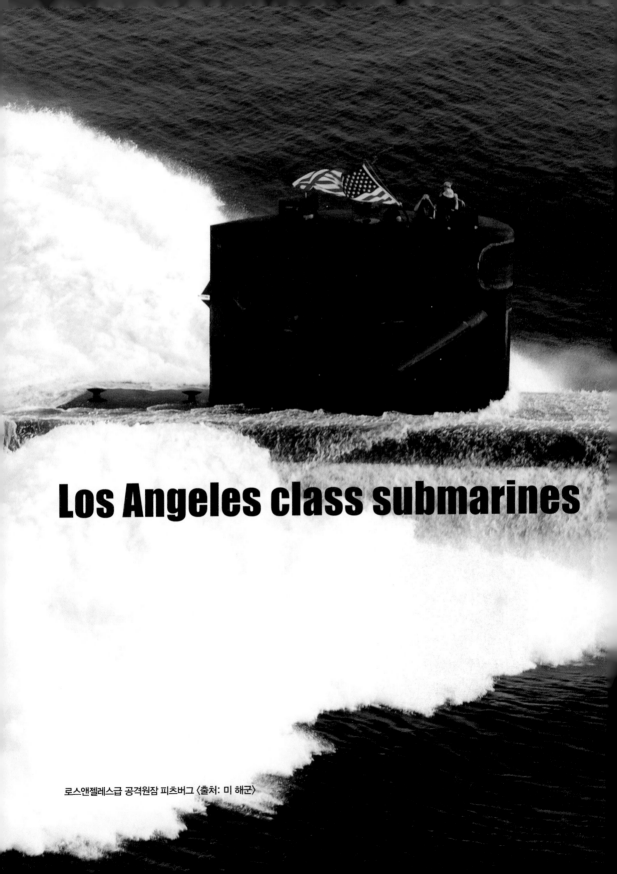

Los Angeles class submarines

로스앤젤레스급 공격원잠 피츠버그 〈출처: 미 해군〉

로스앤젤레스급 공격원잠

미 해군의 본격적인 원자력 추진 잠수함 시대를
연 침묵의 사냥꾼

글 | 윤상용

개발의 역사

통칭 688급(688 Class)으로 불리는 로스앤젤레스(Los Angeles)급 잠수함은 미국-소련과의
냉전이 정점에 달하던 1970년대부터 개발이 시작되었다. 소련은 항공모함전단(CSG, Carrier
Strike Group)을 앞세운 미 해군의 전투력 투사 범위가 넓어지자 미 해군 항공모함과 주력 수
상함을 격침하기 위해 잠수함 전력을 활용하는 개념을 들고 나왔고, 소련의 이러한 움직임을
파악한 미 해군은 특별히 항공모함전단을 호위하며 소련 측의 잠수함을 견제하는 원자력 추진
식 고속 공격 잠수함(Fast-Attack Submarine)의 개발을 서두르게 되었다. 당시까지 미 해군의
잠수함 건조는 주로 일렉트릭 보트[Electric Boat: 현(現) 제너럴 다이내믹스(General Dynamics)]
가 전담해서 맡아왔으나, 688급 원자력 추진 잠수함 건조 사업에서는 그간 한 업체에 치중된
기본 설계에서 벗어난 '대안' 설계를 확보할 목적으로 1969년 뉴포트 뉴스(Newport News)를
우선협상대상자로 선정했다.

1977년 5월, 로스앤젤레스 함에 탑승한 로잘린 카터(Rosalynn Carter)(왼쪽에서 두 번째), 지미 카터(Jimmy Carter) 대통령(왼쪽에서 세 번째) 부부와 '미 원자력 잠수함의 아버지' 하이먼 조지 리코버(Hyman George Rickover, 1900~1986) 제독(맨 오른쪽)의 모습. 리코버 제독의 이름은 로스앤젤레스급인 SSN-709 함에 헌정되었다. 〈출처: Public Domain〉

뉴포트 뉴스는 1970년 선두함인 로스앤젤레스 함(SSN-688) 건조 계약을 체결했고, 이후 1982년까지 첫 16척의 로스앤젤레스급 잠수함 중 선두함을 포함한 5척의 건조 계약을 따내면서 본격적인 양산에 들어갔다. 미 해군은 안정적인 공급선의 확보를 염두에 두고 16척 중 7척에 대한 건조 업체를 바꿔 일렉트릭 보트와 계약을 체결했고, 일렉트릭 보트가 해당 7척에 대한 인도 일정을 맞출 가능성이 의문스러움에도 불구하고 1973년 10월경 별도의 7척에 대한 계약을 체결했다. 미 해군은 같은 해 12월에도 4척 추가 도입 계약을 체결해 로스앤젤레스급 첫 형상인 플라이트(Flight) I형 총물량의 78%에 가까운 18척의 계약을 일렉트릭 보트가 독식했다.

로스앤젤레스급의 총설계는 최초 사업을 수주한 뉴포트 뉴스의 책임이었으나, 사업 개시 2년 뒤까지도 뉴포트 뉴스는 당초 일렉트릭 보트 측에 제공하기로 한 5,368장의 설계도면 중 절반도 넘기지 못했다. 결국 1974년 일렉트릭 보트 사가 계약한 최초 7대의 인도 일정이 앞서 우려했던 대로 7개월간 지연되었다. 이 상황에서 일렉트릭 보트는 해군의 트라이던트(Trident)급 탄도미사일 잠수함 계약까지 수주했다. 이 때문에 인력난에 시달리게 된 일렉트릭 보트는 당초 1971년 1만 2,000명 수준이던 인력을 1977년경 2만 6,000명까지 늘리는 무리수를 두었다. 하지만 경험 없는 인력을 대거 투입함에 따라 오히려 생산성은 떨어졌고, 애초부터 작업 인력에 대한 직접 작업시간(direct labor hour) 배분율을 잘못 계산한 것을 뒤늦게 파악해 기간 내 인도가 불가능해지게 되었다.

결국 일렉트릭 보트는 1975년 2월경 관급 설계 자료 제공이 늦는 데다 설계상의 결함이 있기 때문에 건조 일정을 맞출 수 없다는 이유를 들어 미 정부에 2억 2,000만 달러의 건조비를 추가로 요구했다. 미 정부는 협상 끝에 9,700만 달러를 증액하기로 했으나, 일렉트릭 보트는 다시 1976년 12월에 유사한 이유를 들어 5억 4,400만 달러를 추가로 요구했다. 해군 분석관들은 1억 2,500만 달러로 합의하는 것이 합리적이라는 의견을 제시했으나, 일렉트릭 보트 측은 자사가 제시한 가격이 정당하다는 이유로 이를 거절하고 소송을 계속 진행했다.

결국 1977년 12월, 일렉트릭 보트는 향후 해군이 앞서 체결한 두 계약에 대해 계약 불이행을 제기하지 않는다는 조건으로 8억 4,300만 달러의 손해를 감당하고 26억 6,800만 달러로 건조를 완수하겠다고 제안했다. 해군 측 역시 일렉트릭 보트와 해군 쌍방이 사업상의 오판을 내린 것을 비롯한 복합적인 이유로 비용 상승이 발생했다고 인정하고 이 조건에 합의했다. 사실 이렇게 인도 일정에 차질과 무리가 발생하게 된 데에는 지난 20년간 미 해군이 잠수함 건조 시 일렉트릭 보트에 전적으로 의존하다가 갑자기 타 업체에게 기본설계를 맡긴 이유도 있었고, 미·소 간의 경쟁이 첨예해지고 있던 상황에서 '가능한 한 빨리' 로스앤젤레스급 잠수함을 도입하

SSN-766 샬롯(Charlotte) 함의 화력 통제병들이 무기 발사 콘솔의 미사일 발사관 표시기를 점검 중인 모습 〈출처: Mass Communication Specialist 2nd Class Steven Khor / 미 해군〉

기 위해 사업상의 리스크를 알고도 일정을 서두른 탓도 컸다. 이러한 문제들은 1980년대에 가서야 일렉트릭 보트 사가 품질 개선 사업을 진행하면서 개선되었다.

앞서 말했듯이 로스앤젤레스급 공격원잠(SSN)은 항공모함전단을 적 전략원잠으로부터 보호할 목적으로 설계했기 때문에 빠르고, 조용하며, 수중에서 탁월한 성능을 발휘하는 데 주안을 두었다. 물론 로스앤젤레스급 공격원잠은 기본적으로 잠대잠(潛對潛)전을 우선적인 목표로 두고 있으나, 적 수상함 공격은 물론이고 특수전 부대의 침투 지원, 정보수집, 정밀타격 및 기뢰 부설 임무까지 소화한다. 특히 원자력 추진 잠수함은 목적지에 빠르게 도달할 수 있고, 적에게 거의 탐지되지 않으며, 전개 지역에서 은밀하게 장기간 임무를 소화할 수 있기 때문에 지정학적 환경 변화에 즉각적으로 대처가 가능한 전략자산으로 분류된다. 통상 미군은 로스앤젤레스급 공격원잠을 핵 투발체로 활용하지 않았으나, 사거리 2,500km에 핵탄두 장착이 가능한 토마호크(Tomahawk) 미사일을 탑재하기 때문에 잠재적인 2차 핵 타격 능력(2nd Strike Capability: 핵 선제공격을 받을 경우 핵 보복을 실시하기 위한 능력)을 가진 자산으로도 활용이 가능하다. 현재 33척이 운용 중인 로스앤젤레스급 공격원잠은 미 해군 잠수함 전력 중 가장 다수를 차지하는 미 해군 잠수함 전력의 중추다.

특징

로스앤젤레스급 공격원잠은 아군 항공모함의 호위뿐 아니라 아군 모함을 노리는 적 원자력 추진 잠수함 및 수상함에 대응하기 위한 목적으로 건조된 잠수함으로, 통상 항공모함전단당 2척씩 배치되어 전단의 대잠(對潛) 방어임무를 수행한다.

스터전(Sturgeon)급 잠수함의 후속함으로 건조된 로스앤젤레스급 공격원잠은 스터전급보다 2,000톤 이상 배수량이 크며, 원자력 추진을 채택한 동시에 소음의 최소화와 강력한 추진력을 우선적인 설계 고려사항으로 두고 건조했다. 로스앤젤레스급 공격원잠은 높은 정숙성과 빠른 속도를 갖추고 있고, 장시간 작전수행 능력과 제약 없는 항속거리, 강력한 무장을 더하고 있기 때문에 잠수함전뿐 아니라 잠대함(潛對艦)전, 전술타격, 기뢰부설, 특수전 지원, 정찰, 항공모함전단 호위 임무를 모두 수행할 수 있다. 또한 항구에서 출항만 하면 사실상 은밀하게 어디로든 이동이 가능한 특성 때문에 전투력 투사 목적으로도 탁월한 효과를 발휘한다. 로스앤젤레스급 공격원잠에는 제너럴 일렉트릭(GE) 사의 35,000마력급 GE-PWR-S6G 경수로가 설치되어 있으며, 일반적인 항해 시에는 원자로에서 나온 가압고온수(加壓高溫水)를 증기발생기로 돌려 증기식 터빈 엔진과 발전기를 작동시킨다. 잠항 시에는 엔진 가동을 위한 산소 공급이 차단되므로 함선의 운항용 모터 발전기로 배터리를 충전시켜 항해한다.

2011년 12월, 하와이 주 진주만-히컴 합동기지에 정박 중인 SSN-762 콜롬비아 함 〈출처: Mass Comm-unication Specialist 2nd Class Ronald Gutridge / 미 해군〉

미 국방부는 로스앤젤레스급의 최고속도를 25노트(약 46km/h)로 공개했으나, 실제 최고속도는 약 30~33노트(약 56~61km/h)로 추정된다. 마찬가지로 최대잠항심도 역시 공식적으로는 200m 정도로 알려져 있으나 실제로는 약 290m까지 잠항이 가능할 것으로 추정되며, 최신 설계인 i388형의 경우는 제인스(Jane's)의 2004~2005년판 전함 연감(Fighting Ships 2004~2005)에 최대 450m까지 잠항이 가능하다고 나와 있다. 무장으로는 533mm 어뢰발사관 4개가 장착되어 있으며, 이를 통해 Mk. 48 어뢰를 발사하거나 이동식 Mk. 60 캡터(CAPTOR) 기뢰 등을 살포할 수 있다.

초창기 설계인 플라이트 I형 중 SSN-700번 이후 함 일부는 수직발사관(VLS, Vertical Launch Systems)이 없는 대신 특수전 전력의 침투를 위한 출입시설(DDS, Dry Deck Shelter)이 설치되어 있었으나, 플라이트 II형 설계 이후인 719번함 이후부터는 모두 12개의 수직발사관이 설치되어 토마호크 순항미사일이나 탄두중량 225kg급의 하푼(Harpoon) 대함미사일의 발사가 가능해졌다. 최초 플라이트 I형에는 아날로그식 Mk. 113 모드(mod) 10 화력통제 시스템이 탑재되어 있었으나, SSN-700 댈러스 함(USS Dallas)부터 디지털식 Mk. 117 화력통제 시스템이 탑재되었다. 플라이트 II형부터는 토마호크 미사일 통제를 위해 록히드 마틴(Lockheed Martin)

1991년 1월 19일, 걸프전에 참전한 루이빌 함(USS Louisville, SSN-724)이 사상 최초로 잠수함에서 적 표적을 향해 토마호크 순항미사일을 발사하는 장면 〈출처: 미 해군〉

사의 Mk. I 전투통제 시스템이 채택되어 Mk. 117을 대체했고, 이는 다시 토마호크 블록 III형의 통제 때문에 레이시온(Raytheon) 사의 Mk. 2 전투통제 시스템으로 교체되었다.

751번함 이후부터 적용한 플라이트 III형 설계, 통칭 688i형은 정숙성이 더욱 높아지고 더욱 정밀해진 전투체계를 탑재했으며, 빙하전(氷下戰) 임무를 수행할 수 있도록 잠행수평타(潛行水平舵, diving plane)를 선미에서 선수로 이동시킨 후 선수 부분을 강화해 쇄빙(碎氷)이 가능하도록 설계했다.

로스앤젤레스급 공격원잠은 2개 수밀 구획(水密區劃, watertight compartment) 구조로 설계되었는데, 앞쪽 구획은 승조원 거주공간과 무장통제시설 등이 위치하고 댈러스 함 이후 특수전 자산 지원을 임무로 하는 플라이트 I형의 경우 드라이 데크 쉘터(DDS, Dry Deck Shelter)를 설치해 특수부대 침투용 잠수정 등을 수납할 수 있다. 후미 구획은 터빈 엔진을 비롯한 잠수함의 기관체계 대부분과 전기분해를 이용한 산소생성장치(바닷물을 전기분해해 산소와 수소를 만들어낸다) 등 장기간 잠항에 필요한 시설과 장비가 위치하고 있다.

빙하지역 해군 연습인 ICEX 2009에 참가하여 극지방에서 부상 중인 SSN-760 애나폴리스 함(USS Annapolis)의 모습 〈출처: 미 해군〉

운용 현황

로스앤젤레스급 공격원잠은 총 62척이 건조되었으며 현재에도 절반이 넘는 33척이 현역으로 운용 중이다. 대부분의 함명은 중소도시명에서 따왔으나, 유일하게 SSN-709 함에 대해서만 최초 프로비던스(Providence)로 함명을 부여하려 했다가 '미 원자력 잠수함의 아버지'인 하이먼 조지 리코버 제독이 예편하면서 그의 이름을 헌정했다. '프로비던스'라는 함명은 이후 SSN-719 함에 다시 부여했다. 로스앤젤레스급 리코버 함(USS Hyman G. Rickover)은 2007년에 퇴역했으며 리코버 제독의 이름은 향후 버지니아(Virginia)급인 SSN-795 함이 승계할 예정이다. 미 해군은 로스앤젤레스급 대체함으로 시울프(Seawolf)급을 1989년부터 개발하기 시작해 1997년부터 실전배치하기 시작했으나, 냉전 종식과 미 정부의 예산 문제 때문에 3척 생산 이후 생산이 중단되었기 때문에 로스앤젤레스급 공격원잠은 40년이 넘는 세월 동안 미 해군 잠수함 전력의 중추로 군림해왔다. 2004년부터 취역을 시작한 버지니아급 공격원잠과 순차적으로 임무를 교대하고 있지만, 총 48척의 버지니아급 공격원잠 인도는 한참 후에나 완료될 것으로 예상되므로 당분간 계속 로스앤젤레스급 공격원잠이 미 해군의 잠수함 전력을 지탱할 것으로 보인다.

미 해군은 2005년부터 로스앤젤레스급(688I형 포함), 시울프급, 버지니아급, 오하이오(Ohio)급 원자력 추진 잠수함에 대한 소나(SONAR) 시스템을 업그레이드하는 A-RCI(Acoustic Rapid Commercial Off-the-Shelf Insertion) 사업을 실시 중이다. 해당 사업을 통해 로스앤젤레스급 공격원잠은 탑재 중인 AN/BSY-1, AN/BQQ-5/6 소나 장비를 AN/BQQ-10으로 교체할 예정이며, 선 배열 예인 소나, 선체 어레이(hull array), 구형 어레이(spherical array) 및 기타 센서가 통합되고 정확도도 향상될 것으로 기대된다.

로스앤젤레스급 공격원잠 중에서는 4번함인 SSN-691 멤피스 함(USS Memphis)이 1989년에 최초로 전투 임무가 해제되었으며, 광전(光電)식 동체 무관통형 마스트(optronic non-hull-penetrating masts), 무인잠수함(UUV, Unmanned Underwater Vehicle), 대구경 어뢰 등을 위한 시험평가용 플랫폼 함선으로 지정되었다. 멤피스 함은 이후 전투 능력은 계속 유지한 상태로 연구함 용도로 운용되다가 2011년에 퇴역했다.

2001년 2월 일본 어선 에히메 마루(えひめ丸) 호와 충돌 후 피해 평가와 수리를 위해 하와이에 입항 중인 SSN-772 그린빌 함(USS Greenville)을 둘러보는 조선소 직원들의 모습 〈출처: 미 국방부〉

'플라이트 III'형(688i형) 중에서는 1988년에 취역한 SSN-755 마이애미 함(USS Miami)만이 유일하게 2014년경 조기 퇴역했다. 마이애미 함은 2012년 5월부터 메인(Maine) 주 키터리(Kittery) 시의 포츠머스(Portsmouth) 미 해군 조병창에서 오버홀(overhaul) 작업에 들어갔는데, 선내 페인트 작업공으로 일하던 케이시 퓨리(Casey J. Fury)가 일찍 퇴근할 요량으로 선내에 의도적인 방화를 저지르는 바람에 크게 파손되었다. 이에 수리 비용으로 4억 5,000만 달러가 예상되자 미 의회와 미 해군은 조기 퇴역과 수리 여부를 놓고 고민에 들어갔다. 처음에는 앞서 퇴역한 멤피스 함(USS Memphis, SSN-691)의 잔여 부속을 재활용하는 방안 등이 제시되었으나, 멤피스 함에는 수직발사관이 없는 등 기본 구조의 설계가 다른 데다가 선체를 재활용하기에는 내구성이 크게 떨어져 있어 부적합하다는 결과가 나왔다. 이에 미 의회가 2013년 8월자로 조기 퇴역을 결정하자, 이듬해 퇴역 처리되었다. 이후 마이애미 함은 해체되었고, 해체된 마이애미 함의 부품들은 자매함들의 예비부품으로 활용되고 있다.

동종함

로스앤젤레스급 공격원잠은 2017년 현재 플라이트 I형 3척, II형 8척, III형 22척으로 총 33척이 운용 중이다. 로스앤젤레스급 공격원잠 플라이트 I~III형 중 뉴포트 뉴스[헌팅턴 인걸즈(Huntington Ingalls) 산하]에서 건조한 잠수함은 29척, 일렉트릭 보트(제너럴 다이내믹스 산하)에서 건조한 잠수함은 33척이다.

● 플라이트(Flight) I형

함번호	함명	건조	취역	퇴역
SSN-688	로스앤젤레스(USS Los Angeles)	뉴포트 뉴스	1976년	2010년
SSN-689	배턴 루지(USS Baton Rouge)	뉴포트 뉴스	1977년	1995년
SSN-690	필라델피아(USS Philadelphia)	일렉트릭 보트	1977년	2010년
SSN-691	멤피스(USS Memphis)	뉴포트 뉴스	1977년	2011년
SSN-692	오마하(USS Omaha)	일렉트릭 보트	1978년	1995년
SSN-693	신시내티(USS Cincinnati)	뉴포트 뉴스	1978년	1995년
SSN-694	그로턴(USS Groton)	일렉트릭 보트	1978년	1997년
SSN-695	버밍험(USS Birmingham)	뉴포트 뉴스	1978년	1997년
SSN-696	뉴욕 시티(USS New York City)	일렉트릭 보트	1979년	1997년
SSN-697	인디애나폴리스(USS Indianapolis)	일렉트릭 보트	1980년	1998년
SSN-698	브레머턴(USS Bremerton)	일렉트릭 보트	1981년	

함번호	함명	건조	취역	퇴역
SSN-699	잭슨빌(USS Jacksonville)	일렉트릭 보트	1981년	
SSN-700	댈러스(USS Dallas)	일렉트릭 보트	1981년	2017년
SSN-701	라호야(USS La Jolla)	일렉트릭 보트	1981년	2015년
SSN-702	피닉스(USS Phoenix)	일렉트릭 보트	1981년	1998년
SSN-703	보스턴(USS Boston)	일렉트릭 보트	1982년	1999년
SSN-704	볼티모어(USS Baltimore)	일렉트릭 보트	1982년	1998년
SSN-705	시티 오브 코퍼스 크리스티(USS City of Corpus Christi)	일렉트릭 보트	1983년	2016년
SSN-706	앨버커키(USS Albuquerque)	일렉트릭 보트	1983년	2015년
SSN-707	포츠머스(USS Portsmouth)	일렉트릭 보트	1983년	2005년
SSN-708	미네아폴리스-세인트폴(USS Minneapolis-St. Paul)	일렉트릭 보트	1984년	2007년
SSN-709	하이먼 G. 리코버(USS Hyman G. Rickover)	일렉트릭 보트	1984년	2007년
SSN-710	오거스타(USS Augusta)	일렉트릭 보트	1985년	2008년
SSN-711	샌프란시스코(USS San Francisco)	뉴포트 뉴스	1981년	2016년
SSN-712	애틀란타(USS Atlanta)	뉴포트 뉴스	1982년	1999년
SSN-713	휴스턴(USS Houston)	뉴포트 뉴스	1982년	2016년
SSN-714	노퍽(USS Norfolk)	뉴포트 뉴스	1983년	2014년
SSN-715	버팔로(USS Buffalo)	뉴포트 뉴스	1983년	2017년
SSN-716	솔트레이크시티(USS Salt Lake City)	뉴포트 뉴스	1984년	2006년
SSN-717	올림피아(USS Olympia)	뉴포트 뉴스	1984년	
SSN-718	호놀룰루(USS Honolulu)	뉴포트 뉴스	1985년	2007년

2013년 11월, 코네티컷 주 그로턴으로 귀항 중인 SSN-700 댈러스 함(USS Dallas). 댈러스 함은 이 항해를 마지막으로 2017년 초에 퇴역했다. 〈출처: 미 해군〉

● 수직발사관(VLS) 장착형 플라이트 II형

함번호	함명	건조	취역	퇴역
SSN-719	프로비던스(USS Providence)	일렉트릭 보트	1985년	2019년 예정
SSN-720	피츠버그(USS Pittsburgh)	일렉트릭 보트	1985년	2019년 예정
SSN-721	시카고(USS Chicago)	뉴포트 뉴스	1986년	
SSN-723	키 웨스트(USS Key West)	뉴포트 뉴스	1987년	
SSN-724	오클라호마 시티(USS Oklahoma City)	뉴포트 뉴스	1988년	
SSN-725	루이빌(USS Louisville)	일렉트릭 보트	1986년	
SSN-726	헬레나(USS Helena)	일렉트릭 보트	1987년	
SSN-727	뉴포트 뉴스(USS Newport News)	뉴포트 뉴스	1989년	

SSN-721 시카고 함(USS Chicago)이 11주간 작전 후 모항인 괌(Guam)으로 귀환 후 성조기를 게양하고 있다. 〈출처: Mass Communication Specialist 1st Class Jeffrey Jay Price / 미 해군〉

● 플라이트 III 688i형

함번호	함명	건조	취역	퇴역
SSN-751	산후안(USS San Juan)	일렉트릭 보트	1988년	
SSN-752	파사디나(USS Pasadena)	일렉트릭 보트	1989년	
SSN-753	올버니(USS Albany)	뉴포트 뉴스	1990년	
SSN-754	토피카(USS Topeka)	일렉트릭 보트	1989년	
SSN-755	마이애미(USS Miami)	일렉트릭 보트	1988년	2014년
SSN-756	스크랜턴(USS Scranton)	뉴포트 뉴스	1991년	
SSN-757	알렉산드리아(USS Alexandria)	일렉트릭 보트	1991년	
SSN-758	애쉬빌(USS Asheville)	뉴포트 뉴스	1991년	
SSN-759	제퍼슨 시티(USS Jefferson City)	뉴포트 뉴스	1992년	
SSN-760	애나폴리스(USS Annapolis)	일렉트릭 보트	1992년	
SSN-761	스프링필드(USS Springfield)	일렉트릭 보트	1993년	
SSN-762	콜롬버스(USS Columbus)	일렉트릭 보트	1993년	
SSN-763	산타페(USS Santa Fe)	일렉트릭 보트	1994년	
SSN-764	보이시(USS Boise)	뉴포트 뉴스	1992년	
SSN-765	몬트필리어(USS Montpelier)	뉴포트 뉴스	1993년	
SSN-766	샬럿(USS Charlotte)	뉴포트 뉴스	1994년	
SSN-767	햄프턴(USS Hampton)	뉴포트 뉴스	1993년	
SSN-768	하트포드(USS Hartford)	일렉트릭 보트	1994년	
SSN-769	톨레도(USS Toledo)	뉴포트 뉴스	1995년	
SSN-770	투손(USS Tucson)	뉴포트 뉴스	1995년	
SSN-771	컬럼비아(USS Columbia)	일렉트릭 보트	1995년	
SSN-772	그린빌(USS Greenville)	뉴포트 뉴스	1996년	
SSN-773	샤이엔(USS Cheyenne)	뉴포트 뉴스	1996년	

▲ 항해 중인 로스앤젤레스급의 마지막 잠수함 SSN-773 샤이엔 함(USS Cheyenne) 〈출처: NC1 Ace Rheaume / 미 해군〉

◀ SSN-700 댈러스 함(USS Dallas)의 드라이 데크 쉘터(DDS, Dry Deck Shelter) 모습. 이곳으로 특수전 부대의 상륙정이나 네이비 실(Navy SEAL)의 SDV(SEAL Delivery Vehicle: 실전용 잠수정) 등을 출입시킬 수 있다. 〈출처: Paul Farley / 미 해군〉

▼ 네이비 실 대원들이 DDS를 거쳐 SDV로 침투 준비를 하는 모습. 사진은 SSN-690 필라델피아 함(USS Philadelphia)에서 침투를 준비하는 실 2팀(SEAL Team 2) 대원들의 모습이다. 〈출처: Andrew McKaskle / 미 해군〉

로스앤젤레스급 잠수함 SSN-758 애쉬빌 함(USS Asheville) 〈출처: Public Domain〉

모항으로 귀항한 SSN-763 산타페 함(USS Santa Fe)의 모습 〈출처: Mass Communication Specialist 1st Class Daniel Hinton / 미 해군〉

제원

제조사	뉴포트뉴스 조선소(헌팅턴 인걸즈 산하) / 제너럴 다이내믹스(General Dynamics) 일렉트릭 보트
종류	공격원잠(SSN)
승조원	127명(장교 16명 + 수병 111명)
전장	110m
전폭	10m
흘수선	9.4m
배수량	6,082톤(부상 시) / 6,927톤(잠항 시)
추진체계	GE PWR S6G 원자로 × 1, 35,000마력 터빈 엔진 × 2, 325마력 보조 모터 × 1, 샤프트 × 1
속도	20노트(37Km/h)
항속거리	30년마다 연료 교체
작전한계	90일
잠항심도	290m
센서 및 처리 체계	BQQ-5 슈트(능동/수동 소나), BQS-15 탐지 및 거리측정 레이더, WLR-8V(2) ESM(Electronic Support Measure) 수신기, WLR-9 능동형 수색 소나 및 음향 호밍 미사일 탐지용 음향 수신기, BRD-7 무선방향탐지기, BPS-15 레이더, WLR-10 어뢰대응체계 세트
무장	533mm 어뢰 × 21, 533mm 어뢰발사관 × 4, Mk. 48 어뢰 × 37, Mk. 67 이동식 캡터 기뢰, Mk. 60 캡터 기뢰(이상 533mm 어뢰발사관용), UGM-84D 하푼 대함미사일, UGM-109 토마호크 순항미사일[이상 Mk. 36 수직발사관(VLS)용]
대당 가격	22억 달러(2017년 물가 환산 가격)

콜린스급 잠수함

제작 단계부터 어려움을 겪은
호주 해군의 문제아

글 | 최현호

Collins class submarines

개발 배경

남태평양에 위치한 호주는 대륙이 해양으로 둘러싸여 있어 전통적으로 해군력이 중요했다. 호주는 비교적 이른 1914년부터 영국제 잠수함을 운용했지만, 경제 상황과 사고로 인해 자체적인 잠수함대를 꾸준하게 운용하는 데 어려움을 겪었다. 특히, 제2차 세계대전 동안 많은 미국, 영국, 네덜란드 해군 소속 잠수함들이 호주 항구를 기지 삼아 많은 작전을 펼쳤으나, 그에 비해 호주 해군은 네덜란드제 잠수함 1척만을 대잠수함전(anti-submarine warfare) 훈련용으로 운용했을 뿐이다.

호주 해군은 제2차 세계대전 이후에도 한동안은 자체적인 잠수함대를 보유하지 못했고, 1960년대 말까지 영국 왕립 해군 잠수함대 파견대가 호주에서 작전을 펼치다가 철수했다. 호주 해군 소속 잠수함대는 1967년 영국에서 건조된 디젤-전기 추진 방식의 오베론(Oberon)급 재래식 잠수함이 취역하면서 다시 호주의 자체적인 잠수함 부대가 편성되었다. 오베론급 잠수함은 1967년부터 1978년까지 총 6척이 도입되었다.

그러나 호주 해군은 제2차 세계대전 당시 잠수함과 크게 다르지 않은 오베론급 잠수함으로는 미래 위협에 대응하기 어렵다는 판단을 내리고 1978년 7월부터 대체 함정에 필요한 요구조

1999년 호주 해군 오베론급 잠수함, 미 해군 로스앤젤레스급 공격원잠과 항행 중인 콜린스급 3번함 월러 함(HMAS Waller) 〈출처: 호주 해군〉

건을 정리하기 시작했다. 1978년 8월, 호주 국방부는 잠수함을 자체적으로 건조하려는 계획을 승인하고 획득 프로그램을 프로젝트 시(SEA) 1114라고 공식적으로 명명했다.

이 프로젝트는 (1) 호주 지역 운용 환경에 맞는 맞춤형 잠수함, (2) 오랫동안 운용할 수 있는 첨단 전투 시스템, (3) 호주에 지속 가능한 기반시설을 갖추고 현지에서 잠수함 건조, (4) 운용 수명 동안 유지보수 및 기술지원 제공, (5) 헌터-킬러(hunter-killer) 역할 외에도 전시와 평시 작전이 가능한 잠수함을 요구했다. 외국 업체의 기술지원을 받더라도 호주에서 잠수함을 건조 하는 것은 현지 업체들의 낮은 기술 수준 때문에 어려움이 예상되었지만, 노동당과 노조의 강 력한 지지를 받았다.

1981년 프로젝트를 위한 예산이 처음 배정되면서 획득 프로그램이 시작되었고, 처음에 는 10척을 목표로 했지만, 최종적으로 6척 획득이 결정되었다. 영국, 프랑스, 이탈리아, 네덜 란드, 독일, 스웨덴 업체가 입찰에 참여했고, 제안 검토를 거쳐 1987년 중반에 스웨덴 코쿰스 (Kockums) 사가 제안한 수중배수량 1,200톤의 베스테르예틀란드(Västergötland)급 재래식 잠 수함을 확대한 타입(Type) 471을 선정했다.

1985년에는 코쿰스, 시카고 브리지 & 아이언(Chicago Bridge & Iron), 워말드 인터내셔 널(Wormald International), 그리고 호주 산업 개발 회사(Australian Industry Development Corporation)가 잠수함 건조를 담당할 호주 잠수함 공사(Australian Submarine Corporation Pty Ltd)를 설립했다. 시카고 브리지 & 아이언과 워말드 인터내셔널은 1990년 말에 보유 지분

콜린스급 잠수함의 기본이 된 스웨덴 코쿰스 사의 베스테르예틀란드급 잠수함 〈출처: Erik Ahlquist / 스웨덴군〉

항행 중인 콜린스급 잠수함 〈출처: 사브(SAAB)〉

을 호주 잠수함 공사에 매각하면서 빠져나갔다. 호주 잠수함 공사는 2000년 4월 국유화되었고, 2004년 10월에는 ASC Pty Ltd로 회사명이 변경되었다.

호주 잠수함 공사는 1987년 초 호주 정부와 잠수함 건조 계약을 체결하고, 같은 해 6월부터 호주 남부 오즈번(Osborne)의 포트 리버(Port River)에 잠수함 제작 시설을 건설하여 1989년 11월에 완공했다. 사업은 잠수함 설계는 코쿰스가 담당하고, 부품은 호주와 유럽 업체들이 제공하며, 건조는 코쿰스의 기술지원을 받아 호주 잠수함 공사가 담당하는 방식으로 진행되었다. 건조는 여러 개의 하부 섹션을 가진 6개 섹션을 조립하여 이루어졌으며, 건조에 참여한 하청 회사만 12개국 426개 회사에 달했다.

1990년 2월 14일, 첫 번째 잠수함의 용골 거치식이 있었고, 1990년 2월 14일 SSG 73 콜린스함(HMAS Collins)가 진수했다. 콜린스 함은 인수 시험을 거쳐 1996년 7월 27일 호주 해군에서 취역했다.

특징

콜린스급 잠수함은 대양 및 장거리 작전을 위해 설계된 디젤-전기 추진 방식의 재래식 잠수함이다. 길이 77.8m, 전폭 7.8m인 콜린스급 잠수함은 수상배수량 3,100톤, 수중배수량 3,400톤으로 일본의 수중배수량 4,000톤의 오야시오(おやしお)급 잠수함, 수중배수량 4,200톤의 소류(そうりゅう)급 잠수함에 이어 세계에서 세 번째로 큰 재래식 잠수함이다.

선체는 내압 선체 안에 프레임(frame)이 설치된 단각형 구조로 되어 있다. 외형은 베스테르 예틀란드급 잠수함처럼 사령탑에 잠항타가 달려 있고 함미에 엑스(X)자형 조향타(rudder)가 있는 고래형 선체다. 커진 선체 덕분에 함수부의 원통형 수동 소나(passive SONAR), 저주파 측면 배열 소나(flank array SONAR), 그리고 함미에 길이 70m의 수동 견인 배열 소나(passive towed array SONAR) 등 다양한 소나를 운용할 수 있게 되었다.

콜린스급 잠수함 선체 후방의 모습 〈출처: kaefer.com.au〉

잠수함의 추진체계는 1,475kW 출력의 헤데모라/가든 아일랜드(Hedemora/Garden Island) V18B/14 디젤 엔진 3기와 연결된 1,400kW 출력을 내는 주몽 슈나이더(Jeumont Schneider)의 400V 발전기 3기, 그리고 비상용 맥타가트 스캇(MacTaggart Scott) DM 43006 모터로 구성되어 있다. 함미의 7엽 프로펠러를 움직이는 전기 추진 모터는 7,344축마력(shaft horsepower)의 주몽 슈나이더 제품이다. 잠수함에 가장 중요한 소음 감소를 위해 디젤 엔진, 발전기, 모터는 충격흡수용 고무와 스프링 위에 설치했다.

콜린스급 잠수함은 다른 재래식 잠수함이 수중 체류 능력 향상을 위해 채택하던 공기 불요 추진(AIP, Air Independent Prop) 시스템을 채택하지 않고, 그 대신 스노클(snokel)을 가동하여 디젤 엔진과 발전기를 가동시켜 충전지를 빠르게 충전시키는 방식을 채택했다.

잠수함과 수상함의 정보를 분석하면서 전술 및 상황을 인식하고, 잠수함의 어뢰와 미사일을 통제하는 전투관리 시스템(Combat Management System)은 개발 초기에는 미국의 록웰

콜린스급 잠수함 통제실 〈출처 : 호주 해군〉

콜린스급 잠수함 잠망경 운용 장면 〈출처: 호주 해군〉

(Rockwell) 사가 담당했지만, 2001년에 레이시온(Raytheon) 사가 개발한 미 해군 로스앤젤레스(Los Angeles)급 공격원잠(SSN)에 채택된 AN/BYG-1 전투관리 시스템의 파생형인 CCS mk2 블록 1C 모드(mod) 6로 교체되었다.

항해 및 탐지 체계는 열영상장비, 영상증폭기, 저광량 텔레비전과 통합된 필킹톤 옵트로닉스[Pilkington Optronics: 현 탈레스 옵트로닉스(Thales Optronics)]의 CK043 수색 잠망경과 CK 093 공격 잠망경, 켈빈 휴즈(Kelvin Hughes)의 Type-1007 I밴드 항법 레이더를 탑재했다. 잠수함의 핵심 센서인 소나는 톰슨 신트라[Thomson Sintra: 현 탈레스 언더워터 시스템즈(Thales Underwater Systems)]의 TSM-2233M 실라(Scylla) 능동/수동 함수 및 측면 분산형 소나, TSM-2253 PVDF 측면 배열 수동 소나, 그리고 카리와라(Kariwara) 수동 견인 배열 소나를 탑재했다. 선체 양쪽 하부의 측면 배열 소나 위에 3개씩 장착된 측면 분산형 소나는 삼각 측정을 통해 목표까지의 거리 측정이 가능하다.

적 전파 신호를 탐지하는 전자지원장비(ESM, Electronic Support Measures)는 EDO의 ES-5600을 장착했고, 적 어뢰 공격 회피에 사용하는 스트라첸 & 헨쇼(Strachan and Henshaw)의 수중 신호/기만기 사출기(SSDE, Submerged Signal and Decoy Ejectors)가 사령탑에 장착되어 있다.

무장 운용을 위해 함수에 6개의 533mm 어뢰발사관이 있으며, 대함미사일 운용을 위해 압축 공기 발사 방식을 채택했다. 무장은 미국 굴드(Gould) 사[현 허니웰(Honeywell)]의 마크(Mark) 48 유선유도 어뢰, UGM-84 하푼(Harpoon) 잠대함미사일이 총 22발 탑재된다. 어뢰와 대함미사일 외에도 기뢰도 최대 44발을 탑재할 수 있다. 어뢰는 미국 굴드 사의 마크(Mark) 48 모드(Mod) 4를 사용했지만, 2006년부터는 개량형인 마크 48 모드 7 CBASS(Common Broadband Advanced Sonar System)를 운용하기 시작했다.

운용 현황

호주 국방부 프로젝트 번호 CN10인 콜린스급 재래식 잠수함은 개발 초기에는 코쿰스 제안서에 있는 Type 471 잠수함으로 불렸다. 1993년 8월 28일 진수된 선도함에 제2차 세계대전에서 대서양과 태평양에서 활약했던 호주 해군의 존 오거스틴 콜린스(John Augustin Collins) 장군의 이름을 붙인 후에야 현재의 콜린스급 잠수함으로 불리게 되었다. 콜린스 함 이후 나머지 5척에도 제2차 세계대전에서 활약한 호주 해군 장교들의 이름이 붙었다. 총 6척이 계획된 콜린스급 잠수함 건조 프로젝트는 2003년 3월 29일 마지막 함정인 SSG 78 랜킨 함(HMAS Rankin)이 취역하면서 마무리되었다.

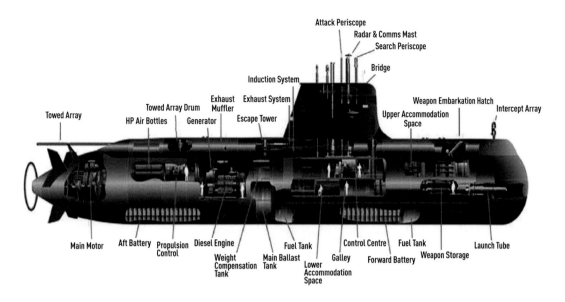

콜린스급 잠수함 각부 설명도 출처 〈출처: 호주 정부〉

그러나 호주 정부와 해군의 기대를 안고 시작된 콜린스급 잠수함은 순탄치 않은 길을 걸었다. 제작 당시부터 여러 차례 지연을 겪으며 어렵게 진수된 잠수함에서 각종 문제가 발견되기 시작했던 것이다. 1999년 6월, 호주 국방부가 제출한 콜린스급 잠수함 문제 관련 보고서에 의하면, 선체 관련 문제로는 프로펠러(propeller)축 밀봉 불량으로 인한 누수, 디젤 연료에 바닷물이 섞이는 문제, 상업용 엔진을 잠수함용으로 개조한 디젤 엔진의 조립 및 품질 문제, 그리고 진동 문제, 잘못된 프로펠러 소재 선정으로 발생한 수중 소음과 수명 문제, 수중에서 기동하면서 잠망경을 사용할 경우 발생하는 진동 문제, 공격 잠망경과 수색 잠망경의 간섭 문제 등이 지적되었다. 지적된 문제들은 납품 업체들의 제품 품질 관리 강화와 함께 프로펠러 소재 변경, 예인 소나 윈치(winch) 설계 변경 등을 통해 해결되었다.

전자통신 시스템 관련 문제로는 뒤늦은 위성통신장비 요구로 인한 설계 변경, 통신용 마스트 신뢰도 문제, 소나 시스템 데이터 처리 문제, 그리고 전투관리 시스템의 개발 지연이 지적되었다. 소나 시스템 문제는 전투관리 시스템 개발 지연과 맞물려 해결하는 데 오랜 시간이 걸렸다.

여러 지적 사항을 개선하기 위한 수리가 이루어지면서 잠수함의 가동률이 크게 떨어졌는데, 2008년 호주 야당에서 콜린스급 잠수함의 가동률이 64%에 불과하다고 발표했다. 잦은 수리는 과도한 운영비로 이어졌다. 2011년 10월에는 배수량 16,500톤인 미 해군의 오하이오(Ohio)급

정비를 위해 끌어올린 콜린스급 잠수함 〈출처: aspistrategist.org.au〉

공격원잠의 척당 운영비가 연간 5,000만 호주 달러인 데 비해, 콜린스급 잠수함 6척 운용에 연간 약 6억 호주 달러, 척당 1억 50만 호주 달러가 든다는 것이 알려졌다.

여러 문제를 해결하기 위해 호주 국방부는 SEA1446 PH1, SEA1439 PH3.1 등 아홉 가지 중요한 개량사업을 진행했고, 2019년까지 모든 개량 사업을 마칠 예정이다. 호주 국방부는 2012년 11월 탈레스 오스트레일리아(Thales Australia)와 2,200만 호주 달러(미화 1,630만 달러) 규모의 소나 하드웨어 성능 개량 사업을, 2016년 11월에는 1억 호주 달러(미화 7,430만 달러) 규모의 소나 중요 시스템 개량 사업을 계약했다. 개량 사업은 기존의 실라(Scylla) 소나 시스템의 성능을 상용제품(COTS, Commercial Off-the-Shelf)을 사용하여 현대화하고, 소프트웨어도 교체하여 전체적인 성능을 향상시키기 위한 것이다.

전투관리 시스템은 사업 초기에는 미국의 록웰 사가 담당하기로 했지만 개발에 어려움을 겪었으며, 1996년 담당 사업부가 미국 보잉(Boeing) 사에 매각되었고, 2000년에는 다시 레이시온 사로 매각되면서 개발이 계속해서 지연되었다.

2001년 전투관리 시스템 선정을 위한 재입찰이 진행되었지만, 호주 정부가 미국과의 관계를 고려하여 다시 레이시온을 공급업체로 선정했다. 레이시온은 미 해군 잠수함에 사용되는 AN/BYG-1 전투관리 시스템의 파생형인 CCS Mk2를 납품했다. 첫 번째 시스템은 2006년 1월 납품

미 해군 시울프(Seawolf)급 공격원잠에도 채택된 AN/BYG-1 전투관리 시스템 〈출처: Lt.j.g. Lucas B. Schaible / 미 해군〉

되었고, 2008년 3번함인 SSG 75 월러 함(HMAS Waller)에 처음 장착되었고, 나머지 잠수함은 2018년까지 교체를 완료할 예정이다. 전투관리 시스템 등의 추가 개량에 14억 3,000만 호주 달러가 투입되었다.

콜린스급 잠수함이 겪고 있던 문제 해결에는 미 해군의 지원이 결정적이었다. 2000년 7월 17일, 당시 호주 국방장관은 콜린스급 잠수함의 문제를 해결하기 위해 미국의 시설과 기술을 사용해 소음 문제 등의 원인을 찾아내어 해결했고, 전투관리 시스템의 문제도 발견할 수 있었다고 밝혔다. 미국의 지원은 호주가 계속해서 미국제 전투관리 시스템을 선택하게 된 이유 중 하나다.

호주 국방부는 2007년부터 콜린스급 잠수함 대체를 위한 시(SEA) 1000 프로젝트를 계획하기 시작했다. 콜린스급 잠수함 대체 프로젝트는 재래식 잠수함 12척을 건조하는 것을 목표로 했다. 프랑스, 독일, 일본이 경쟁에 참여했고, 2016년 4월 호주 정부는 프랑스 DCNS가 제안한 바라쿠다(Barracuda)급 공격원잠의 재래식 버전인 쇼트핀 바라쿠타(Shortfin Barracuda)를 선정했다. 새로운 잠수함은 2030년대 초반부터 콜린스급 잠수함을 대체할 계획이다. 호주 국방부는 원래 2026년부터 콜린스급 잠수함을 퇴역시킬 계획이었지만, 대체 잠수함 선정이 늦어지면서 2030년부터 퇴역시키기로 조정했다.

▲ 시호크(Seahawk) 헬리콥터와 함께 훈련 중인 시언 함(HMAS Sheean, SSG 77) 〈출처 : 호주 해군〉
▼ 급속잠항 중인 판콤 함(HMAS Farncomb, SSG 74) 〈출처 : 호주 해군〉

동종함

콜린스급 잠수함은 총 6척이 건조되었다.

함번호	함명	착공	진수	취역
SSG 73	콜린스(HMAS Collins)	1990년 2월 14일	1993년 8월 28일	1996년 7월 27일
SSG 74	판콤(HMAS Farncomb)	1991년 3월 1일	1995년 12월 15일	1998년 1월 31일
SSG 75	월러(HMAS Waller)	1992년 3월 19일	1997년 3월 14일	1999년 7월 10일
SSG 76	드체이노(HMAS Dechaineux)	1993년 3월 4일	1998년 3월 12일	2001년 2월 23일
SSG 77	시언(HMAS Sheean)	1994년 2월 17일	1999년 5월 1일	2001년 2월 23일
SSG 78	랜킨(HMAS Rankin)	1995년 5월 12일	2001년 11월 26일	2003년 3월 29일

콜린스급 1번함인 콜린스 함(HMAS Collins, SSG 73) 〈출처: Public Domain〉

콜린스급 2번함 판콤 함(HMAS Farncomb, SSG 74) 〈출처: Public Domain〉

콜린스급 3번함인 월러 함(HMAS Waller, SSG 75) 〈출처: Public Domain〉

훈련용 어뢰를 적재 중인 콜린스급 4번함 드체이노 함(HMAS Dechaineux, SSG 76) 〈출처: 호주 해군〉

콜린스급 6번함인 랜킨 함(HMAS Rankin, SSG 78) 〈출처: Public Domain〉

제원

제작사	호주 ASC, 스웨덴 코쿰스
종류	재래식 잠수함(SSK)
승조원	42명(장교 6명 + 수병 36명)
전장	77.8m
전폭	7.8m
홀수선	7m
배수량	3,100톤(부상 시) / 3,407톤(잠항 시)
추진체계	헤데모라 / 가든 아일랜드 Type V18B/14 디젤엔진, 각 1,475kW(2,006마력) × 3 주몽 슈나이더 400V 발전기, 각 1,400kW × 3 주몽 슈나이더 DC 전기 추진 모터, 7,344마력 × 1 맥타가트 스캇 DM 43006 비상 추진 모터 × 1
최고속도	10노트(수상) / 20노트(수중) / 10노트(스노클 사용 시)
수중작전일수	70일
잠항심도	180m 이상
센서 및 처리체계	레이시온 AN-BYG 1 전투관리 시스템, EDO ES-5600 전자지원장비(ESM), 켈빈 휴즈 Type 1007 I밴드 항법 레이더, 탈레스 TSM-2233M 실라 능동/수동 함수 소나, TSM-2253 PVDF 측면 배열 수동 소나, 카리와라 수동 견인 배열 소나
무장	533mm 어뢰발사관 × 6 Mk.48 Mod 4/6/7 유선유도 어뢰, UGM-84C 하푼(Harpoon) 블록1B 잠대함미사일 등 × 22 또는 기뢰 × 44
가격	척당 6억 5,000만 달러(8억 5,000만 호주 달러)

한국국방안보포럼(KODEF)은 21세기 국방정론을 발전시키고 국가안보에 대한 미래 전략적 대안을 제시하기 위해 뜻있는 군·정치·언론·법조·경제·문화 마니아 집단이 만든 사단법인입니다. 온·오프라인을 통해 국방정책을 논의하고, 국방정책에 관한 조사·연구·자문·지원 활동을 하고 있으며, 국방 관련 단체 및 기관과 공조하여 국방 교육 자료를 개발하고 안보의식을 고양하는 사업을 하고 있습니다. http://www.kodef.net

무기백과사전 1
ENCYCLOPEDIA OF WEAPONS Vol.1

초판 1쇄 인쇄 2018년 4월 13일
초판 1쇄 발행 2014년 4월 20일

지은이 남도현·양욱·윤상용·최현호
펴낸이 김세영

펴낸곳 도서출판 플래닛미디어
주소 04035 서울시 마포구 월드컵로8길 40-9 3층
전화 02-3143-3366
팩스 02-3143-3360
블로그 http://blog.naver.com/planetmedia7
이메일 webmaster@planetmedia.co.kr
출판등록 2005년 9월 12일 제313-2005-000197호

ISBN 979-11-87822-19-6 03550